Gernot Weber

Kälte- und Klimasystemtechnik
Lehrbuch zur Industriekälte

Meinen Enkeln Nina, Hans, Oskar und Paul

Gernot Weber

Kälte- und Klima-systemtechnik

Lehrbuch zur Industriekälte

VDE VERLAG GMBH

Bibliografische Information der Deutschen Nationalbibliothek
Die Deutsche Nationalbibliothek verzeichnet diese Publikation in der Deutschen Nationalbibliografie; detaillierte bibliografische Daten sind im Internet über *http://dnb.dnb.de* abrufbar.

ISBN 978-3-8007-3553-2

Druck und Bindung: druckhaus köthen GmbH & Co. KG, Köthen (Anhalt)
Printed in Germany 2014-02

Vorwort

Die große Bedeutung der Kälte- und Klimatechnik – ohne die eine heutige Welt schwer vorstellbar wäre – liegt in ihren Anwendungen.

Gemäß der nachstehenden Abbildung entfallen in Deutschland ca. 15 % des verbrauchten Stroms[1] allein auf die Kältetechnik.

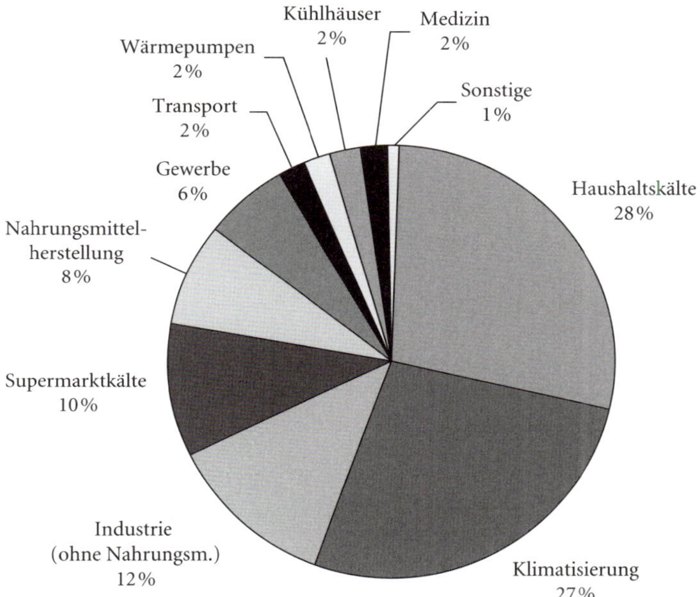

Die theoretische Grundlage dieser beiden Disziplinen bildet die *Technische Thermodynamik*, ohne die das tiefere Verständnis der kälte- und klimatechnischen Prozesse nicht möglich ist. Dies wird im ersten Kapitel behandelt.

Die weiteren Kapitel gehen auf die Anwendung der Technischen Thermodynamik ein.

Welches der aufgezeigten Systeme bei einer Aufgabenstellung zur Ausführung kommt, entscheidet der Projektant.

Es war mir ein Bedürfnis, mit diesen im Rahmen meiner langjährigen Vorlesungstätigkeit behandelten theoretischen Grundlagen für die *Projektierung von Kälte- und Klimaanlagen* in der vorliegenden Form eine Literaturlücke zu schließen.

Kleinostheim, Januar 2014

Gernot Weber

[1] VDMA-Arbeitskreis *Energieeffiziente Kältetechnik*, 2009.

Inhaltsverzeichnis

Die wichtigsten Formelzeichen und Einheiten

Formelzeichen	Einheit	Bedeutung
A	m^2	Fläche, Querschnitt
B	J	Anergie
c	m/s	Geschwindigkeit
c_p	kJ/kg K	spezifische Wärmekapazität bei p = konstant
c_v	kJ/kg K	spezifische Wärmekapazität bei v = konstant
d	m	Durchmesser
e	kJ/kg	spezifische Exergie
E	kJ	Exergie
$\dot{E}$	kJ/s	Exergiestrom
f	s^{-1}	Frequenz
F	N	Kraft ($kg \cdot m/s^2$)
g	m/s^2	Erdbeschleunigung
h	kJ/kg	spezifische Enthalpie
H	kJ	Enthalpie/(Höhe in m)
$\dot{H}$	kJ/s	Enthalpiestrom
j	kJ/kg	spezifische Dissipationsenergie
J	kJ	Dissipationsenergie
k	$W/m^2 K$	Wärmedurchgangskoeffizient
l	m	Länge
m	kg	Masse
$\dot{m}$	kg/s	Massenstrom
M	Nm	Drehmoment
p	Pa	Druck (N/m^2)
P	kW	Leistung
Q	kJ	Wärmeenergie
$\dot{Q}$	kJ/s	Wärmestrom (= kW)
q	kJ/kg	spezifische Wärmeenergie
r	m	Radius
r		Reaktionsgrad
R	kJ/kg K	spezifische Gaskonstante
s	kJ/kg K	spezifische Entropie
S	kJ/K	Entropie
$\dot{S}$	kJ/s K	Entropiestrom

Formelzeichen	Einheit	Bedeutung
t	°C	Celsius-Temperatur
T	K	Kelvin-Temperatur
u	kJ/kg	spezifische innere Energie
U	kJ	innere Energie
v	m^3/kg	spezifisches Volumen
V	m^3	Volumen
$\dot{V}$	m^3/s	Volumenstrom
w	kJ/kg	spezifische Arbeit bzw. spezifische Energie
W	kJ	Arbeit/Energie
$\dot{W}$	kJ/s	Leistung oder P
x	g/kg	Dampfgehalt
Y	m^2/s^2	spezifische Stutzenarbeit
z	m	Höhe
α/β	grad	Winkel
α	$W/m^2 K$	Wärmeübergangskoeffizient
β_{wv}		Wärmeverhältnis
δ	m	Abstand
ε		Leistungszahl
ξ		exergetischer Wirkungsgrad
ζ		Widerstandsbeiwert
η		Wirkungsgrad
κ		Isentropenkoeffizient
λ		Rohrreibungszahl
λ	W/mK	Lieferzahl
λ		Wärmeleitungskoeffizient
ζ		Widerstandsbeiwert
μ		Wasserdampfdiffusionswiderstandskoeffizient
υ	m^2/s	kinematische Viskosität
π		Kreiszahl
ϱ	kg/m^3	Dichte
σ	kg/m^2s	Verdunstungskoeffizient
σ	$W/m^2 K^4$	$5{,}67 \cdot 10^{-8}$ Boltzmannkonstante
τ	s	Zeit
Φ		Rückwärmezahl
ψ		Rückfeuchtezahl
ω	s^{-1}	Kreisfrequenz

1 Thermodynamik – Grundlage der Kälte- und Klimatechnik[1]

Die Thermodynamik als allgemeine Energielehre hat ihre große Bedeutung in der Energietechnik, wo Energieumwandlungen im Vordergrund stehen wie

- in Kraftwerken, Heizwerken
- bei Strömungs- und Kolbenmaschinen
- in der Wärmeübertragung und Kälte-Klimatechnik.

Hauptaufgabe der Technischen Thermodynamik ist die Untersuchung und Beschreibung der Energiewandlungsprozesse. Sie zeigt die Grenzen im Wirkungsgrad auf und ermöglicht mit ihren Gesetzen und Gleichungen den Vergleich der reversiblen (umkehrbaren) mit den irreversiblen (nichtumkehrbaren) Prozessen. Dadurch wird die Güte der natürlichen (irreversiblen) Prozesse erkennbar.

In diesem Kapitel werden die theoretischen Grundlagen nur kurz und insoweit behandelt, dass mit den aufgezeigten Gleichungen und Kennzahlen die Gesetzmäßigkeiten sowie die Grenzen bei den allgemeinen Energieumwandlungs-Systemen und die Kälte-Klimasystemtechnik energetisch bewertet werden können.

1.1 Systeme, Zustandsgrößen und Prozesse

Man unterscheidet **dreierlei Systeme:**

- ***Abgeschlossene Systeme*** (isolierte) tauschen mit der Umgebung weder Energie noch Materie aus.
- ***Geschlossene Systeme*** tauschen keinen Stoffstrom mit der Umgebung aus, jedoch ist das System für einen Energiestrom durchlässig.
- ***Offene Systeme*** tauschen mit der Umgebung Stoff und Energie aus. In der Technik hat man es vorwiegend mit *offenen Systemen* zutun.

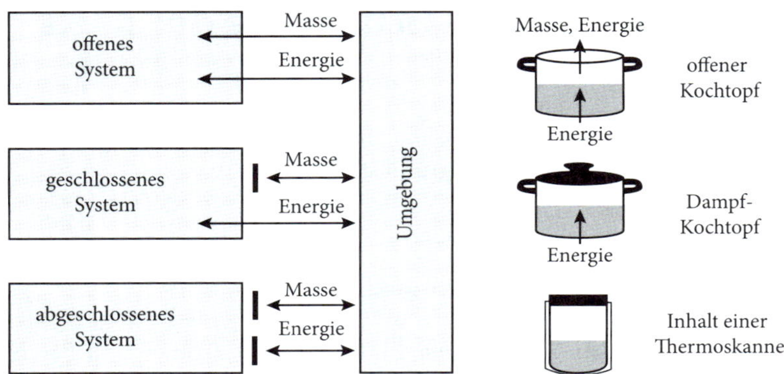

Abb. 1: Zur Definition der Begriffe offenes, geschlossenes und abgeschlossenes System aus dem Alltäglichen[1]

Einige Beispiele *offener Systeme*:

Rohrleitung oder Kanal

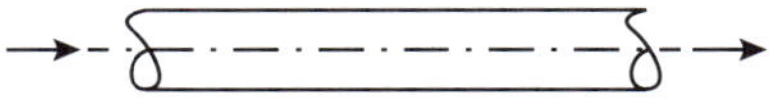

Behälter mit Zu- und Abfluss

Wärmeübertrager
(Kühler, Lufterhitzer, Verdampfer, Kondensator etc.)

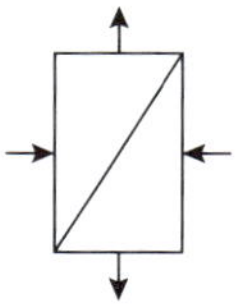

Drosselarmatur (Ventil, Expansionsventil, Regelventil etc.)

Arbeitsmaschine:

- Strömungsmaschine (Pumpe, dynamische Verdichter, Ventilator etc.) 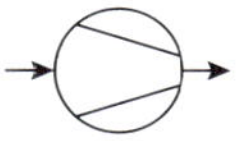
- Verdrängungsmaschine (Rotationsverdichter, Kolbenverdichter, Kolbenpumpe etc.)

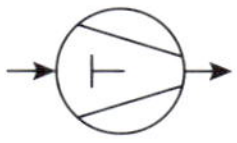

Kraftmaschine:

- Strömungsmaschine (Turbine)
- Kolbenmaschine

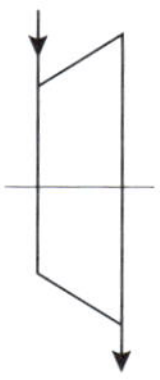

Stoffe für den Energietransport können sein:

- Gase (Luft, Verbrennungsgase, Dämpfe etc.),
- Wasser,
- Kältemittel (FCKW, FKW, NH_3, CO_2 etc.),
- Kälteträger (Solen, Binäreis, Wasser etc.),
- Wärmeträgeröl.

Systeme

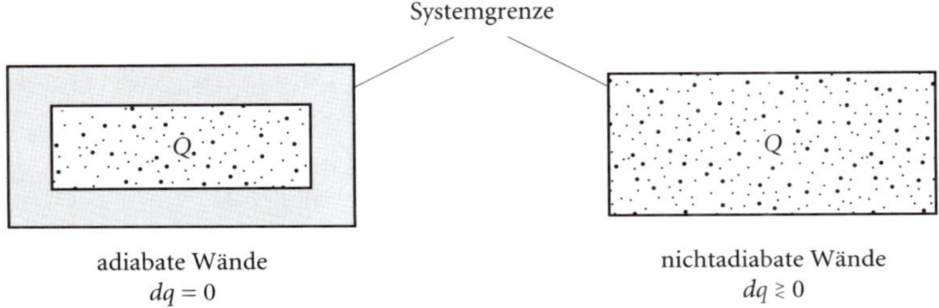

Abb. 2: Adiabatische und nichtadiabatische Systemgrenzen

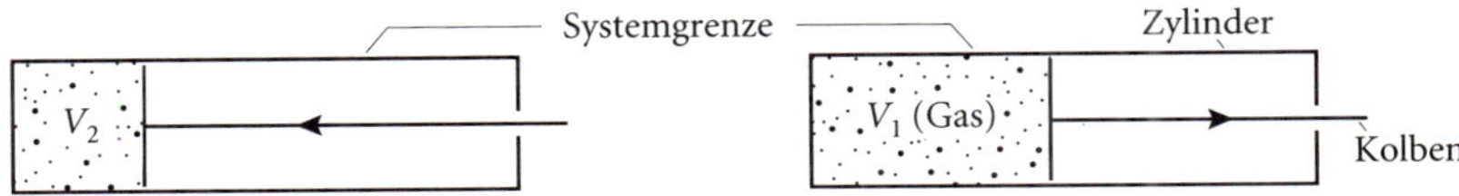

Abb. 3: Geschlossene Systeme ($V_1 > V_2$, m = konstant)

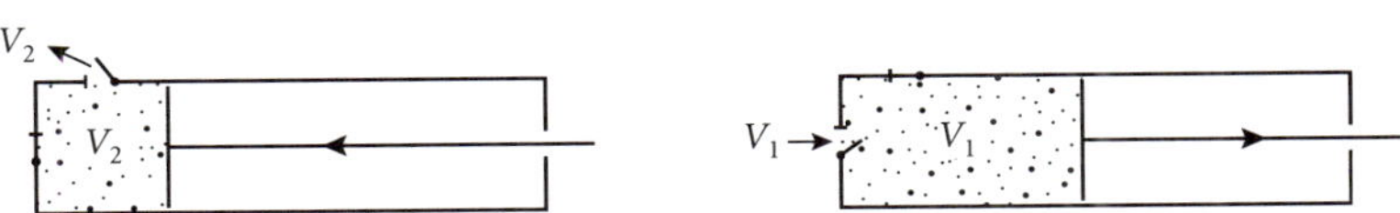

Abb. 4: Offene Systeme ($V_1 > V_2$)

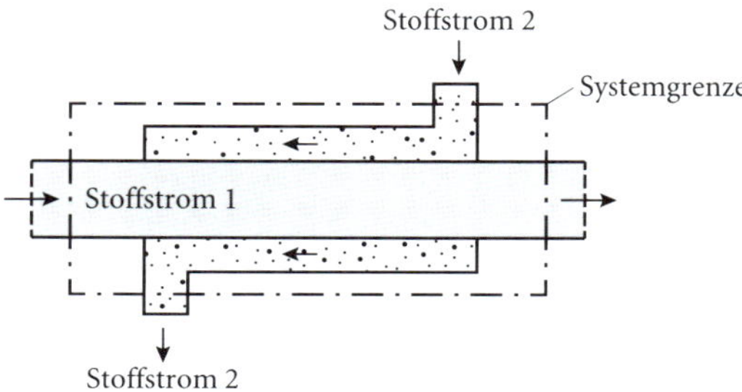

Abb. 5: Offene Systeme (z. B. Wärmeübertrager)

Zustandsgrößen

Ein System wird durch bestimmte physikalische Größen, die sogenannten *Zustandsgrößen*, charakterisiert.

Eine Zustandsänderung liegt vor, wenn ein System von einem Zustand in einen anderen übergeht.

Eine Zustandsgleichung nennt man den mathematischen Zusammenhang zwischen den Zustandsgrößen.

Thermische Zustandsgrößen

- Temperatur T in K (Kelvin 273,15 K = 0 °C)
  t in °C (Grad Celsius)
  t in °F (Grad Fahrenheit)
- Druck p in Pa (Pascal) 1 Pa = 1 N/m^2
  in bar (1 bar = 10^5 Pa)
  in mWS (10,2 mWS = 1 bar)(Meterwassersäule)
- Volumen V in m^3, spezifisches Volumen $\dot{v}$ in m^3/kg
  Dichte ϱ in kg/m^3 $= \frac{1}{v}$

Kalorische Zustandsgrößen

- Innere Energie U in J bzw. kJ
  spezifische Energie u in J/kg
- Enthalpie H in J bzw. kJ
  spezifische Enthalpie h in J/kg
- Entropie S in J/K bzw. kJ/K
  Spezifische Entropie s in kJ/kg K

Prozesse

In der Thermodynamik sind Prozesse zeitliche Folgen von Ereignissen, bei denen die vorangegangenen Ereignisse die nachfolgenden bestimmen.

Man unterscheidet:

- Reversible und irreversible (umkehrbare und nicht umkehrbare) Prozesse,
- Prozesse *geschlossener Systeme* (s. Abb. 1/3),
- Prozesse *offener Systeme* (s. Abb. 4/5)
- Prozesse *offener Systeme* sind *Technische Prozesse*:
  - Strömungsprozesse,
  - Mischungsprozesse,
  - Arbeitsprozesse,
  - Kraftprozesse,
  - Kreisprozesse,
  - Verbrennungsprozesse etc.

Reversible Prozesse sind idealisiert und somit nur Grenzfälle der wirklich vorkommenden irreversiblen Prozesse. Mit den *Idealprozessen* kann man die Güte technischer Anlagen und Maschinen bewerten – eine der Hauptaufgaben der technischen Thermodynamik.

1.2 Erster Hauptsatz der Thermodynamik

Der 1. Hauptsatz der Thermodynamik drückt eine Energiebilanz aus und ist der *Satz von der Erhaltung der Energie*. Er unterscheidet nicht zwischen reversiblen und irreversiblen Energieumwandlungen.

Die verschiedenen Energieformen sind:

- Arbeit,
- Innere Energie,
- Wärme.

Arbeit

Arbeit = Energie = Kraft × Weg

$$W_{12} = \int_1^2 F \cdot dz \text{ [J] in Joule}$$

$$F = m \cdot \frac{dc}{d\tau} \text{ [N] in Newton} \quad \text{(Kraft = Masse × Beschleunigung)}$$

m [kg] = Masse

c [m/s] = Geschwindigkeit

τ [s] = Zeit

und mit $dz = c \cdot d\tau$ (Weg = Geschwindigkeit × Zeit) ergibt sich die *kinetische Energie* W_{kin}:

$$W_{kin} = \int_1^2 m \cdot \frac{dc}{d\tau} \cdot c \cdot d\tau = \frac{m}{2}(c_2^2 - c_1^2) \text{ [J]}$$

Mit der Höhendifferenz $z_1 - z_2$ und der Masse m sowie der Erdbeschleunigung $g = 9{,}81$ m/s^2 ergibt sich die *Lage- oder Ruhe- oder potenzielle Energie*:

$$W_{pot} = m \cdot g \cdot (z_2 - z_1) \text{ [J]}$$

Beide Energien W_{kin} und W_{pot} bilden den *Energieerhaltungssatz der Mechanik*:

$$W_m = W_{kin} + W_{pot} = m\left(\frac{c^2}{2} + g \cdot z\right) \text{ [J]} \qquad (1)$$

Analog für die Rotation:
Anstelle von m tritt $I = m \cdot r^2$ das Trägheitsmoment
Anstelle von c tritt $\omega = 2\pi \cdot f$ die Kreisfrequenz mit f in s^{-1}

sodass

$$dW_{rot} = I \cdot \omega \cdot \frac{d\omega}{d\tau} \cdot d\tau$$

$$W_{rot} = \frac{m}{2} \cdot r^2 \cdot \omega^2$$

wird. Hier ist die Kraft das Drehmoment M_d.

Volumenänderungsarbeit:

Gemäß Abb. 3 ergibt sich ein p, V-Diagramm:

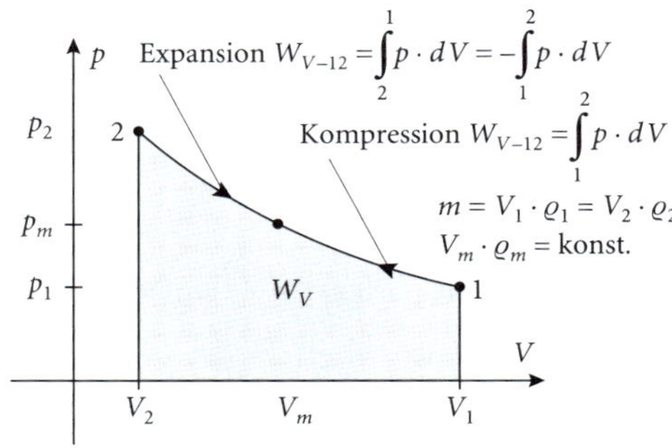

Abb. 6: Volumenarbeit

In der Technik verrichtet ein Massenstrom $\dot{m}$ beim Durchgang durch eine Maschine Arbeit, die sogenannte *Technische Arbeit* W_t: (s. Abb. 4)

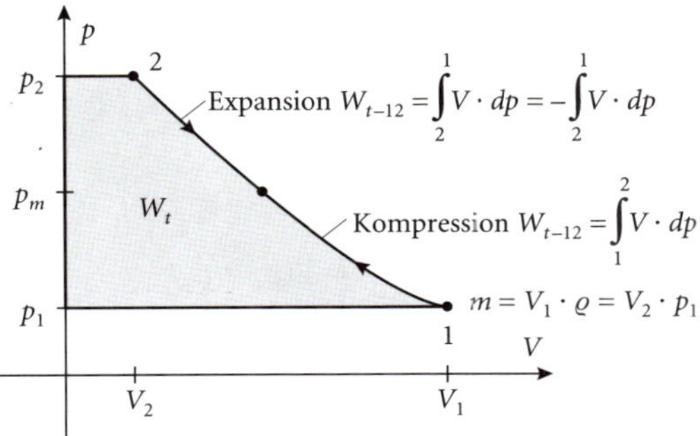

Abb. 7: Technische Arbeit

Allgemeine Festlegung ist dabei: Das Zuführen von Energie ist positiv (hier Kompression)
Das Abführen von Energie ist negativ (hier Expansion)

Bei den wirklichen Prozessen tritt die *Dissipationsenergie* J_{12} auf: (Reibung)

$$W_{t-12} = \int_1^{2'} V \cdot dp + J_{12} = W_{t-12'} + J_{12}$$

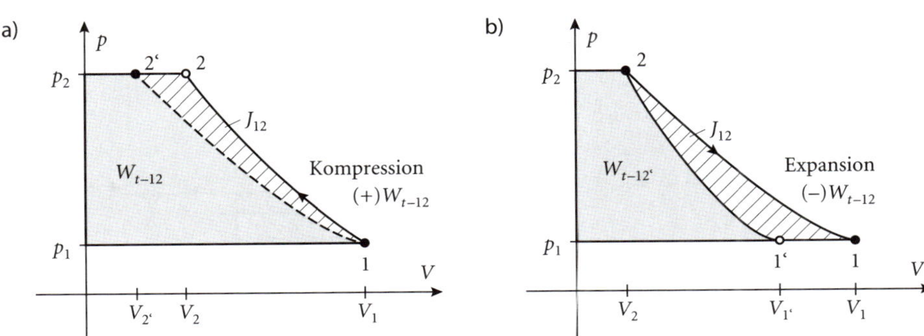

Abb. 8: Technische Arbeit mit Dissipation

Werden W_{kin} und W_{pot} beim Durchströmen durch die Maschine berücksichtigt, so gilt:

$$W_{t-12} = \int_1^{2'} V \cdot dp + J_{12} + W_{m-12} = -\int_2^1 V \cdot dp + W_{m-12} \tag{2a}$$

bzw. bei Expansion:

$$W_{t-12} = \int_{2}^{1'} V \cdot dp + J_{12} + W_{m-12} = -\int_{1}^{2} V \cdot dp + W_{m-12} \quad (2b)$$

Bei inkompressiblen Fluiden ist die Dichte ϱ konstant und $W_{t-12} = V \cdot (p_1 - p_2)$ [J]
Daraus ergibt sich die Leistung in J/s oder Watt:

$$P = \dot{W}_{t-12} = \pm \int_{1}^{2} \dot{V} \cdot dp + \dot{W}_{m-12} \text{ bzw. } P = \dot{V}(p_1 - p_2) \quad (3)$$

Weitere Formen der Arbeit sind:

- elektrische Arbeit $W_{el} = U \cdot J \cdot \tau$ [J]
  U = Spannung in Volt
  J = Strom in Ampere
  τ = Zeit in Sekunden

  und die elektrische Leistung $\dot{W}_{el} = P_{el} = U \cdot J$ [W],
- magnetische Arbeit im Vakuum,
- Oberflächenvergrößerung etc.

Innere Energie

- Außer den mechanischen Energien (W_{kin} und W_{pot}) ist in jedem System noch eine *Innere Energie* enthalten in Form von Translations-, Rotations- und Schwingungsenergie der Elementarteilchen. Nimmt man die Abbildungen 3 und 6 mit adiabaten Wänden:

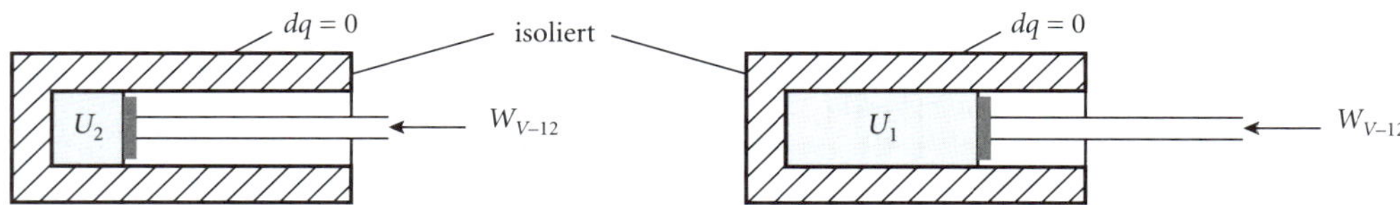

Abb. 9: Arbeitszufuhr in einem adiabaten System

$$W_{v-12} = \int_{1}^{2} p \cdot dV = U_2 - U_1$$

Die innere Energie U wird in drei Gruppen eingeteilt:

- ***Thermische innere Energie:*** Sie umfasst die kinetische und potenzielle Energie der Molekularbewegung und wird durch Änderung der Temperatur und des spezifischen Volumens beeinflusst.

- ***Chemische innere Energie:*** Durch die chemischen Reaktionen verändert sich die molekulare Bindungsenergie.
- ***Nukleare innere Energie:*** Sie spielt erst durch die Kernreaktionen eine Rolle.

Bei den thermodynamischen Prozessen ändert sich meist nur die *thermische innere Energie*; chemische und nukleare innere Energie bleiben unverändert, wenn man Prozesse wie Erwärmen bzw. Abkühlen eines Fluids oder eine Energieänderung durch Vergrößern oder Verkleinern des Volumens untersucht.

Bei chemischen Reaktionen (z. B. bei der technisch wichtigen Verbrennung) verändert sich die *chemische innere Energie*. Das heißt: Nimmt sie im Verlauf der Reaktion ab, so nimmt die *thermische innere Energie* zu (Temperatursteigerung). Desgleichen gilt für Kernreaktionen *nukleare innere Energie* wird in *thermische innere Energie* umgewandelt.

Wärme

Bei der Abb. 9 erhöht die zugeführte Arbeit die *thermische innere Energie* um $U_2 - U_1$ des adiabaten Systems (isoliertes System).

Ist diese Abb. 9 nichtadiabatisch das heißt nicht isoliert, dann wird die gleiche zugeführte Arbeit die innere Energie weniger stark erhöhen, wenn die Umgebungstemperatur T_u niedriger als das System ist. Ein Teil der zugeführten Arbeit **überschreitet die Systemgrenzen**, die als *Wärme Q* bezeichnet wird.

$$W_{V-12} = \int_1^2 V \cdot dp = (U_2 - U_1) - Q$$

Der **1. Hauptsatz für adiabatische geschlossene Systeme** (ohne J_{12}) lautet:

$$W_{V-12} = U_2 - U_1 \quad (W_{\text{kin}} \text{ und } W_{\text{pot}} \text{ vernachlässigt})$$

Der 1. Hauptsatz für **nichtadiabatische Systeme** lautet:

$$W_{V-12} = (U_2 - U_1) - Q$$

bzw. mit spezifischen Werten: $w_{V-12} = (u_2 - u_1) - q$ [kJ/kg]

Erster Hauptsatz für offene Systeme

Analog Abschnitt 1.2, Abb. 4 (mit $dq = 0$ und $dq \neq 0$):

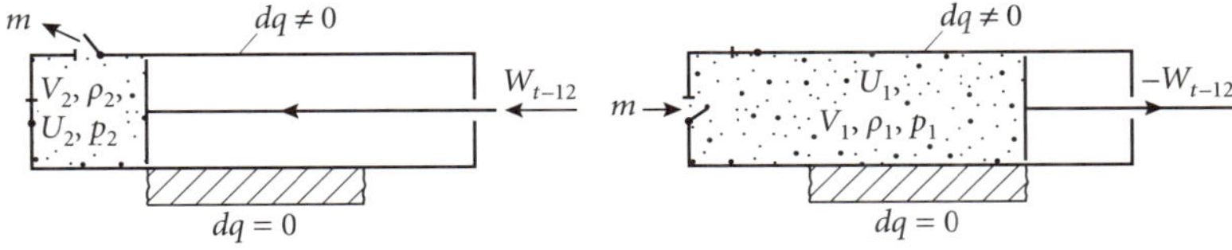

Abb. 10: Adiabatisches und nichtadiabatisches offenes System

Erster Hauptsatz für adiabatische *offene* Systeme:

$$W_{t-12} = \underbrace{\underbrace{(U_2 - U_1)}_{\text{Temperatur-erhöhung}} + \underbrace{(p_2 \cdot V_2 - p_1 \cdot V_1)}_{\text{Verschiebearbeit}}}_{\text{Enthalpie } (H_2 - H_1) \text{ [J]}} \quad (\triangleq \text{Abb. 8a})$$

Erster Hauptsatz für nichtadiabatische *offene* Systeme:

$$W_{t-12} = (U_2 - U_1) + (p_2 \cdot V_2 - p_1 \cdot V_1) - Q_{12} = (H_2 - H_1) - Q_{12}$$

Enthalpie H nennt man die *innere Energie U* plus *Verschiebearbeit* $\Delta p \cdot \Delta V$, die spezifische Enthalpie h [J/kg].

Mit W_{kin} und W_{pot} ist der *1. Hauptsatz für offene nichtadiabatische Systeme*:

$$W_{t-12} = (U_2 - U_1) + (p_2 \cdot V_2 - p_1 \cdot V_1) - Q_{12} + W_{kin} + W_{pot}$$

bzw.

$$W_{t-12} + Q_{12} = m\left[\left(h_2 + \frac{c_2^2}{2} + g \cdot z_2\right) - \left(h_1 + \frac{c_1^2}{2} + g \cdot z_1\right)\right]$$

(gemäß Abb. 8 ist $W_{t-12} = W^{rev}_{t-12'} + J_{12}$)

Anmerkung: Bei Geschwindigkeiten $c < 40$ m/s kann die kinetische Energie vernachlässigt werden. Vernachlässigt man noch die potenzielle Energie, so wird:

$$W_{t-12} + Q_{12} = m\underbrace{(h_2 - h_1)}_{\int_1^2 v \cdot dp + j_{12}} \quad \text{oder adiabat} \quad W_{t-12} = H_2 - H_1$$

Gemäß Abb. 8a):

$$\int_1^2 V \cdot dp + J_{12} = W^{rev}_{t-12'} + J_{12}$$

bzw.

$$w_{t-12} = \int_1^2 v \cdot dp + j_{12}$$

j_{12} = spezifische Dissipationsenergie = spezifische Reibungsenergie bedingt durch den Druckverlust Δp_v

$$j_{12} = \Delta p_v \cdot v = \frac{\Delta p_v}{\varrho} \quad \text{oder} \quad J_{12} = \Delta p_v \cdot V$$

Mit dem Massendurchsatz pro Zeiteinheit ergibt sich der *1. Hauptsatz für stationäre Fließprozesse*:

$$\dot{Q}_{12} + \dot{W}_{t-12} = \dot{m}\left[(h_2 - h_1) + \frac{1}{2}(c_2^2 - c_1^2) + g(z_2 - z_1)\right] \tag{4}$$

Für kompressible Fluide ist ohne $\dot{W}_{\text{kin}}$ und $\dot{W}_{\text{pot}}$ bei adiabater Kompression (bzw. Expansion): $(\dot{Q} = 0)$

$$\dot{W}_{t-12} = \dot{m}\frac{n}{n-1} \cdot p_1 \cdot v_1\left[\left(\frac{p_2}{p_1}\right)^{\frac{n-1}{n}} - 1\right] \quad \text{(siehe Abschnitt 1.7)} \tag{4a}$$

n = Polytropenexponent, $v_1 = \dfrac{1}{\varrho_1}$

Für inkompressible Fluide ohne $\dot{W}_{\text{kin}}$ und $\dot{W}_{\text{pot}}$ und adiabat $(\dot{Q} = 0)$:

$$\dot{W}_{t-12} = \dot{m}[v(p_2 - p_1) + \Delta p_v] = \dot{v}[p_2 - p_1) + \Delta p_v] \tag{4b}$$

ϱ = konstant; $P_{12} = \dot{W}_{t-12}$.

Die effektive Antriebsleistung P_e eines Verdichters, Ventilators oder einer Pumpe etc.:

$$P_e = \frac{P_{12}}{\eta_e};$$

während bei einer Kraftmaschine (Turbine, Motor etc.) die erzeugte Leistung:

$P_e = \eta_e \cdot P_{12}$ ist.

Die verschiedenen Arbeiten (bzw. Leistungen mit $\dot{m}$):

- Druckarbeit (technische Arbeit) $m\int_1^2 v \cdot dp$,
- Volumenarbeit $-m\int_1^2 p \cdot dv$ (abgegeben das heißt (-)),
- Schubarbeit $m(p_2 \cdot v_2 - p_1 \cdot v_1)$,
- potenzielle Arbeit $m \cdot g(z_2 - z_1)$ auch Hubarbeit,
- kinetische Arbeit $\frac{m}{2}(c_2^2 - c_1^2)$

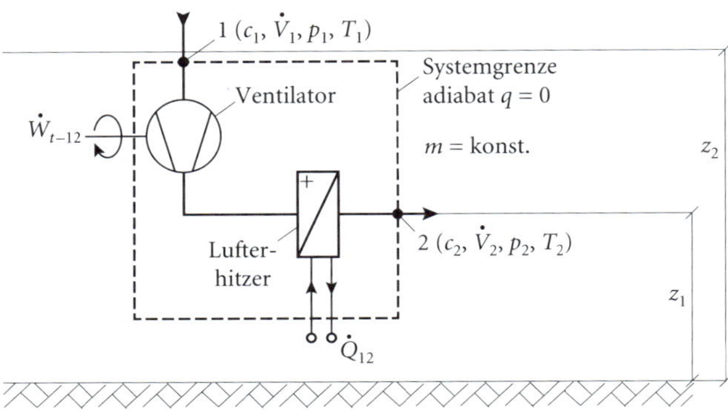

Abb. 11: Fließprozess (gemäß Gl. 4)

Bei den Druckverlustberechnungen ist $Q = 0$ und die technische Arbeit $W_{t-12} = 0$ (Strömungsprozess) und es ergibt sich der Druckverlust zwischen zwei aufeinander folgenden Stellen (1) und (2) bei inkompressiblen Fluiden (Gl. 4b + W_{kin} + W_{pot}):

$$O = \dot{V}\left[(p_2 - p_1) + \Delta p_v + \frac{\varrho}{2}(c_2^2 - c_1^2) + \varrho \cdot g(z_2 - z_1)\right]$$

In der Klima- und Kältetechnik[2)] werden Auslegungsberechnungen bei der *Anlagenprojektierung* mit den Formeln für inkompressible Fluide durchgeführt (Ventilatoren bis 0,3 bar) sodass:

$$\Delta p_v = (p_1 - p_2) + \frac{\varrho}{2}(c_1^2 - c_2^2) + \varrho \cdot g(z_1 - z_2) \quad \text{wird.}$$

Setzt man $\Delta p_v = 0$, so erhält man die verlustfreie *Bernoulli'sche Gleichung*:

$$p_1 + \frac{\varrho}{2} \cdot c_1^2 + \varrho \cdot g \cdot z_1 = p_2 + \frac{\varrho}{2} \cdot c_2^2 + \varrho \cdot g \cdot z_2 \qquad (5)$$

p = statischer Druck in Pa

$\frac{\varrho}{2} \cdot c^2$ = dynamischer Druck in Pa

$\varrho \cdot g \cdot z$ = potentieller Druck oder Lagedruck in Pa

Anmerkung: Ändern sich die Zustandsgrößen mit der Zeit, so handelt es sich um *instationäre Fließprozesse*. Diese werden hier nicht behandelt.

In der Technik hat man es vorwiegend mit *stationären Fließprozessen* zu tun.

[2)] Gilt nicht für den Kältekreisprozess

1.3 Wärmekapazität

Die spezifische Wärmekapazität c_v und c_p ist diejenige Wärmemenge (oder Dissipationsenergie) die zur Erwärmung von 1 kg eines Stoffes um 1 K bei gleichbleibendem Aggregatszustand benötigt wird.

Die spezifische Wärmekapazität ist temperaturabhängig und bei realen Gasen auch druckabhängig (nur einatomige ideale Gase sind ausgenommen). Sie nimmt bei den meisten Stoffen mit der Temperatur zu. Die in Tabellen und Diagrammen angegebenen spezifischen Wärmekapazitäten gehen im Allgemeinen von 0 °C aus.

Bei Gasen ist die spezifische Wärmekapazität davon abhängig, ob Wärme bei konstantem Volumen (c_v) oder konstantem Druck (c_p) zugeführt wird.

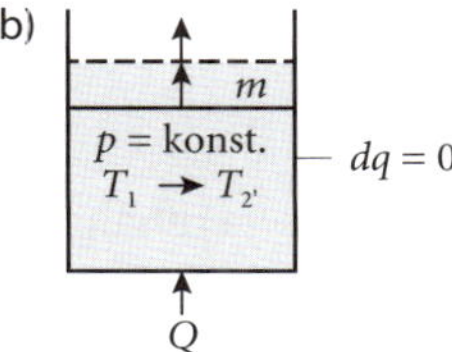

Abb. 12: Erwärmung bei a) konstantem Volumen b) konstantem Druck

Bei V = konstant gilt:

$$Q_{12} = \Delta Q = U_{12} = \Delta U = m \cdot c_v \cdot (T_2 - T_1) \tag{6}$$

c_v in kJ/kg K bei V = konstant

Bei p = konstant wird sowohl die innere Energie erhöht, als auch eine Verschiebearbeit verrichtet, wobei $T_{2'} < T_2$ ist bei gleicher zugeführter Wärmemenge:

$$Q_{12} = \Delta Q = H_{12} = \Delta H = m \cdot c_p \cdot (T_2' - T_1) \tag{7}$$

c_p in kJ/kg K bei p = konstant

$$Q_{12} = m \cdot c_v \cdot (T_2 - T_1) = m \cdot c_p \cdot (T_2' - T_1)$$

$\frac{c_p}{c_v} = \kappa$ ist der Isentropenexponent Kappa

Bei idealen Gasen ist $c_p - c_v = R$

R in kJ/kg K ist die Gaskonstante.

Die spezifische Wärmekapazität fester und flüssiger Stoffe ($dV = 0$) ist nur von der Temperatur abhängig: $c = c_p = c_v$

$$Q_{12} = m \cdot c \cdot (T_2 - T_1) \quad c \text{ in kJ/kg K} \tag{8}$$

Anmerkung: Technische Rechnungen gehen von Anfangs- und Endzuständen (1) und (2) aus, folglich sind die Ergebnisse *Differenzwerte* (z. B. Q_{12} oder ΔQ, U_{12} oder ΔU, H_{12} oder ΔH usw.).

Die v. g. Betrachtungen gelten ohne Änderung des Aggregatszustandes.

Ändert sich der Aggregatszustand eines festen, flüssigen oder gasförmigen Körpers – beim Schmelzen, Erstarren, Sublimieren, Resublimieren, Kondensieren, Verdampfen – so wird Wärme umgesetzt, ohne dass sich die Temperatur ändert.

Man nennt diese Wärme:

- Schmelzwärme,
- Verdampfungswärme,
- Sublimationswärme bzw. -enthalpie,

oder *latente Wärme*

Mischungstemperatur (t_m)

Werden mehrere Stoffe unterschiedlicher Temperatur und spezifischer Wärmekapazität gemischt, so erfolgt ein Wärmeaustausch, der einen Ausgleichszustand anstrebt (irreversibel). Die Temperaturdifferenz geht gegen Null. Es stellt sich eine gemeinsame Mischtemperatur ein.

Die Mischtemperatur $\boldsymbol{t_m}$ zweier Stoffe (ohne Aggregatszustandsänderung und keine Wärmeströme von außen *adiabat*):

$$\underbrace{c_1 \cdot m_1 \cdot (t_1 - t_m)}_{\text{Q}_{1m} \text{ – wärmeabgebend}} = \underbrace{c_2 \cdot m_2 \cdot (t_m - t_2)}_{\text{Q}_{2m} \text{ – wärmeaufnehmend}}$$

1.4 Zweiter Hauptsatz der Thermodynamik

Es gibt eine Erfahrung die jeder macht:

Es gibt in der Natur und in der Technik keinen Prozess, der sich vollständig rückgängig machen lässt oder *Alle natürlichen (wirklichen Prozesse) sind irreversibel (nicht umkehrbar).*

Daraus kann man umgekehrt folgern:

Reversible (umkehrbare) Prozesse sind idealisierte Prozesse, an denen man die Güte der irreversiblen Prozesse der technischen Anlagen und ihrer Komponenten bewerten kann.

Während sich die Energieform *Arbeit* (mechanisch, kinetisch, potenziell, elektrisch etc.) vollständig umwandeln lässt, lässt sich die *Wärme* niemals ganz in *Arbeit* umwandeln.

Oder nach Max Planck:

Alle Prozesse, bei denen Reibung (= Wärme) auftritt sind irreversibel.

Die Umwandlung dieser beschränkt umwandelbaren Energieform *Wärme* wird von der *Umgebung* mit der *Umgebungstemperatur* T_u beeinflusst.

Die Umgebungstemperatur T_u ist das *Bezugssystem* bei technischen Prozessen für die Bewertung dieses jeweiligen Prozesses.

Das Bezugssystem ist die *irdische Atmosphäre*, denn sie nimmt an den Energieumwandlungsprozessen auf der Erde – als großer Energiespeicher - teil, der Energie aufnehmen oder abgeben kann, ohne seinen intensiven Zustand zu verändern.

Würde sich die in der Umgebung gespeicherte (im Mittel global ca. + 15 °C = 288,15 K) Wärme in *Nutzarbeit* umwandeln lassen, so wäre dies die ideale Energiequelle und es gäbe keine Energieprobleme mehr.

Alle wirklichen Prozesse, die *anfangs* eine höhere (oder niedrigere) Temperatur und einen höheren (oder niedrigeren) Druck als die Umgebung haben, streben nur in eine Richtung, nämlich zum thermischen und mechanischem Gleichgewichtszustand mit der Umgebung. Eine andere Richtung ist nie beobachtet worden. Eine Umkehr ist nicht möglich und die *innere Energie* der Umgebung ist nicht in *Nutzarbeit* zu verwandeln.

Aber alle technischen Prozesse, die das Leben möglich machen, wie das Heizen, Kühlen, Produzieren, die Mobilität etc. brauchen keine Energie schlechthin, sondern Nutzarbeit, also die hochwertigere Energieform als die niederwertige Energieform der Umweltenergie. Wie kann man nun die hochwertigere bzw. die niederwertige Energie bewerten?

Hierzu eine Betrachtung:

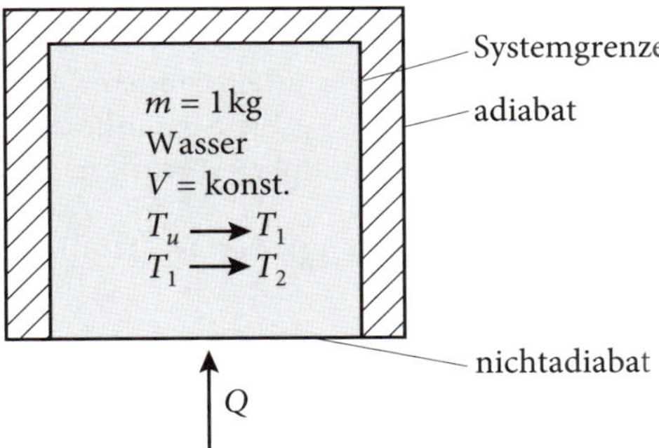

Abb. 13: Wärmezuführung über die Systemgrenze

Ein kg Wasser wird bei p = konstant einmal von der Umgebungstemperatur 20 °C ($T_u \approx$ 293 K abgerundet) auf 50 °C (T_1 = 323 K) und zum anderen von 50 °C auf 80 °C (T_2 = 353 K) erwärmt gemäß Abb. 13.

Nach dem 1. Hauptsatz der Thermodynamik ist die zugeführte Wärmemenge Q_1:

Gleichung 8:

$$Q_1 = m \cdot c \cdot (T_1 - T_u) = m \cdot c \cdot \Delta T_{1u}$$

$$c \;= 4{,}19\,\text{kJ/kg K}$$

$$Q_1 = 1 \cdot 4{,}19 \cdot (323 - 293)\text{kJ} = 125{,}7\,\text{kJ} \quad \text{und}$$

$$Q_2 = m \cdot c \cdot (T_2 - T_1) = 1 \cdot 4{,}19(353 - 323)\text{kJ} = 125{,}7\,\text{kJ}$$

Beide Wärmemengen sind gleich: $Q_1 = Q_2$.

Der 1. Hauptsatz macht keine Aussage über die *Wertigkeit der Wärme bzw. der Energie*. Einleuchtend ist jedoch, dass eine Wärme mit der mittleren Temperatur tm_1:

$$t_{m_1} = \frac{t_u + t_1}{2} = \frac{20 + 50}{2}\,°\text{C} = 35\,°\text{C}\ (= 308\,\text{K})$$

niedriger zu bewerten ist, als eine Wärme mit der mittleren Temperatur tm_2:

$$t_{m_2} = \frac{t_1 + t_2}{2} = \frac{50 + 80}{2}\,°\text{C} = 65\,°\text{C}\ (= 338\,\text{K})$$

Anmerkung: Die arithmetisch gemittelte Temperatur tm_1 und tm_2 weicht bei niedrigen Temperaturen etwas von der mittleren thermodynamischen Temperatur (Tm_1 bzw. Tm_2) ab, wie später gezeigt wird. In der Thermodynamik wird grundsätzlich mit der Kelvin-Temperatur gerechnet.

Wählt man nun bei der o. g. Betrachtung der Wärme eine andere Gleichungsform in der anstelle der Temperaturdifferenzen $(T_1 - T_u)$ bzw. $(T_2 - T_1)$ die v. g. mittlere thermodynamische Temperatur Tm_1 bzw. Tm_2 mit einem Faktor z. B. S multipliziert wird, so ergibt sich:

$$Q_1 = T_{m_1} \cdot S_{1u} \quad \text{oder} \quad Q_1 = T_{m_1} \cdot \Delta S_1 = 125{,}7\,\text{kJ}$$

$$Q_2 = T_{m_2} \cdot S_{12} \quad \text{oder} \quad Q_2 = T_{m_2} \cdot \Delta S_2 = 125{,}7\,\text{kJ}$$

Nun bezeichnet man S als *Entropie* bzw. ΔS als *Entropiedifferenz* mit der Dimension:

$$\text{S} = \frac{Q}{T_m} \quad \text{in kJ/K}$$

bzw. $s = \frac{S}{m}$ in kJ/kg K als spezifische Entropie.

Durch Umstellung der Gleichungen erhält man:

$$Q = m \cdot c \cdot (T_1 - T_u) = T_{m_1} \cdot (S_1 - S_u) = m \cdot T_{m_1} \cdot \Delta s_1$$

$$= \underbrace{m \cdot c \cdot (T_2 - T_1)}_{\text{1. Hauptsatz}} = \underbrace{T_{m_2} \cdot (S_2 - S_1)}_{\text{2. Hauptsatz}} = m \cdot T_{m_2} \cdot \Delta s_2$$

S_u = Entropie im Umgebungszustand T_u

S = Entropie im betrachteten Zustand T.

Nun zu unserer o. g. Betrachtung mit

$$T_m = \frac{T_1 - T_2}{ln\frac{T_1}{T_2}} \quad \text{allgemeine Formel}$$

wird

$$T_{m_1} = \frac{T_1 - T_u}{ln\frac{T_1}{T_u}} = \frac{323 - 293}{ln\frac{323}{293}} \text{K} = 307{,}76\,\text{K} (= 34{,}76\,°\text{C})$$

$$T_{m_2} = \frac{T_2 - T_1}{ln\frac{T_2}{T_1}} = \frac{353 - 323}{ln\frac{353}{323}} \text{K} = 337{,}78\,\text{K} (= 64{,}78\,°\text{C})$$

$$Q_1 = T_{m_1} \cdot S_{1u} \curvearrowright S_{1u} = \frac{Q_1}{T_{m_1}} = \frac{125{,}7}{307{,}76} \text{kJ/K} = 0{,}4084\,\text{kJ/K}$$

$$Q_2 = T_{m_2} \cdot S_{12} \curvearrowright S_{12} = \frac{Q_2}{T_{m_2}} = \frac{125{,}7}{337{,}78} \text{kJ/K} = 0{,}372\,\text{kJ/K}$$

Jetzt hat man eine Bewertung der Wärme (die nach dem 1. Hauptsatz keine hat):

Je kleiner die Entropiedifferenz zweier gleicher Wärmemengen (oder Wärmeinhalte) jedoch mit unterschiedlicher Mitteltemperatur ist, desto höher ist die *Wertigkeit* der Energie und ihre Unwandelbarkeit in *technische Arbeitsfähigkeit.*

Nun gilt allgemein:

$$dQ = \underbrace{m \cdot c \cdot dT}_{\text{1. Hauptsatz}} = \underbrace{T \cdot dS}_{\text{2. Hauptsatz}}$$

$$dS = m \cdot c \cdot \frac{dT}{T}$$

und zwischen Zustand (1) und (2):

$$S_{12} = \int_1^2 m \cdot c \cdot \frac{dT}{T} = m \cdot c \cdot ln\frac{T_2}{T_1} \text{ in kJ/K}$$

$$Q = m \cdot c \cdot (T_2 - T_1) = T_m \cdot S_{12} = T_m \cdot m \cdot c \cdot ln\frac{T_2}{T_1} \tag{9}$$

und durch die Umstellung:

$$T_m = \frac{T_2 - T_1}{ln\frac{T_2}{T_1}} \text{ in K} \tag{10}$$

Volumenarbeit $p \cdot V$, technische Arbeit $(V \cdot dp)$, mechanische-, potenzielle-, kinetische- und elektrische Arbeit werden niemals von Entropie begleitet!

Während der 1. Hauptsatz mit $(T_2 - T_1)$ rechnet und keinen Unterschied in der Energiequalität macht, rechnet der 2. Hauptsatz mit T_m und bewertet über die Entropie die Qualität der Energie.

Es gibt somit zwei Energieklassen:

a) Die v. g. unbeschränkt umwandelbaren Energien (technisch-, elektrisch-, kinetisch- und potenziell), man nennt sie *Exergien.*

und

b) Die beschränkt umwandelbaren Energien (innere Energie, Wärme, Enthalpie). Sie bestehen nur z. T. aus Exergie, der andere Teil wird *Anergie* (oder Umweltenergie) genannt.

Beim Kühlen ist normalerweise die Umgebungstemperatur T_u höher als z. B. die Kühlraumtemperatur T_e. Das bedeutet, aus dem Kühlraum muss ein Anergiestrom entfernt und an die Umgebung abgeführt werden. Hierzu ist Exergie erforderlich.

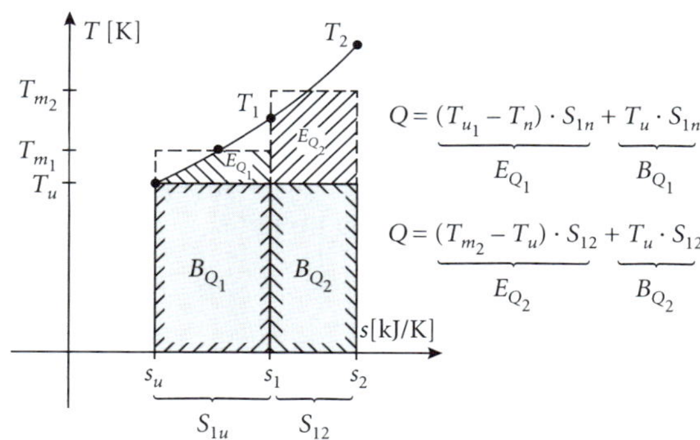

Abb. 14: *T,s*-Diagramm zum Betrachtungsbeispiel

Nun gilt allgemein zwischen Zustand (1) und (2):

$$E_{Q_{12}} = Q - B_{Q_{12}} = T_m \cdot S_{12} - T_u \cdot S_{12}; \quad S_{12} = \frac{Q}{T_m};$$

$$E_{Q_{12}} = Q - T_u \frac{Q}{T_m} = \left(1 - \frac{T_u}{T_m}\right) \cdot Q = \eta_c \cdot Q \tag{11}$$

E_Q = Exergie = technische Arbeitsfähigkeit in kJ
B_Q = Anergie = Umweltenergie in kJ
η_c = Carnot-Faktor

Energie = Exergie + Anergie. (12)

Zurück zu dem Betrachungsbeispiel Abb. 14:

$$E_{Q_{iu}} = \eta_c \cdot Q = 125{,}7\left(1 - \frac{293}{307{,}76}\right)\text{kJ} = 6{,}03\,\text{kJ},$$

und

$$E_{Q_{iu}} = 125{,}7\left(1 - \frac{293}{337{,}78}\right)\text{kJ} = 16{,}66\,\text{kJ},$$

und der Anergieanteil:

$$B_{Q_{1u}} = T_u \cdot S_{1u} = 293 \cdot 0{,}4084\,\text{kJ} = 119{,}66\,\text{kJ}$$

$$B_{Q_{12}} = T_u \cdot S_{12} = 293 \cdot 0{,}372\,\text{kJ} = 109\,\text{kJ}$$

Zu bedenken ist jedoch, dass Q_{12} von einer höheren Anfangstemperatur ausgeht, mit einer Anfangsexergie.

Fazit:

Jede Energie besteht also aus Exergie und Anergie, wobei einer der beiden Anteile auch Null sein kann. Ist z. B. die Anergie = 0, dann ist die Exergie = 100 % (= technische Arbeitsfähigkeit). Ist es umgekehrt, dann handelt es sich um Umweltenergie.

Der Energiebegriff des Technikers deckt sich daher mit dem Exergiebegriff. Denn Energieverluste gibt es nach dem 1. Hauptsatz nicht, denn Energie kann weder verbraucht werden, noch verloren gehen.

Spricht man von Energieverlusten, dann sind es Exergieverluste!

Alle technischen Prozesse sind irreversibel und ihre Anfangsexergie wird unwiederbringlich am Ende in Anergie umgewandelt.

Bei allen wirklichen Prozessen auf der Erde wird letztlich Exergie zur Anergie. Denn der Exergieverlust wird zur Anergie, bedingt durch die Entropieproduktion. Die Exergieverluste erhöhen die Gesamtentropie auf der Erde. Exergiequellen sind die nichterneuerbaren fossilen Brennstoffe, die letztlich zu Anergie werden mit Entropieproduktion.

Die Sonne ist eine erneuerbare Exergiequelle (Sonnenstrahlung hat bis zu 95 % Exergie) und die Erde erhält von ihr *negative* Entropie, die es bei den irdischen Prozessen nicht gibt.

Man erkennt: Energie ist mit Entropie und Exergie vernetzt mit dem Bezugssystem der Umgebung.

Ein weiteres Betrachtungsbeispiel:

Exergiezuführung E_{zu}, um 1 kg Wasser von 15 °C auf 100 °C zu erhitzen (dp = 0):

$$E_{zu} = \eta_c \cdot Q_{zu}$$

$$\eta_c = \left(1 - \frac{288}{328{,}67}\right) = 0{,}124; \quad \left(T_m = \frac{T - T_u}{ln\dfrac{T}{T_u}}\right)$$

$$Q_{zu} = m \cdot c \cdot (T - T_u) = 1 \cdot 4{,}19 \cdot 85\,\text{kJ} = 356{,}15\,\text{kJ}$$

$$E_{zu} = 0{,}124 \cdot 356{,}15\,\text{kJ} = 44{,}1\,\text{kJ}$$

Entropieproduktion $S_{pr} = \dfrac{Q}{T_m} = \dfrac{356{,}15}{328{,}67}\,\text{kJ/K} = 1{,}084\,\text{kJ/K}.$

Bei Abkühlung zurück auf 15 °C ist die abgegebene Wärmemenge – 356,15 kJ und die gleiche zugeführte Exergie E_{zu} ist die abgeführte Exergie, die an die Umwelt geht als *Exergieverlust* E_v mit der irreversiblen Entropieproduktion:

$$S_{irr} = \frac{E_{zu}}{T_u} = \frac{E_v}{T_u} = \frac{44}{288}\,\text{kJ/K} = 0{,}153\,\text{kJ/K}$$

$$E_v = T_u \cdot S_{irr} \tag{13}$$

$$\left[\text{oder:} \quad S_{irr} = \frac{Q}{T_u} - \frac{Q}{T_m} = \left(\frac{356{,}15}{288} - \frac{356{,}15}{328{,}67}\right)\text{kJ/K} = 0{,}153\,\text{kJ/K}\right]$$

Würde ein Teil der E_{zu} als Arbeit genutzt werden $E_{nutz} = E_{zu} - E_v$, so ergibt sich der exergetische Wirkungsgrad:

$$\xi = \frac{E_{nutz}}{E_{zu}} = 1 - \frac{E_v}{E_{zu}} \tag{14}$$

In der Technik – die vorwiegend offene Systeme behandelt – wird eine Masse m vom Zustand (1) mit p_1 zum Zustand (2) mit p_2 transportiert. Dafür wird die Druckdifferenz $(p_1 - p_2)$ benötigt, um die Reibung (Dissipation) zu überwinden. Bei diesem *stationären Fließprozess* treten die Exergie und Anergie der Enthalpie, sowie W_{kin} und W_{pot} auf. Vernachlässigt man W_{kin} und W_{pot}, dann findet zwischen den Zuständen (1) und (2) mit den spezifischen Enthalpien h_1 und h_2 die Exergiedifferenz statt:

$$e_2 - e_1 = (h_2 - h_1) - T_u(s_2 - s_1) \tag{15}$$

1.5 Zustand und Zustandsänderungen

Die Beziehungen zwischen den Zustandsgrößen eines Stoffes werden anschaulich durch Zustandsflächen in räumlichen Koordinatensystemen dargestellt, deren Achsen beliebig wählbaren Zustandsgrößen zugeordnet sind. Z. B.: Zustandsgleichung der Zustandsgrößen p, V, T:

$$dT = \left(\frac{\delta T}{\delta v}\right)_p \cdot dv + \left(\frac{\delta T}{\delta p}\right)_v \cdot dp \text{ als vollständiges Differential.}$$

Hält man nun eine Veränderliche konstant, dann kann man die Zustandsänderung im ebenen Koordinatensystem darstellen. Beispiele sind die Kurven der Isobaren, Isochoren, Isothermen, Isotropen etc., bei denen eine Veränderliche konstant gehalten wird.

Ideale Gase sind gedachte Gase bei denen c_p und c_v konstant sind. Einatomige Gase verhalten sich nahezu ideal (z. B. Helium, Wasserstoff etc.).

Halbvollkommene Gase (z. B. Luft) sind c_p, c_v temperaturabhängig, befolgen aber noch die *Thermische Zustandsgleichung*.

Reale Gase befolgen bei höheren Drücken nicht mehr die *Thermische Zustandsgleichung*. Da die Fehler in der Anwendung (1 % Fehler bei 20 bar) klein sind, kann man mit der thermischen Zustandsgleichung der idealen Gase rechnen.

Die **Thermische Zustandsgleichung** stellt eine Beziehung zwischen den thermischen Zustandsgrößen Druck p, Volumen V und Temperatur T her:

$$p = f(v,T) \quad \text{oder} \quad v = f(p,T).$$

Für p = konstant gilt:

$$\frac{v_1}{v_2} = \frac{T_1}{T_2} \quad \textit{Gay-Lussac'sches Gesetz.}$$

Für T = konstant gilt:

$$p \cdot v = \text{konstant}$$

$$\frac{p_1}{p_2} = \frac{v_1}{v_2} \quad \textit{Boyle-Mariott'sches Gesetz.}$$

Wird zuerst die Temperatur bei p_1 = konstant von T_1 auf T_2 erhöht, so nimmt das Volumen v_1 auf $v_2' = v_1 \cdot \frac{T_2}{T_1}$ zu. Wird anschließend der Druck dieses Gases von p_1 auf p_2 bei T = konstant erhöht, so ist am Ende v_2:

$$v_2 = v_2' \cdot \frac{p_1}{p_2} = v_1 \cdot \frac{T_2}{T_1} \cdot \frac{p_1}{p_2} \curvearrowright \frac{p_1 \cdot v_1}{T_1} = \frac{p_2 \cdot v_2}{T_2} = R$$

R = Gaskonstante in kJ/kg K.

Die ***thermische Zustandsgleichung*** lautet somit:

$$p \cdot v = R \cdot T \qquad p \text{ in N/m}^2 \qquad (16)$$

$$p \cdot V = m \cdot R \cdot T \qquad v \text{ in m}^3\text{/kg}$$

T in Kelvin, m in kg

Normzustand für Gase:

- Normtemperatur T_n = 273,15 K (= 0 °C),
- Normdruck p_n = 101,325 kPa = 1,013 bar,
- Normvolumen $V_n = m \cdot v$ bei T_n und p_n, bzw. Normkubikmeter m_n^3.

Stoffmenge: Die Einheit der Stoffmenge n ist das mol.

Zwischen der Stoffmenge M und der Masse m eines reinen Stoffes besteht eine Proportionalität:

$M = \frac{m}{n}$ = molare Masse oder Molmasse (früher Molekulargewicht) eines Stoffes. Sie ist eine stoffspezifische Eigenschaft.

z. B.: 1 mol H_2 (Wasserstoff) = 2g (1 kmol = 2 kg)
1 mol O_2 (Sauerstoff) = 32g (1 kmol = 32 kg)
1 mol CO_2 (Kohlendioxid) = 44g (1 kmol = 44 kg)
1 mol CH_4 (Methan) = 16g (1 kmol = 16 kg)

Stoffmenge n in kmol:

$$n = m/M \text{ in kg/kg/kmol} = \text{kmol}.$$

Kalorische Zustandsgleichung: Sie stellt eine Beziehung zwischen den *kalorischen Zustandsgrößen*:

- Innere Energie U,
- Enthalpie H,
- Entropie S,

und den *thermischen Zustandsgrößen*:

- Druck p,
- Volumen V,
- Temperatur T,

dar.

Die *kalorische Zustandsgleichung* wird auch als *Thermodynamische Hauptgleichung* (Gibb'sche Fundamentalgleichung) oder *energetische Zustandsgleichung* bezeichnet.
Gemäß den Gleichungen des 1. Hauptsatzes für *offene Systeme*

$$dq = dh - v \cdot dp = T \cdot ds \qquad (16a)$$

$$\text{ds} = \frac{dh}{T} - \frac{v \cdot dp}{T} \quad \text{und mit} \quad dh = c_p \cdot dT \quad \text{(Gleichung 7)}$$

$$\text{p} \cdot v = R \cdot T \text{ (Gleichung 16)}$$

wird:

$$\int_1^2 ds = \int_1^2 \frac{c_p \cdot dT}{T} - \int_1^2 \frac{v \cdot dp \cdot R}{p \cdot v}$$

$$s_2 - s_1 = c_p \cdot ln\frac{T_2}{T_1} - R \cdot ln\frac{p_2}{p_1} \qquad (17)$$

Isobare Zustandsänderung: p = konstant ($dp = 0$)

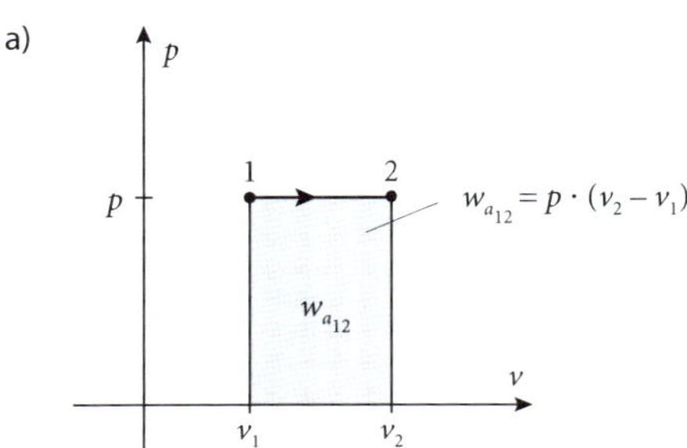

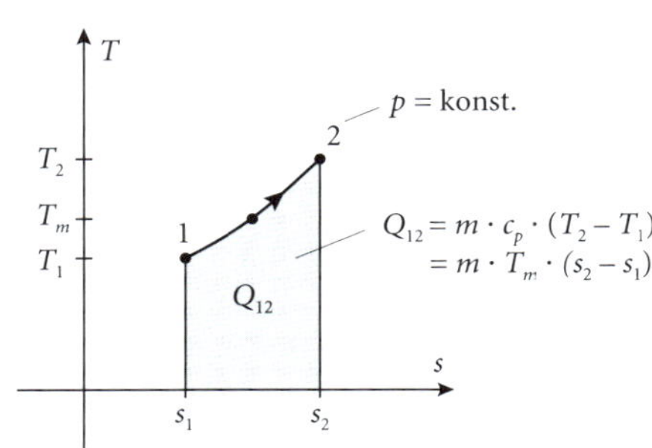

Abb. 15: a) Isobare im *p,v*-Diagramm, b) Isobare im *T,s*-Diagramm

$$T \cdot ds = dq = c_p \cdot dT - \underbrace{v \cdot dp}_{0} = dh; \quad \frac{v_1}{v_2} = \frac{T_1}{T_2};$$

äußere Arbeit: $w_{a_{12}} = p \cdot (v_2 - v_1)$ in kJ/kg (18)

spezifische Entropieänderung: $s_2 - s_1 = c_p \cdot ln\frac{T_2}{T_1}$

Isochore Zustandsänderung: v = konstant ($dv = 0$)

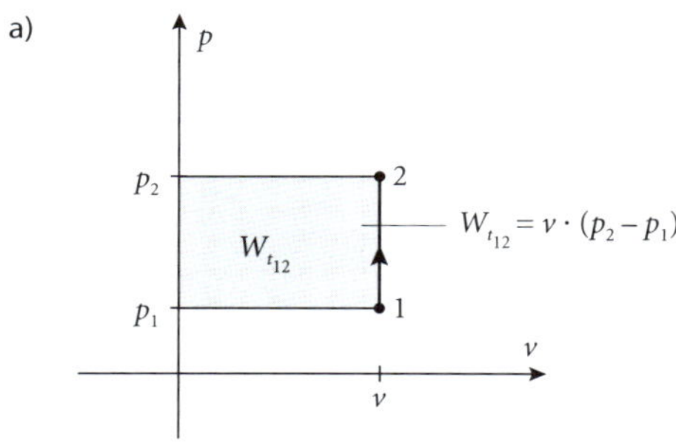

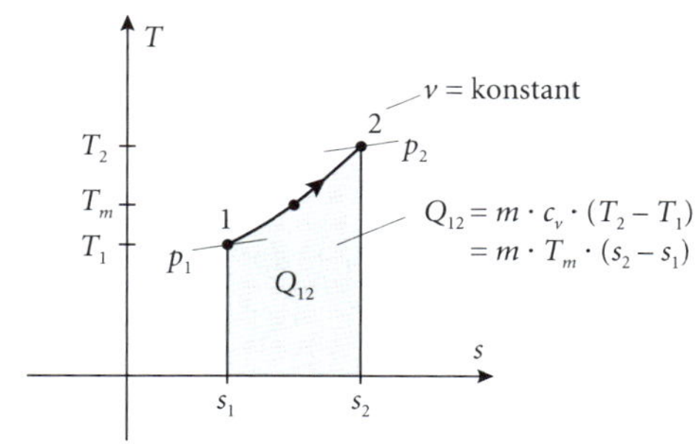

Abb. 16: a) Isochore im *p,v*-Diagramm b) Isochore im *T,s*-Diagramm

$$T \cdot ds = dq = c_v \cdot dT + \underbrace{p \cdot dv}_{W_a = 0} = dh - v \cdot dp = c_p \cdot dT - v \cdot dp; \quad \frac{p_1}{p_2} = \frac{T_1}{T_2};$$

technische Arbeit: $w_{t12} = v(p_2 - p_1)$ in kJ/kg (19)

spezifische Entropieänderung: $s_2 - s_1 = c_v \cdot ln\frac{T_2}{T_1}$

Isotherme Zustandsänderung: T = konstant ($dT = 0$)

a)

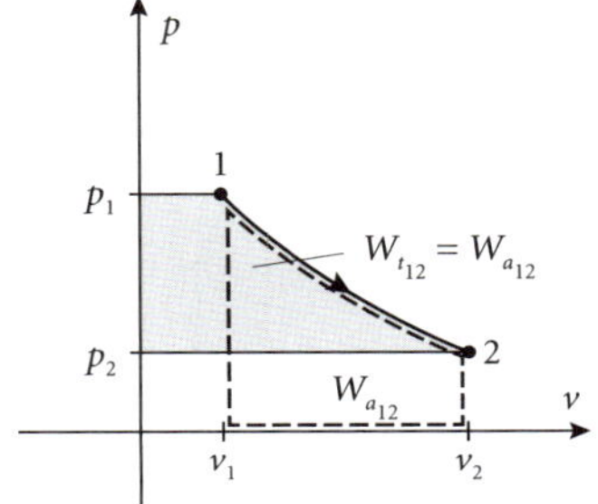

b)

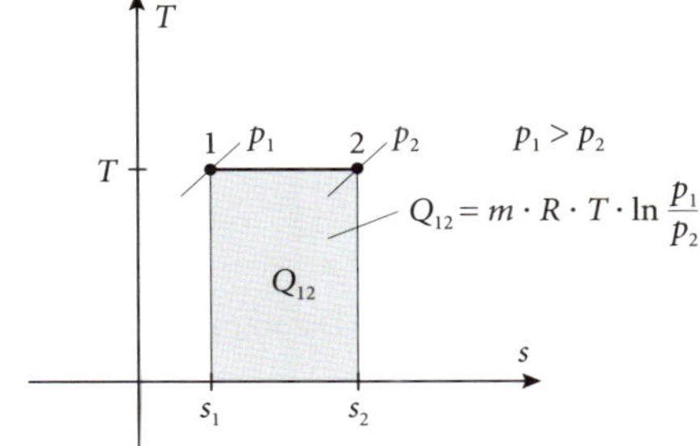

Abb. 17: a) Isotherme im *p,v*-Diagramm b) Isotherme im *T,s*-Diagramm

$$T \cdot ds = \underbrace{c_p \cdot dT}_{0} - v \cdot dp = w_{t12} = -\int_1^2 \frac{R \cdot T}{p} \cdot dp$$

$$\frac{p_1}{p_2} = \frac{v_2}{v_1}; \quad \frac{p_1 \cdot v_1}{R} = \frac{p_2 \cdot v_2}{R} = T;$$

äußere = technische Arbeit:

$$w_{a_{12}} = R \cdot T \cdot ln\frac{v_2}{v_1} \qquad w_{t_{12}} = -R \cdot T \cdot ln\frac{p_1}{p_2} \quad \text{in kJ/kg} \tag{20}$$

$$w_{a_{12}} = -w_{t_{12}}$$

spezifische Entropieänderung:

$$s_2 - s_1 = s_{12} = \Delta s = R \cdot ln\frac{v_2}{v_1} = R \cdot ln\frac{p_1}{p_2}$$

Isentrope Zustandsänderung: *s* = konstant (*ds* = 0)

(adiabat: ohne Zu- und Abfuhr von Wärme)

a)

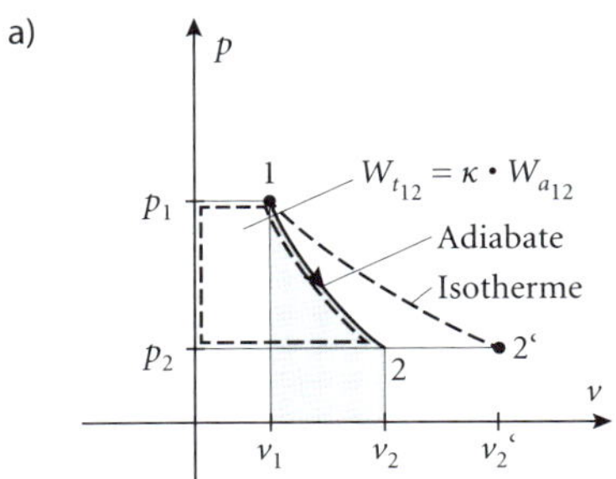

b)

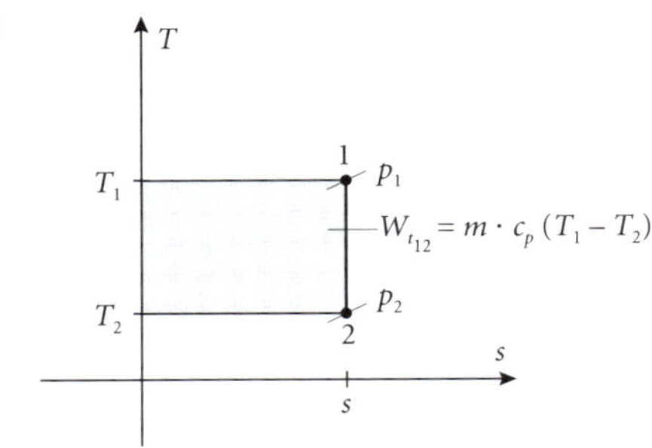

Abb. 18: a) Isentrope im *p,v*-Diagramm b) Isentrope im *T,s*-Diagramm

$$T \cdot ds = c_p \cdot dT - v \cdot dp = c_v \cdot dT + p \cdot dv = 0$$

$$p_1 \cdot v_1 = R \cdot T_1; \quad p_2 \cdot v_2 = R \cdot T_2; \quad \left(T = \frac{p \cdot v}{c_p - c_v}\right);$$

$$\frac{c_p}{c_v} = \kappa; \quad c_p - c_v = R$$

$$ds = \int_1^2 \frac{c_p \cdot dT}{T} = \int_1^2 \frac{v \cdot dp}{T} = \int_1^2 \frac{v \cdot dp}{p \cdot v}(c_p - c_v); \quad (\text{ds} = 0)$$

$$c_p \cdot ln\frac{T_2}{T_1} = (c_p - c_v) \cdot ln\frac{p_2}{p_1}; \quad \frac{ln\frac{T_2}{T_1}}{ln\frac{p_2}{p1}} = \frac{c_p - c_v}{c_p} = 1 - \frac{1}{\kappa};$$

$$\frac{T_2}{T_1} = \left(\frac{p_2}{p_1}\right)^{\frac{\kappa - 1}{\kappa}}; \quad \frac{v_1}{v_2} = \left(\frac{T_2}{T_1}\right)^{\frac{1}{\kappa - 1}}; \quad \frac{v_1}{v_2} = \left(\frac{p_2}{p_1}\right)^{\frac{1}{\kappa}} \tag{21}$$

Bei Expansion ist $p_1 > p_2$, bei Kompression $p_2 > p_1$.

Technische Arbeit bzw. Leistung:

$$w_{t_{12}} = h_2 - h_1 = \int_1^2 v \cdot dp \qquad (dq = 0)$$

$$w_{t_{12}} = \frac{\kappa}{\kappa - 1} \cdot p_1 \cdot v_1 \left[\left(\frac{p_2}{p_1}\right)^{\frac{\kappa - 1}{\kappa}} - 1\right] \quad \text{(siehe Gleichung 4a)}$$

oder

$$w_{t_{12}} = \frac{\kappa}{\kappa - 1} \cdot p_2 \cdot v_2 \left[\left(1 - \frac{p_1}{p_2} \right)^{\frac{\kappa - 1}{\kappa}} \right]$$

$\dot{W}_{t_{12}} = P = \dot{m} \cdot W_{t_{12}}$ (ist der 1. Hauptsatz bei Entfallen von E_{kin} und E_{pot})

$\dot{W}_{t_{12}} = P = \dot{m} \cdot T_m \cdot R \cdot ln\frac{p_2}{p1}$ (2. Hauptsatz $dq = 0$) (22)

Polytrope Zustandsänderung (reale, wirkliche)

Von den theoretischen Zustandsänderungen weichen die wirklichen Zustandsänderungen ab. Man nennt diese *polytrop*.

Anstelle des Isentropenkoeffizienten Kappa (κ) tritt der Polytropenkoeffizient n.

Für die Polytropen gelten die Formeln der Isentropen und κ wird durch n ersetzt.

Während bei den Isentropen die Entropieproduktion gleich Null ist (keine Wärmeerscheinungen) werden die Polytrope von Entropie begleitet, was der Exponent n ausdrückt. Ursache der Abweichung ist die Dissipation.

$$w_{t_{12}} = \frac{n}{n - 1} \cdot p_1 \cdot v_1 \left[\left(\frac{p_2}{p_1} \right)^{\frac{n - 1}{n}} - 1 \right]$$

$$\dot{W}_{t_{12}} = P = \dot{m} \cdot w_{t_{12}} = \dot{m} \cdot T_m \cdot R \cdot ln\frac{p_2}{p_1} \qquad (23)$$

Bei der realen Verdichtung ist $n > \kappa$

polytrope Zustandsänderung zwischen (1) und (2):

$$p_1 \cdot v_1^n = p_2 \cdot v_2^n$$

$$\frac{n - 1}{n} \cdot ln\frac{p_1}{p_2} = ln\frac{T_1}{T_2}.$$

Drosselung

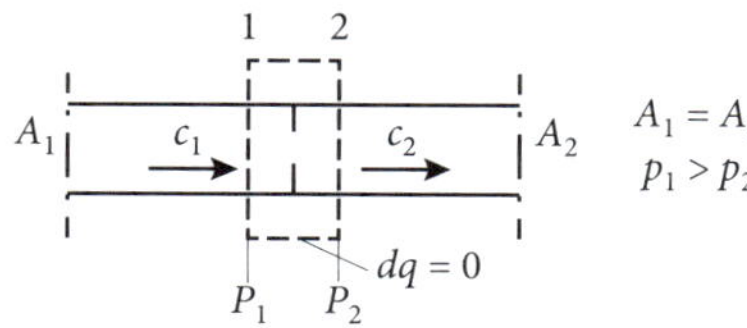

Abb. 19: Adiabate Drosselstelle

Die Enthalpie eines durch eine adiabate Drosselstelle strömenden **idealen** Gases bei $c_1 = c_2$ ist konstant. Dies gilt etwa für $c < 30\,\text{m/s}$.

Nach dem 1. Hauptsatz:

$$q_{12} + w_{t_{12}} = h_2 - h_1 + \underbrace{\frac{1}{2}(c_2^2 - c_1^2) + g(z_2 - z_1)}_{\text{vernachlässigt}}$$

mit

$$w_{t_{12}} = 0 \text{ (Strömungsprozess)}$$

$$q_{12} = 0 \text{ (adiabat)}$$

wird

$$h_2 - h_1 = 0; \quad c_p(T_2 - T_1) = 0; \quad \underbrace{T_2 = T_1}_{\text{nur für ideale Gase}}$$

und es gilt die isotherme Zustandsgleichung:

$$s_2 - s_1 = s_{\text{irr}} = R \cdot ln\frac{p_1}{p_2}$$

und die Dissipationsenergie:

$$j_{12} = T_u \cdot s_{\text{irr}} = (p_1 - p_2) \cdot v = \Delta p_v \cdot v$$

Die Drosselung eines **realen** Gases, dessen Enthalpie auch vom Druck abhängt, hat eine Temperaturänderung zur Folge (Joule-Thomson-Effekt). Diese Eigenschaft wird bei dem *Linde-Verfahren* zur Luftverflüssigung genutzt.

Für technische Rechnungen kann man z. B. Luft als ideales Gas annehmen.

Zustandsänderung inkompressibler Fluide ($dv = 0$)

Bis ca. 120 bar werden Flüssigkeiten als inkompressibel angesehen, das heißt v = konstant (isochor) und es stimmen die spezifischen Wärmekapizitäten c_p, c_v überein und hängen nur von der Temperatur ab.

1. Hauptsatz für stationäre Fließprozesse (W_{kin} und W_{pot} vernachlässigt)

$dq = dh - v \cdot dp$ bei v = konstant wird: (zwischen 1 und 2)

$$h_2 - h_1 = \underbrace{c(T_2 - T_1)}_{q} + v(p_2 - p_1) \quad \text{in kJ/kg} \tag{24}$$

$$\Delta h = q + w_t$$

Bei $q = 0$ (adiabat) ist w_t die in der Heizungs-Kälte-Lufttechnik bekannte Druckverlustgleichung für inkompressible Fluide:

$$w_t = v(p_1 - p_2)$$

und

$$s_{\text{irr}} = s_2 - s_1 = c \cdot ln\frac{T_2}{T_1} \quad \text{(Isochor).}$$

Viskosität (Zähigkeit)

Zwischen gegeneinander bewegten Fluidschichten wirken Reibungskräfte. Man nennt dies *innere Reibung*. Sie beeinflusst die *Fließfähigkeit* des Fluids (z. B. Wasser → Öl). Ein Maß für die Fließfähigkeit eines Fluids ist die *dynamische Zähigkeit* η bzw. die *dynamische Viskosität* ν.

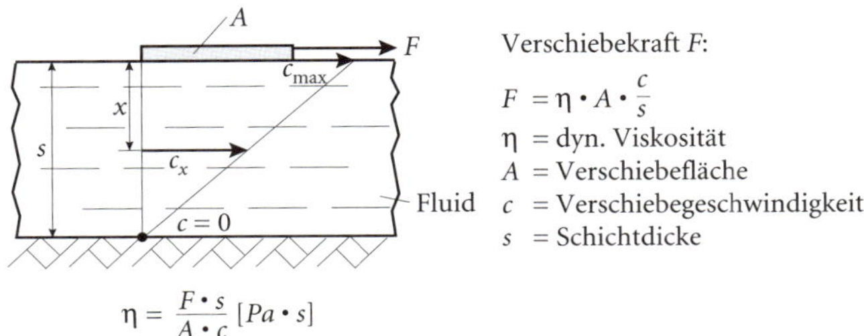

Abb. 20: Dynamische Viskosität nach Newton

In der technischen Anwendung wird mit der kinematischen Viskosität ν gerechnet:

$$\nu = \frac{\eta}{\varrho}[\text{m}^2/\text{s}]; \quad \varrho = \text{Fluiddichte kg/m}^3.$$

ν nimmt bei Flüssigkeiten mit Erhöhung der Temperatur stark ab. Bei Gasen und Dämpfen nimmt sie bei Temperaturerhöhung schwach zu.

z. B. Wasser bei 0 °C $\nu = 1{,}79 \cdot 10^{-6}\,\mathrm{m^2/s}$

Wasser bei 20 °C $\nu = 1{,}01 \cdot 10^{-6}\,\mathrm{m^2/s}$

Wasser bei 100 °C $\nu = 0{,}28 \cdot 10^{-6}\,\mathrm{m^2/s}$

Motorenöl bei 100 °C $\nu = 10 \cdot 10^{-6}\,\mathrm{m^2/s}$

Luft bei 0 °C $\nu = 132 \cdot 10^{-6}\,\mathrm{m^2/s}$

Luft bei 20 °C $\nu = 169 \cdot 10^{-6}\,\mathrm{m^2/s}$

Luft bei 100 °C $\nu = 1810 \cdot 10^{-6}\,\mathrm{m^2/s}$

Kältemittel und Solen gemäß Firmenunterlagen (Bsp. Antifrogen –20 °C mit 50 % Wasser $\nu = 4 \cdot 10^{-6}\,\mathrm{m^2/s}$).

Die sonstigen Stoffgrößen von Wasser mit 30 % Antifrogen im Vergleich zu Wasser bei 0 °C:

- Wärmeleitkoeffizient $\lambda = 0{,}44$ zu 0,57 W/m K,
- Dichte $\varrho = 1040$ zu 1000 kg/m³,
- spezifische Wärmekapazität $c = 3{,}8$ zu 4,2 kJ/kg K

Aus dem VDI-Wärmeatlas:

	p [bar]	**$\nu \cdot 10^{-6}\,\mathrm{m^2/s}$**	**ϱ [kg/m³]**
R717 – NH_3:			
– 50 °C	0,4	0,45	700
0 °C	4,3	0,25	666
20 °C	8,5	0,225	613
50 °C	20,0	0,18	565
R744 – CO_2:			
– 50 °C	6,8	0,13	1149
0 °C	34,5	0,11	923
20 °C	57	0,09	770

Feuchte Luft – Zustandsänderung im Wärme- und Stoffaustausch

Gas-Dampfgemische sind Gasgemische mit der Besonderheit, dass im betrachteten Temperaturbereich eine Komponente des Gemischs kondensieren kann, weswegen sie als Dampf bezeichnet wird.

Das wichtigste Gas-Dampf-Gemisch ist die *Feuchte Luft*, ein Gemisch aus trockener Luft und Wasserdampf. *Trockene Luft* ist ein Gemisch aus N_2, O_2, Ar und CO_2.

- *Trockene Luft* enthält keinen Wasserdampf; m_L = Masse in kg der Trockenluft und p_L in Pa (oder hPa oder mbar) als Partialdruck.

- *Ungesättigte Luft* bei der Lufttemperatur t enthält Wasserdampf in *überhitzter Form* mit dem Partialdruck $p_D \leq p''(t_L)$. Diese Luft kann noch Wasser oder Wasserdampf aufnehmen.
- *Gesättigte Luft* enthält die maximal mögliche Wasserdampfmenge m_D, $p_D = p''$.
- *Übersättigte Luft* ist gesättigte Luft, die einmal noch zusätzlich Wasser in Form von Nebel oder zum anderen zusätzlich (bei Frost) Eis in Form von Reif enthält.

Liegt der Gesamtdruck der feuchten Luft in der Nähe von $p = 1$ bar, so gilt annähernd die *thermische Zustandsgleichung* des idealen Gases:

$$p_L \cdot V = m_L \cdot R_L \cdot T$$

und

$$p_D \cdot V = m_D \cdot R_D \cdot T$$

durch Umwandlung dieser Gleichungen:

$$\frac{p_L}{p_D} = \frac{m_L \cdot R_L}{m_D \cdot R_D} \qquad p = p_L + p_D \tag{25}$$

= Barometerstand in mbar

daraus folgt:

$$m_D = m_L \cdot \frac{R_L}{R_D} \cdot \frac{p_D}{p - p_D}$$

$$m_{D-\max} = m_L \cdot \frac{R_L}{R_D} \cdot \frac{p''}{p - p''}; \quad p'' \text{ aus der Sattdampftafel}$$

Dampfgehalt x der feuchten Luft:

$$x = \frac{m_L}{m_D} = \frac{R_L}{R_D} \cdot \frac{p_D}{p - p_D} \quad \text{in kg/kg}_{\text{trockene Luft}};$$

$R_L = 0{,}287$ kJ/kg K Gaskonstante der Luft

$R_D = 0{,}461$ kJ/kg K Gaskonstante von Wasserdampf

$$x = \frac{0{,}287}{0{,}461} \cdot \frac{p_D}{p - p_D} = \frac{0{,}623 p_D}{p - p_D} \quad \text{in kg/kg}_{\text{trockene Luft}}$$

$$R_f = \frac{R_L + x \cdot R_D}{1 + x} \quad \text{Gaskonstante für feuchte Luft}$$

Die Masse *m* für feuchte Luft:

$$m = m_L + m_D = m_L + x \cdot m_L = m_L(1 + x) \tag{26}$$

Die Dichte feuchter Luft: $\varrho_f = \varrho_L + \varrho_D$

Relative Feuchte: $\varphi = \frac{p_D}{p''}$

Feuchte Luft ist leichter als trockene Luft:

$$\text{mit } p \cdot v = R \cdot T, \varrho = \frac{1}{v}, \varrho = \frac{p}{R \cdot T};$$

$$\varrho_L = \frac{p_L}{R_L \cdot T}; \quad \varrho_D = \frac{p_D}{R_D \cdot T};$$

$$\varrho_f = \frac{p_L}{R_L \cdot T} + \frac{p_D}{R_D T} = 3{,}48\frac{p_L}{T} + 2{,}16\frac{p_D}{T}$$

$$\varrho_f = 3{,}48\frac{p - p_D}{T} + 2{,}16\frac{p_D}{T} = 3{,}48\frac{p}{T} - 1{,}32\frac{p_D}{T}$$

In der Klimatechnik wählt man den Nullpunkt der Enthalpie und Entropie bei 0 °C für trockene Luft und Wasser, was den Rechnungsgang bequemer macht.

Denn wie bereits früher erwähnt, interessieren bei technischen Rechnungen nur Enthalpie- und Entropiedifferenzen.

Die Enthalpie feuchter Luft:

$$H = m_L \cdot h_L + m_D \cdot h_D$$

h_L = spezifische Enthalpie trockener Luft
$= c_p \cdot t = 1{,}005\,\text{kJ/kg K} \cdot t$

h_D = spezifische Enthalpie des Wasserdampfs
$= r_o + c_{p_D} \cdot t = 2500\,\text{kJ/kg} + 1{,}86 \cdot t\,\text{kJ/kg}$

r_o = Verdampfungsenthalpie bei 0 °C

$$h_{1+x} = \frac{H}{m_L} = h_L + x^{-} \cdot h_D\,\text{kJ/kg}_{\text{trockene Luft}}$$

h_{1+x} = spezifische Enthalpie feuchter Luft

Nun ergeben sich für die einzelnen Zustände:

a) Ungesättigte feuchte Luft:

$$h_{1+x} = c_p \cdot t + x(r_o + c_{p_D} \cdot t) = 1{,}005 \cdot t + x(2500 + 1{,}86 \cdot t)\ \text{kJ/kg}_{\text{trockene Luft}}$$

b) Gesättigte feuchte Luft:

$$h_{1+x} = c_p \cdot t + x_s(r_o + c_{p_D} \cdot t)$$

x_s = Massenverhältnis bei Sättigung

c) Übersättigte feuchte Luft: $x > x_s$

$$h_{1+x} = c_p \cdot t + x_s(r_o + c_{p_D} \cdot t) + (x - x_s) \cdot c_w \cdot t; \quad \text{kJ/kg}_{\text{trockene Luft}}$$

$c_w = 4{,}19\ \text{kJ/kg K}$

Möglich ist auch ein übersättigter Zustand mit $t < 0\,°\text{C}$. Die Masse des Kondensats $m_L(x - x_s)$ besteht dann aus Eis und Schnee.

$$h_{1+x} = c_p \cdot t + x_s(r_o + c_{p_D} \cdot t) + (x - x_s) \cdot (-r_E + c_E \cdot t)$$

r_E = Schmelzwärme 333 kJ/kg
c_E = spezifische Wärmekapazität von Eis = 2,05 kJ/kg K.

Enthalpiedifferenzen zwischen zwei Luftzuständen: $\Delta h = h_{(1+x)_{12}} = h_{(1+x)_1} - h_{(1+x)_2}\ \text{kJ/kg}_{\text{trockene Luft}}$

Man kann mit den v. g. Gleichungen die Zustandsänderungen der feuchten Luft mithilfe von Dampftafeln bzw. Tafeln für feuchte Luft berechnen.

Anstelle dieser Rechenmöglichkeit hat R. Mollier ein *h,x*-Diagramm, das *Mollier-Diagramm*, aufgestellt, das in der Klimatechnik das wichtigste Hilfsmittel darstellt.

Die Anwendung der feuchten Luft als Zustandsänderung im *Wärme- und Stoffaustausch* hat in der Kältetechnik große Bedeutung (s. Verdunstungskühlung, Kühlturm, indirekte Kühlung etc.)

Dämpfe

Zum allgemeinen physikalischen Verständnis von Gasen bzw. Kältemitteln wird nachstehend stellvertretend der Wasserdampf behandelt.

Dämpfe unterscheiden sich von Gasen lediglich dadurch, dass sie sich leicht verflüssigen lassen. Die thermische Zustandsgleichung für ideale Gase ($p \cdot v = R \cdot T$) gilt für Dämpfe bei relativ kleinem Druck und hoher Temperatur.

Wird dem Wasser unter p = konstant Wärme zugeführt, so steigt die Temperatur stetig an bis zur *Sättigungstemperatur*, bei der die Verdampfung beginnt. Diese Temperatur bleibt so lange bestehen, bis das Wasser in Dampf verwandelt ist. Erst dann steigt bei weiterer Wärmezufuhr die Dampftemperatur wieder an.

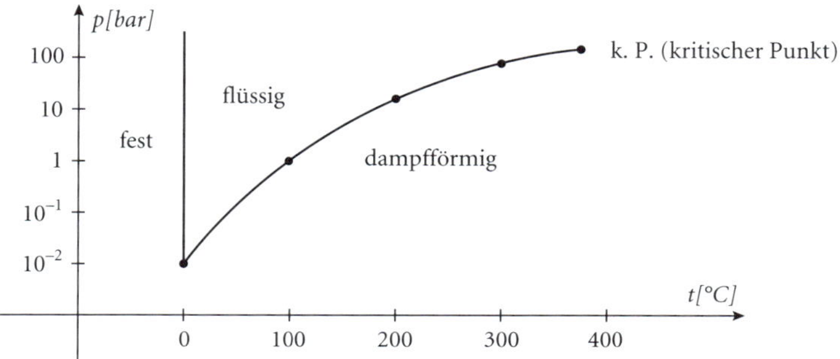

Abb. 21: Dampfdruckkurve von Wasser

Für die technische Anwendung ist Wasserdampf besonders wichtig als Energieträger.

Die *Dampfdruckkurve* gibt die Abhängigkeit der Sättigungstemperatur vom Druck an. Der normale Siedepunkt ist die Sättigungstemperatur bei 1 bar Druck. Der Punkt, bei dem die Verdampfung, das heißt die Volumenzunahme ohne Temperatursteigerung bei p = konstant gerade aufhört, heißt der *kritische Druck* p_k, zu dem das kritische Volumen V_k und die kritische Temperatur T_k gehören. Bei Drücken oberhalb des kritischen Drucks (*K*, *P*) gibt es also keine Sättigungstemperatur.

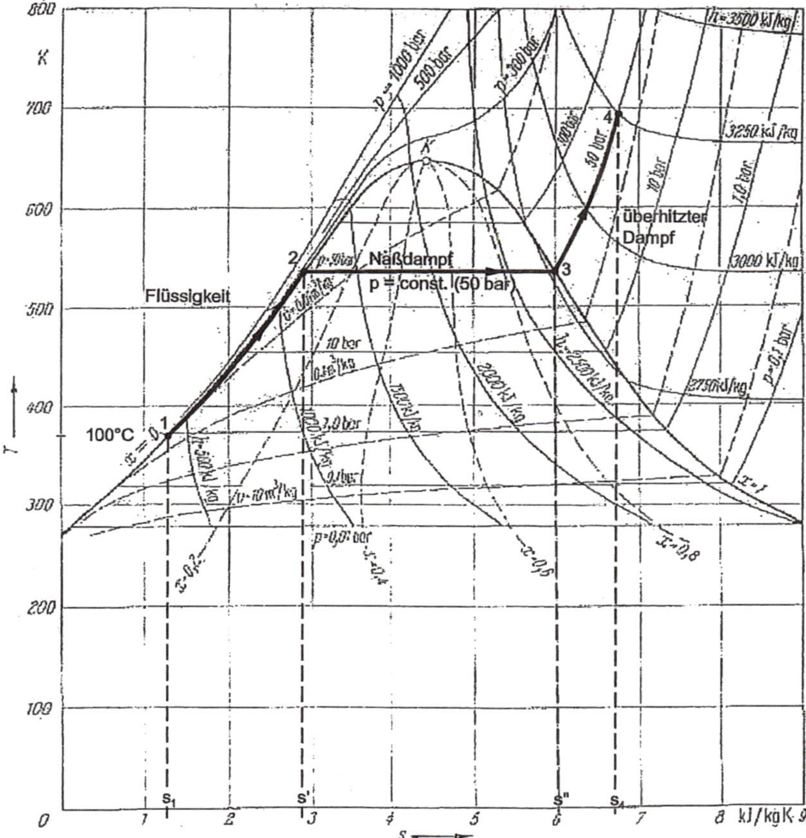

Abb. 22: *T,s*-Diagramm für Wasser mit Isobaren, Isochoren und Isenthalpen (10 bar = 1 MPa)

Im Tripelpunkt (T. P.) können die feste, flüssige und gasförmige Phase dauernd nebeneinander bestehen. Bei Drücken unterhalb vom T. P. tritt *Sublimation* ein, das heißt, der feste Körper (Eis) verwandelt sich bei Wärmezufuhr unmittelbar in Dampf.

Nassdampf ist ein Gemisch aus Flüssigkeit und Dampf, wobei beide Sättigungstemperatur haben.

Sattdampf (trocken gesättigter Dampf) ist Dampf von Sättigungstemperatur (Punkt 3 – Abb. 22).

Überhitzter Dampf (Heißdampf) ist Dampf, dessen Temperatur höher ist als die Sättigungstemperatur (Punkt 4 – Abb. 22)

Flüssigkeitswärme: Erwärmung von der Anfangstemperatur T_1

(Punkt 1 – Abb. 22) bis zur Sättigungstemperatur T_2 (Punkt 2 – Abb. 22) bei p = konstant.

Gemäß Abb. 22 ergeben sich:

a) **Flüssigkeitswärme**: (Punkt 1 ⟶ 2)

$$q_{12} = \int_1^2 c_w \cdot dT = c_w(T_2 - T_1) = h_2 - h_1) \tag{27}$$

c_w = spezifische Wärmekapazität von Wasser

Mit Gleichung 10 wird $s_{12} = \frac{q_{12}}{T_m} = c_w \cdot ln\frac{T_2}{T_1}$ in kJ/kg K

(q_{12} ist die Fläche 1 – 2 – s_1 – s' in Abb. 22)

b) **Verdampfungswärme** (oder Verdampfungsenthalpie): p = konstant (Punkt 2 ⟶ 3)

$$q_{23} = h_3 - h_2 = h'' - h' = r \tag{28}$$

h'' = Dampfenthalpie bei Sättigungstemperatur in kJ/kg (siehe Dampftabellen)
h' = Flüssigkeitsenthalpie bei Sättigungstemperatur in kJ/kg (siehe Dampftabellen)
r = Verdampfungsenthalpie in kJ/kg
$s_{23} = s'' - s' = \frac{q_{23}}{T_s}$ in kJ/kg K ($T_s = T_2 = T_3$)

(q_{23} ist die Fläche 2 – 3 – s' – s'' in Abb. 22)

c) **Überhitzungswärme:** p = konstant (Punkt 3 ⟶ 4)

$$q_{34} = \int_3^4 c_{p_D} \cdot dT = h_4 - h_3 \tag{29}$$

$$s_{34} = s_4 - s'' = \frac{q_{34}}{T_m} = c_{p_D} \cdot ln\frac{T_4}{T_3} \text{ in kJ/kg K}$$

(q_{34} ist die Fläche 3 – 4-s_4-s'' in Abb. 22)

Aus Abb. 22 erkennt man auch: Wird Sattdampf von Punkt 3 (p = 50 bar) auf z. B. 10 bar entspannt (Dampfreduzierung oder Druckverlust), so wird er überhitzt und trocken.

Wie eingangs erwähnt gilt v. g. analog für Kältemittel mit den zugehörigen *T,s*-Diagrammen bzw. Dampftabellen.

Im Gegensatz zu den Kältemitteln hat Wasser in jedem Aggregatszustand einen besonderen Namen: *Eis-Wasser-Wasserdampf* z. B. ist die gesamte zuzuführende Wärmemenge vom Eis zu überhitztem Dampf bei p = 1 bar:

$$q_{ges} = q_E + r_E + q_W + r + q_{ÜD} = c_E(t_0 - t_E) + r_E + c_W(t_s - t_0) + r + c_{PD}(t_Ü - t_s)$$

c_E = spezifische Wärmekapazität von Eis,
t_E = Eistemperatur,
t_0 = Schmelztemperatur = 0 °C,
r_E = Schmelzenthalpie
t_s = Siedetemperatur = 100 °C
$t_Ü$ = Überhitzungstemperatur

Nassdampf (die Isobaren und die Isothermen fallen zusammen)

Dampfgehalt:

$x = \frac{m''}{m' + m''}$ des Nassdampfs,

m' = Masse der siedenden Flüssigkeit im Nassdampf,
m'' = Masse des gesättigten Dampfs im Nassdampf
$m = m' + m''$ Nassdampfmasse
$(1 - x)$ = Dampfnässe des Nassdampfs (x ist nicht mit der feuchten Luft zu verwechseln)
$v_x = v' + x(v'' - v')$ = spezifisches Volumen des Nassdampfes
v' = spezifisches Volumen der siedenden Flüssigkeit in m³/kg, $\left(\varrho' = \frac{1}{v'}\right)$,
v'' = spezifisches Volumen des Sattdampfes in m³/kg $\left(\varrho'' = \frac{1}{v''}\right)$,
Enthalpie des Nassdampfs $h = h' + x\,(h'' - h') = h' + x \cdot r$,
innere Energie $u = u' + x\,(u'' - u') = h - p \cdot v$,
Entropie $s = s' + x\,(s'' - s') = s' + \frac{x}{T_s}$
Verdampfungsenthalpie $r = h'' - h' = T_s(v'' - v') \cdot \frac{dp}{dT}$,
technische Arbeit $w_{t-12} = h_2 - h_1$.

Bei Drosselung ist h = konstant ($h_1 = h_2$) und es nimmt der spezifische Dampfgehalt x zu, der Nassdampf wird trockener.

Überhitzter Dampf (Isobar bei p = konstant)

Die Zustandsgleichung wird meist empirisch aufgestellt. Im Allgemeinen arbeitet man im überhitzten Gebiet mit den *T,s*- und *h,s*-Diagrammen bzw. mit den Dampftafeln.

Wie bereits erwähnt, sind die Zustandsdiagramme für das Arbeitsfluid Wasser analog den Arbeitsfluiden in der Kältetechnik den *Kältemitteln* für die Kompressions-Kältemaschinen. Auch hier verwendet man das *T,s*-Diagramm. Es hat sich jedoch das *lg p,h*-Diagramm eingebürgert, um den größeren Druckbereich günstig darzustellen.

Die Isothermen fallen im Nassdampfgebiet mit den Isobaren zusammen.

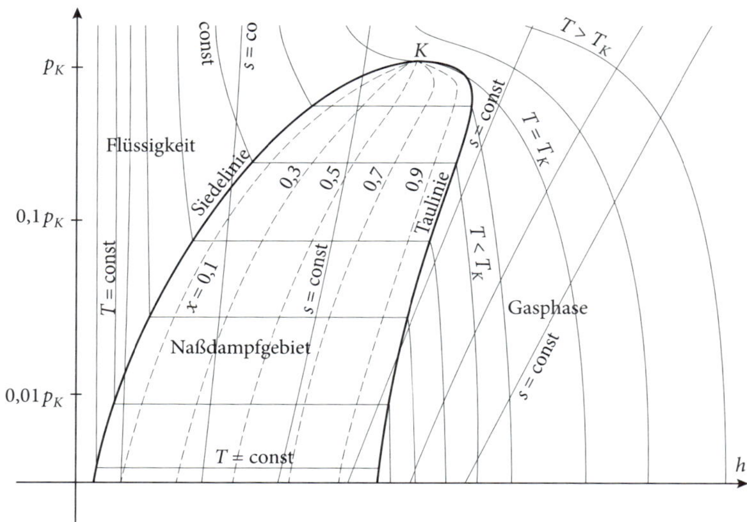

Abb. 22a: *lg p,h*-Diagramm von Kältemitteln (z. B. R134a/NH_3/CO_2 etc.)

Reale Gase werden im *h,s*-Diagramm dargestellt.

Beispiele zu Abschnitt 1.5

Beispiel 1

1 kg Luft von 20 °C und 5 bar expandiert auf 1 bar.

Gesucht:

- Austrittstemperatur nach der Expansion,
- die technische Arbeit,
- die Wärme,

für die Prozesse:

a) Isochore,

b) Isotherme,

c) Isentrope,

d) Polytrope mit $n = 1{,}2$ und $n = 1{,}5$.

Lösung:

a) Isochore (v = konstant)

$$T_2 = T_1 \cdot \frac{p_2}{p_1} = 293 \cdot \frac{1}{5} = 58{,}6\,\text{K} = -214{,}4\,°\text{C}$$

Gleichung 19:

$$W_{t-12} = m \cdot v(p_2 - p_1) = m \cdot R \cdot (T_2 - T_1)$$

$$(\Delta p \cdot V) = 1 \cdot 0{,}287(58{,}6 - 293{,}15) = -67{,}32\,\text{kJ}$$

$$Q_{12} = m \cdot c_v(p_2 - p_1) = 0{,}717 \cdot (58{,}6 - 293{,}15) = -168{,}17\,\text{kJ} = U_2 - U_1 = \Delta U$$

$$\Delta H = \Delta U + \Delta p \cdot V = -235{,}38\,\text{kJ})$$

b) Isotherme (T = konstant)

$$T_2 = T_1$$

Gleichung 20:

$$W_{t-12} = -m \cdot R \cdot T \cdot ln\frac{p_1}{p_2} = -1 \cdot 0{,}287 \cdot 293{,}15 \cdot ln\frac{5}{1} = -135{,}41\,\text{kJ}$$

c) Isentrope $\kappa = 1{,}4$

Gleichung 21:

$$T_2 - T_1\left(\frac{p_2}{p_1}\right)^{\frac{\kappa-1}{\kappa}} = 293{,}15 \cdot \left(\frac{1}{5}\right)^{0{,}286} = 185{,}01\,\text{K} = -88{,}14\,°\text{C}$$

$Q = 0$

Gleichung 22:

$$W_{t-12} = m \cdot T_m \cdot R \cdot ln\frac{p_2}{p_1};$$

$$T_m = \frac{293{,}15 - 185{,}01}{ln\frac{293{,}15}{185{,}01}} = 234{,}95\,\text{K}$$

$$W_{t-12} = 1 \cdot 234{,}95 \cdot 0{,}287 \cdot ln\frac{1}{5} = -108{,}53\,\text{kJ}$$

d) Polytrope $n = 1{,}2$

$$T_2 = T_1\left(\frac{p_2}{p_1}\right)^{\frac{n-1}{n}} = 293{,}15\left(\frac{1}{5}\right)^{0{,}17} = 222{,}98\,\text{K} = -50{,}17\,°\text{C}$$

$$W_{t-12} = m \cdot T_m \cdot R \cdot ln\frac{p_2}{p_1} = 1 \cdot 256{,}34 \cdot 0{,}287 \cdot ln\frac{1}{5} = -118{,}41\,\text{kJ}$$

$$Q_{12} = m \cdot c_n \cdot (T_2 - T_1) = m \cdot c_v\frac{n-\kappa}{n-1}(T_2 - T_1) =$$

$$1 \cdot 0{,}717\frac{-0{,}2}{0{,}2}(222{,}87 - 293{,}15) = 50{,}28\,\text{kJ}$$

$n = 1{,}5$: $T_2 = 171{,}44\,\text{K} = -101{,}70\,°\text{C}$, $T_m = 226{,}88\,\text{K}$

$$W_{t-12} = -104{,}79\,\text{kJ}$$

$$Q_{12} = 1 \cdot 0{,}717 \cdot \frac{0{,}1}{0{,}5}(171{,}44 - 293{,}15) = -17{,}45\,\text{kJ}$$

Beipiel 2

In einem Verdichter wird Luft $m = 1\,\text{kg}$ von $p_1 = 1\,\text{bar}$, $t_1 = 10\,°\text{C}$ polytrop komprimiert auf $p_2 = 6\,\text{bar}$. Gesucht ist die Verdichungsendtemperatur t_2, die technische Arbeit W_{t-12}, die abzuführende Wärme Q_{12}, wenn der Polytropenexponent $n = 1{,}2$ ist.

Lösung:

Gleichung 21:

$$T_2 = T_1 \cdot \left(\frac{p_2}{p_1}\right)^{\frac{n-1}{n}}; \quad T_m = 330{,}83\,\text{K};$$

$$= 283\left(\frac{6}{1}\right)^{0{,}17}\text{K} = 383{,}77\,\text{K} = 110{,}77\,°\text{C}$$

Gleichung 23:

$$W_{t-12} = m \cdot T_m \cdot R \cdot ln\frac{p_2}{p_1} = 1 \cdot 330{,}83 \cdot 0{,}287 \cdot ln\frac{6}{1}\text{kJ} = 170{,}12\,\text{kJ}$$

$$Q_{12} = m \cdot c_n \cdot (T_2 - T_1) = m \cdot c_v\frac{n-\kappa}{n-1}(T_2 - T_1) = 1 \cdot 0{,}717\frac{-0{,}2}{0{,}2} \cdot (383{,}77 - 283)\text{kJ}$$

$$= -72{,}25\,\text{kJ}$$

Beispiel 3

Luft strömt durch eine adiabate Drosselstelle (z. B. Armatur) $p_1 = 10\,\text{bar}$, $p_2 = 7\,\text{bar}$, $T_1 = 300\,\text{K}$ (E_{kin} und E_{pot} entfällt, E_{kin} bei $c < 30\,\text{m/s}$ kann man vernachlässigen gegenüber der Enthalpie)

Gesucht ist T_2 wenn Luft als ideales Gas angenommen wird.

Lösung:

$$h_2 - h_1 = c_p(T_2 - T_1) = 0; \quad T_2 = T_1;$$

Beispiel 4

Feuchte Luft von $t = 20\,°\text{C}$, $p = 1{,}020\,\text{bar}$ hat eine Taupunkttemperatur von $t_T = 12\,°\text{C}$.

Gesucht sind $\varphi = \frac{p_D}{p''}$, x und auf welchen Druck die feuchte Luft bei $t = 20\,°\text{C}$ isotherm verdichtet werden muss, damit sie gerade gesättigt ist.

Lösung:

$$p_D = 14\,\text{mbar}$$

$$p'' = 23{,}4\,\text{mbar}$$

aus der Wasserdampftafel.

Relative Feuchte

$$\varphi = \frac{14}{23{,}4} \mathrel{\hat{=}} 60\,\%;$$

$$x = 0{,}623 \cdot \frac{p_D}{p - p_D} = 0{,}623 \frac{14}{1020 - 14}\,\text{kg/kg} = 8{,}67\,\text{g/kg}$$

Durch die isotherme Verdichtung steigt der Druck (Verdichtungswärme wird abgeführt) bei x = konstant, wobei sich p_D von 14 mbar auf 23,4 mbar erhöht ($\mathrel{\hat{=}} p''$) entsprechend der 20°-igen Sättigungstemperatur. Durch Druckerhöhung steigt also die relative Feuchte gemäß $\varphi = \frac{p_D}{p''}$ auf 100 %:

$$\frac{p}{p'} = \frac{60\,\%}{100\,\%} \curvearrowright p' = \frac{p}{0{,}6} = \frac{1020}{0{,}6} = 1{,}7\,\text{bar}.$$

Beispiel 5

Eine Lüftungsanlage saugt Luft von $t_1 = 5\,°C$, $\varphi_1 = 30\,\%$ r. F. an und erwärmt diese auf $t_2 = 50\,°C$ ($p = 1{,}013\,bar$).

Gesucht: $\dot{Q}_{12}$ wenn $\dot{V} = 10000\,m^3/h$ beträgt (E_{kin}, E_{pot} entfällt bzw. vernachlässigt).

Lösung:

$$\dot{Q}_{12} = \Delta\dot{Q} = \dot{m}_L \cdot \Delta h = (h_{(1+x)_2} - h_{(1+x)_1}) \cdot \dot{m}_L = \dot{m}_L(c_p \cdot \Delta t + x \cdot c_{p_D} \cdot \Delta t)$$

$$\dot{m}_L = \dot{V} \cdot \varrho_f; \quad \varrho_f = \varrho_L + \varrho_D;$$

$$x = \frac{R_L}{R_D} \cdot \frac{p_D}{p - p_D} = 0{,}623 \cdot \frac{8{,}73 \cdot 0{,}3}{1013 - 8{,}73 \cdot 0{,}3} = 0{,}00162\,kg/kg_{\text{trockene Luft}}$$

$$\varrho_L = \frac{p_L}{R_L \cdot T}; \quad = \frac{p - p_D}{287 \cdot 278} = \frac{101038}{287 \cdot 278} = 1{,}266$$

$$\varrho_D = \frac{p_D}{R_D \cdot T}; \quad = \frac{\varphi \cdot p''}{461 \cdot 278} = \frac{0{,}3 \cdot 8{,}73 \cdot 10^2}{461 \cdot 278} = 0{,}0021\,kg/m^3;$$

$$\varrho_f = 1{,}27\,kg/m^3$$

$$\dot{Q}_{12} = \frac{10000}{3600} \cdot 1{,}27(1{,}005 \cdot 45 + 0{,}00162 \cdot 1{,}86 \cdot 45)kJ/s = 160\,kW$$

Anmerkung: In der Praxis rechnet man:

$$\dot{Q}_{12} \approx \frac{\dot{V}_L}{3600} \cdot 1{,}2 \cdot 1{,}0(50 - 5)kW \approx 150\,kW.$$

Beispiel 6

Wie groß ist die Enthalpie und die Entropie von überhitztem Wasserdampf von 2 bar und 350 °C $\left(c_F = 4{,}19\,kJ/kg\,K,\ c_{p_D} = 1{,}94\,kJ/kg\,K\right)$.

Wie groß ist h und s von Sattdampf $p'' = 2\,bar$, der auf $t = 350\,°C$ und $p = 10\,bar$ gebracht wird?

Lösung: (Werte aus den Dampfdiagrammen)

a) $p'' = 2\,bar$, $T = 623\,K$,

Gleichung 27/28/29:

$$h'' = c_F(t' - t_o) + r + c_{p_D}(t - t')$$

$$= [4{,}19(120{,}23 - 0) + 2201{,}6 + 1{,}94(350 - 120{,}23)]kJ/kg = 3151\,kJ/kg$$

$$s'' = c_F \cdot ln\frac{T'}{T_o} + \frac{r}{T'} + c_{p_D} \cdot ln\frac{T}{T'} - \underbrace{R \cdot ln\frac{p}{p'}}_{=0}$$

$$= \left[4{,}19\ln\frac{393{,}23}{273} + \frac{2201{,}6}{393{,}23} + 1{,}94\ln\frac{623}{393{,}23}\right]\text{kJ/kg K} = 8{,}02\,\text{kJ/kg K}$$

b) $p_1'' = 2\,\text{bar}$, $p_2'' = 10\,\text{bar}$, $T = 623\,\text{K}$

$$h'' \approx 3150\,\text{kJ/kg}$$

$$s = 8{,}02 - R \cdot \ln\frac{10}{2} = (8{,}02 - 0{,}461 \cdot 1{,}61)\text{kJ/kg K} = 7{,}28\,\text{kJ/kg K}$$

Beispiel 7

Wie groß ist die Enthalpie- und die Entropie von überhitztem Wasserdamp bei $p_1 = 10\,\text{bar}$, $t_1 = 550\,°\text{C}$, $p_2 = 1\,\text{bar}$, $t_2 = 400\,°\text{C}$?

Lösung:

Mit dem *h,s*-Diagramm:

$$\Delta h_{Ü} = \text{ca.} -297\,\text{kJ/kg}$$

$$\Delta s_{Ü} = \text{ca.}\ 0{,}67\,\text{kJ/kg K}.$$

1.6 Wärmeübertragung

Wärmeübertragung oder Wärmetransport ist der Verlauf von Wärmeenergie von der höheren zur tieferen Temperatur (s. Abschnitt 1.5). Wärme wird durch drei verschiedene Vorgänge übertragen, die in der Praxis meist gemeinsam auftreten, jedoch getrennt behandelt werden.

Es sind

- die Wärmeleitung
- der Wärmeübergang (oder Konvektion) und
- die Wärmestrahlung.

Wie oben erwähnt, treten diese Vorgänge in der Praxis meist gemeinsam auf, dann spricht man von *Wärmedurchgang*.

Wärmeleitung

Wärmeleitung ist ein Wärmetransport aufgrund eines vorhandenen Temperaturgradienten in festem, flüssigem und gasförmigem Material. In Festkörpern – die strahlungsundurchlässig sind – erfolgt der Energietransport durch Leitung. In Fluiden überlagert sich die Wärmeleitung durch die Strömung durch Konvektion und Wärmestrahlung.

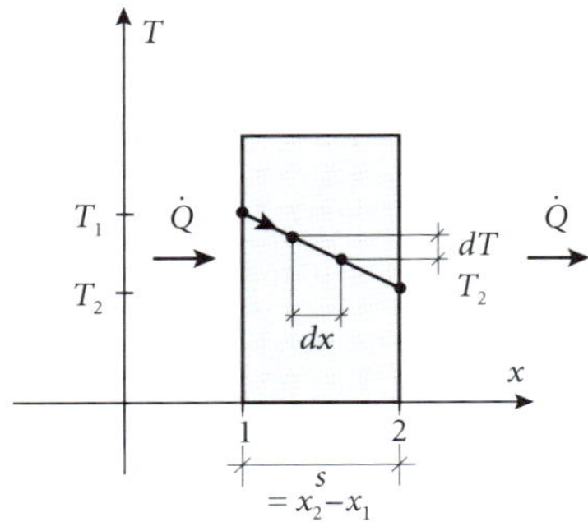

Abb. 23: Wärmeleitung

Es wird hier nur die *stationäre Wärmeleitung* behandelt. Instationäre Wärmeleitung wie *Abkühl- oder Aufheizvorgänge* siehe spezielle Literatur.

Nach Abb. 23 ergibt sich:

$$\dot{Q} = -\lambda \cdot A \cdot \frac{dT}{dx} \quad \text{(Fourier'sches Gesetz)}$$

$$\int_1^2 \dot{Q} \cdot dx = -\lambda \cdot A \cdot \int_1^2 dT$$

$$\dot{Q} = +\frac{\lambda}{s} \cdot (T_1 - T_2) \text{ in J/s} = \text{W} \tag{30}$$

$R_\lambda = \frac{s}{\lambda}$ = Wärmeleitwiderstand in m²k/W,
$\dot{Q}$ = Wärmestrom in W oder kW oder kJ/s,

$\dot{q}$ = Wärmestromdichte $\frac{\dot{Q}}{A}$ in W/m²,

A = Austauschfläche in m²,

λ = Wärmeleitkoeffizient in W/mK (aus Tabellen),

$T_1 - T_2 = T_{12} = \Delta T$ = Temperaturdifferent in K,

s = Dicke in m.

Wärmemenge $Q = \dot{Q} \cdot \tau$ in kJ,

τ = Zeit in s,

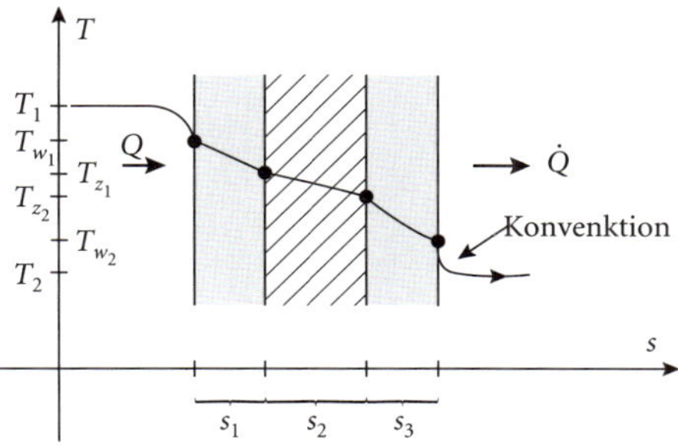

Abb. 24: Temperaturverlauf in einer mehrschichtigen Wand

Wärmestrom von Wandoberfläche (T_{W_1}) zur Wandoberfläche (T_{W_2}):

$$\dot{Q} = \frac{\lambda_1}{s_1} \cdot A \cdot (T_{W_1} - T_{Z_1}) = \frac{\lambda_2}{s_2} \cdot A \cdot (T_{Z_1} - T_{Z_2}) = \frac{\lambda_3}{s_3} \cdot A \cdot (T_{Z_2} - T_{W_2})$$

oder:

$$\dot{Q} = \frac{1}{\frac{s_1}{\lambda_1} + \frac{s_2}{\lambda_2} + \frac{s_3}{\lambda_3}} \cdot A \underbrace{(t_{W_1} - t_{W_2})}_{\Delta t_{W_{12}} = \Delta T_{W_{12}}}$$

Stoffwerte von λ aus Tabellen.

Wärmestrom durch eine Zylinderwand:

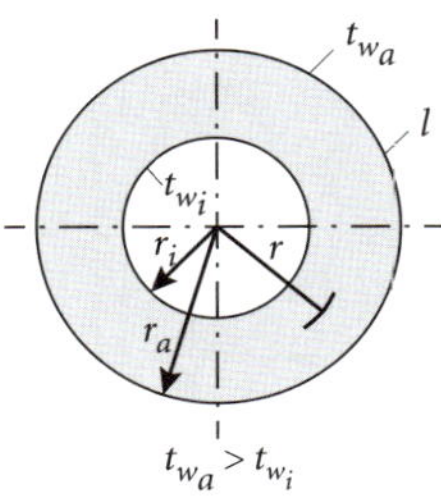

$$\dot{Q} = -\lambda \cdot A \cdot \frac{dt_W}{dr}; \quad (A = 2\pi \cdot r \cdot l)$$

$$\int_1^2 dt_W = -\frac{\dot{Q}}{\lambda \cdot 2\pi \cdot l} \cdot \int_1^2 \frac{dr}{r}$$

$$t_{W_a} - t_{W_i} = \frac{\dot{Q}}{\lambda \cdot 2\pi \cdot l} ln\frac{r_a}{r_i}$$

$$\dot{Q} = \frac{\lambda \cdot 2\pi \cdot l}{ln\frac{da}{di}}(t_{W_a} - t_{W_i})$$

Beim Rohr tritt anstelle von $s \triangleq \frac{ln\frac{da}{di}}{2 \cdot \pi \cdot l}$;

Wärmestrom z. B. durch eine 3-schichtige Zylinderwand mit den Oberflächentemperaturen t_1 und t_4:

$$\dot{Q} = \frac{2\pi \cdot l}{\frac{1}{\lambda_1} \cdot ln\frac{d_2}{d_1} + \frac{1}{\lambda_2} \cdot ln\frac{d_3}{d_2} + \frac{1}{\lambda_3} \cdot ln\frac{d_4}{d_3}}(t_1 - t_4) \quad (32)$$

Temperatur an der Schichtgrenzte t_2:

$$t_2 = t_1 - \frac{\dot{Q}}{\lambda_1 \cdot 2\pi \cdot l} ln\frac{d_2}{d_1}$$

Konvektiver Wärmeübergang

Als *Wärmeübergang* bezeichnet man die Wärmeübertragung zwischen bewegter Flüssigkeit oder Gas an einer festen Wand.

Analog zur Abb. 24: Infolge des Temperaturgefälles $t_F - t_W$ geht ein Wärmestrom von dem strömenden Fluid an die Wand über, wenn $t_F > t_W$ ist, bzw. umgekehrt, wenn $t_W^, > t_F^,$ ist.

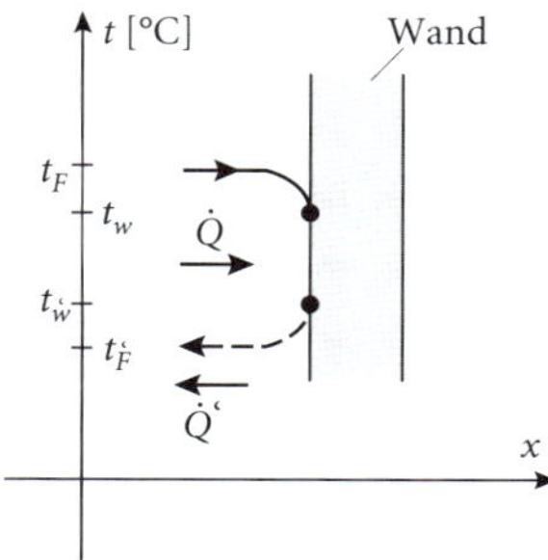

Abb. 24a: Wärmeübergang

Der auftretende Wärmestrom $\dot{Q}$ ist proportional einem Koeffizienten den man als *Wärmeübergangskoeffizient* α bezeichnet.

$$\dot{Q} = \alpha \cdot A(t_F - t_W) \quad \text{bzw.} \quad \dot{Q}' = \alpha \cdot A \cdot (t_W' - t_F')$$

Oder allgemein:

$$\dot{Q} = \alpha \cdot A \cdot (t_1 - t_2) \quad \text{Newton'sches Gesetz} \tag{33}$$

$$\alpha \text{ in W/m}^2\text{K}; \quad \frac{1}{\alpha} = R_d \text{ Wärmeübergangswiderstand}$$

Im Gegensatz zu λ ist α keine Stoffeigenschaft, sondern hängt von vielen Parametern ab, wie:

- Geometrie,
- Stoffgrößen,
- Strömungsverhältnissen (laminar oder turbulent),
- Phasenänderung (verdampfen, kondensieren etc.)

Die Bestimmung des Wärmeübergangskoeffizienten **war** und **ist** das Experiment!
Einige α-Werte in der Praxis:

a) *freie Konvektion* in Gasen ca. 8 – 15 W/m²K
   Außenluft zur Außenwand ca. 25 W/m²K
   Raumluft zur Innenwand ca. 7,5 W/m²K
   Wasser zur Wand ca. 200 – 400 W/m²K
b) *erzwungene Konvektion* in Gasen ca. 20 – 60 W/m²K
   Wasser zur Wand ca. 2000 – 4000 W/m²K
c) sonstige
   Verdampfung zur Wand ca. 4000 W/m²K
   Kondensation zur Wand ca. 6000 W/m²K
   zähe Flüssigkeiten zur Wand (z. B. Solen) ca. 300 – 400 W/m²K

Näherung:

- Wasserströmung im Rohr

$$\alpha = 2040(1 + 0{,}015 \cdot t_W) \cdot \frac{c^{0,87}}{d^{0,13}} \text{ in W/m}^2\text{ K}$$

- Luftströmung an die Wand bei $c = 0{,}2 \rightarrow 5$ m/s

$$\alpha = 6{,}20 + 4{,}20 \cdot c \text{ in W/m}^2\text{ K}$$

$$(c > 5\,\text{m/s} \curvearrowright \alpha = 7{,}15 \cdot c^{0,78})$$

Wärmestrahlung

Die *thermische Strahlung* oder *Wärmestrahlung* besteht aus einem Spektrum elektromagnetischer Wellen im Wellenbereich zwischen 0,75 → 360 μm.

Trifft ein Wärmestrom $\dot{Q}$ durch Strahlung auf einen Körper, so wird ein Bruchteil $r \cdot \dot{Q}$ reflektiert, ein Teil $a \cdot \dot{Q}$ absorbiert und ein Teil $d \cdot \dot{Q}$ durchgelassen (Transmission), wobei:

$$r + a + d = 1 \text{ ist.}$$

Einen Körper, der alle Strahlen reflektiert ($r = 1$, $d = a = 0$) nennt man *idealen Spiegel*, ein Körper der alle Strahlen absorbiert ($a = 1$, $r = d = 0$), heißt *schwarzer Körper*.

Ein Körper heißt *diatherm* ($d = 1$, $r = a = 0$), wenn er alle Strahlen durchlässt. Beispiele sind Gase wie Sauerstoff, Stickstoff, Luft etc.

In der Natur ist keine dieser drei Bedingungen erfüllt.

Die von einem *schwarzen Körper* emittierte Gesamtstrahlung:

$$\dot{q}_s = \sigma \cdot T^4 \text{ in W/m}^2$$

$$\sigma = 5{,}67 \cdot 10^{-8}\,\text{W/m}^2\text{K}^4 \quad \text{Boltzmann-Konstante } \sigma \text{ in K.}$$

Wirkliche Körper, genannt *graue Strahler*, emittieren weniger als *schwarze Strahler*:

$$\dot{q}_e = \varepsilon \cdot \dot{q}_s = \varepsilon \cdot \sigma \cdot T^4$$

$$\varepsilon \leqq 1 \text{ Emissionszahl } \varepsilon = \varepsilon(T).$$

Beim *Strahlungsaustausch* zwischen zwei Körpern ($T_1 > T_2$) strahlt nicht nur der Körper mit der höheren Temperatur T_1 und gibt Wärme an den kälteren ab. Auch der kältere Körper sendet Infrarotstrahlen aus, die den wärmeren Körper treffen und an ihn Energie übertragen.

$$\dot{Q}_s = \dot{Q}_{12} - \dot{Q}_{21} \quad \text{resultierender Wärmestrom,}$$

$$\dot{Q}_s = \frac{\sigma \cdot A \cdot (T_1^4 - T_2^4)}{\frac{1}{\varepsilon_1} + \frac{1}{\varepsilon_2} - 1} \text{ in W} \tag{34}$$

Wärmeübergangskoeffizient der Strahlung:

$$\alpha_s = \frac{\sigma}{\frac{1}{\varepsilon_1} + \frac{1}{\varepsilon_2} - 1} \cdot \frac{T_1^4 - T_2^4}{T_1 - T_2} \quad \text{in W/m}^2\text{K;}$$

Wärmeübertragung durch Strahlung und Konvektion treten oft gemeinsam auf, sodass:

$$\alpha_{k-s} = \alpha_s + \alpha_k; \quad \dot{q} = \dot{q}_k + \dot{q}_s = \alpha_{k-s}(t_W - t_F)$$

Einige Gase absorbieren die thermische Strahlung, z. B. CO_2, CO, H_2O, SO_2, NH_3, Kohlenwasserstoffe. Strahlungsaustausch und Konvektion treten in Kühlräumen, Heiz- oder Kühldecken gleichzeitig auf.

Wärmedurchgang

Fließt zwischen dem Fluid (1) und dem Fluid (2) – die durch eine Wand getrennt sind – aufgrund einer Temperaturdifferenz ein Wärmestrom, so wird dies *Wärmedurchgang* genannt.

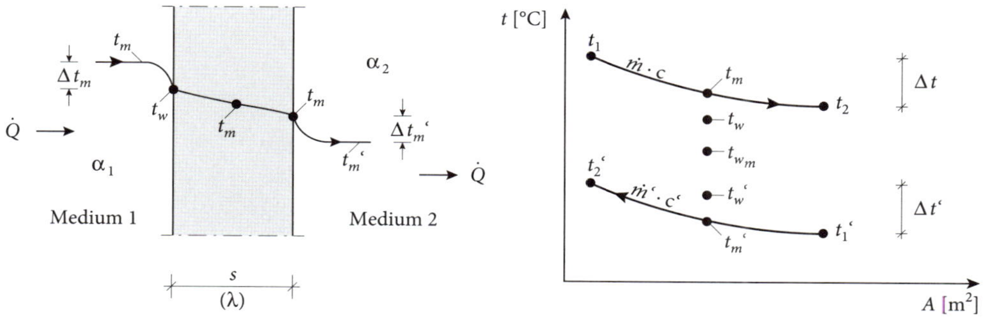

Abb. 25: Wärmedurchgang zweier Medien im Gegenstrom

Bei der Berechnung von *Wärmedurchgangskoeffizienten K* gehen α_1 und α_2 ein. Sind die Fluide strahlungsdurchlässig (z. B. Luft) so ist $\alpha = \alpha_K + \alpha_S$, sind die Fluide nicht strahlungsdurchlässig (z. B. Wasser) so gilt $\alpha = \alpha_K$.

Gemäß Abb. 25:

$$\dot{Q} = \dot{m} \cdot c \cdot (t_1 - t_2) = \dot{m}' \cdot c' \cdot (t_2' - t_1') = \alpha_1 \cdot A \cdot (t_m - t_W) = \frac{\lambda}{s} \cdot A \cdot (t_W - t_W')$$

$$= \alpha_2 \cdot A(t_W' - t_m')$$

$$t_W = t_m - \frac{\dot{Q}}{\alpha_1 \cdot A}; \quad t_W' = \frac{\dot{Q}}{\alpha_2 \cdot A} + t_m';$$

$$\dot{Q} = \frac{\lambda}{s} \cdot A \cdot (t_W - t_W') = \frac{\lambda}{s} \cdot A \cdot \left[\left(t_m - \frac{\dot{Q}}{\alpha_1 \cdot A}\right) - \left(\frac{\dot{Q}}{\alpha_2 \cdot A} + t_m'\right)\right]$$

und

$$t_m - t_m' = \frac{\dot{Q} \cdot s}{\lambda \cdot A} + \frac{\dot{Q}}{\alpha_1 \cdot A} + \frac{\dot{Q}}{\alpha_2 \cdot A} = \frac{\dot{Q}}{A} \underbrace{\left(\frac{1}{\alpha_1} + \frac{s}{\lambda} + \frac{1}{\alpha_2}\right)}_{\frac{1}{K}}$$

$$\dot{Q} = K \cdot A \cdot (t_m - t_m')$$

K = Wärmedurchgangskoeffizient W/m²K

Allgemein gilt: ($t_m \triangleq t_1$ und $t_m' \triangleq t_2$)

$$\dot{Q} = K \cdot A \cdot (t_1 - t_2) \text{ in W oder kJ/s oder kW} \tag{35}$$

$$K = \frac{1}{\frac{1}{\alpha_1} + \sum\frac{s}{\lambda} + \frac{1}{\alpha_2}} \text{ in W/m}^2\text{K} \tag{36}$$

$R = \frac{1}{K}$ Wärmedurchgangswiderstand m²k/W

Für Rohre gilt:

$\dot{Q} = K_R \cdot l \cdot \Delta t$ in W, k_R in W/m K

Gemäß Gleichung 32 z. B. für eine 3-schichtige Rohrwand:

$$K_R = \frac{\pi}{\frac{1}{\alpha_1 \cdot d_1} + \frac{1}{2 \cdot \lambda_1} \cdot ln\frac{d_2}{d_1} + \frac{1}{2 \cdot \lambda_2} \cdot ln\frac{d_3}{d_2} + \frac{1}{2 \cdot \lambda_3} \cdot ln\frac{d_4}{d_3} + \frac{1}{\alpha_2 \cdot d_4}}$$

$\dot{Q}_R = K_R \cdot l \cdot (t_1 - t_2)$ $\quad t \triangleq$ mittlere Medientemperatur

Man ist bestrebt, den K-Wert möglichst klein zu halten, wenn es um Wärme- und Kälteschutz geht! Umgekehrt versucht man, den K-Wert möglichst groß zu halten, wenn es um Wärmeübertragung (Gegenströmer, Verdampfer, Kondensatoren etc.) geht um A in m^2 klein zu halten.

Isolierung (Wärme-Kälteschutz)

Wärme- bzw. Kältedämmung hat hauptsächlich die Aufgabe, die Energieverluste der Gebände, Rohrleitungen, Apparate etc. möglichst gering zu halten.

Anmerkung: Mit wachsender Dämmdicke steigen die Anlagenkosten, es fallen jedoch die Kosten für die Energieverluste.

Die wirtschaftlichste Dämmstoffdicke ist die, bei der die Summe beider Kosten am geringsten ist (VDI 2055).

Für die Energieverluste *ebener Flächen* (Gebäude, Kühlhäuser, Kühlzellen etc.) gilt die Gleichung 35:

$$\dot{q} = \frac{\dot{Q}}{A} = K \cdot (t_i - t_a) \quad \text{oder} \quad \dot{q} = K \cdot (t_a - t_i)$$

$$\frac{1}{K} = R_K = \frac{1}{\alpha_i} + \sum \frac{s}{\lambda} + \frac{1}{\alpha_a}$$

(Index *i* für innen, *a* für außen)

Für die Energieverluste bei Rohren gilt:

$$\dot{q}_R = \frac{\dot{Q}_R}{l} = K_R \cdot (t_i - t_a) \quad \text{oder} \quad \dot{q}_R = K_R \cdot (t_a - t_i)$$

$$\frac{1}{K_R} = \frac{1}{\pi}\left(\frac{1}{\alpha_i \cdot d_i} + \frac{1}{2\lambda} \cdot ln\frac{d_a}{d_i} + \frac{1}{\alpha_a \cdot d_a}\right)$$

Meist kann man bei Rohren α_i, λ_{Rohr} gegenüber α_a und λ_D der Isolierung vernachlässigen, sodass sich v. g. Gleichung vereinfacht

$$\dot{q}_R = \frac{\pi}{\frac{1}{2 \cdot \lambda_D} \cdot \ln\frac{d_a}{d_i} + \frac{1}{\alpha_a \cdot d_a}}(t_i - t_a) \text{ in W/m} \qquad (38)$$

Wasserdampfdiffusion

Wasserdampfdiffusion ist der Transport von Wasserdampf in der Luft in einer Schicht infolge von Dampfdruckdifferenzen diverser Luftzustände. Im Bauwesen ist die Diffusion von Wasserdampf und bei Kälteisolierungen von erheblicher Bedeutung.

Je nach Luftzuständen können Wassermengen Wände und Isolierungen durchwandern und unter Umständen zur Kondensation innerhalb der Wände oder Rohrleitungen, Armaturen und Apparate führen. Es besteht dann die Gefahr der Eisbildung bei Gebäuden, was beim Tauen zu Bauschäden führen kann, während bei Isolierungen von technischen Anlagenteilen die Kondensation zu Korrosion führen kann. Dabei wird der Wärmeleitkoeffizient λ_D der Isolierung stark vergrößert.

Analog dem Wärmedurchgang ist die *Diffusionsstromdichte i*:

$$i = \frac{p_i - p_a}{\frac{1}{\Lambda}} \text{ in kg/m}^2\text{h} \qquad (39)$$

$\frac{1}{\Lambda}$ = Durchlasswiderstand von n-Stoffschichten:

$$\frac{1}{\Lambda} = 1{,}5 \cdot 10^6(\mu_1 \cdot s_1 + \mu_2 \cdot s_2 + \mu_n \cdot s_n)\text{m}^2 \cdot \text{h} \cdot \text{Pa/kg}$$

μ = Wasserdampfdiffusionswiderstandskoeffizient (aus Tabellen)

s = Stoffdicke in m

p_i = Wasserdampfteildruck in Pa (innen)

p_a = Wasserdampfteildruck in Pa (außen)

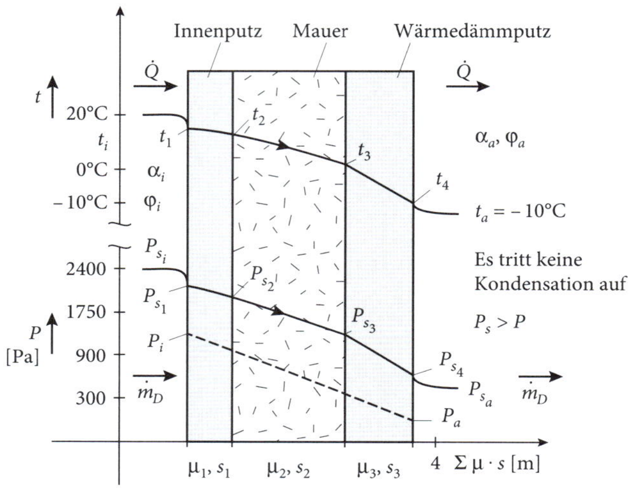

Abb. 26: Beispiel für den Temperaturverlauf und Wasserdampfpartialdruckverlauf in Bauschichten (Glaserdiagramm)

p_S = Wasserdampf-Sättigungsdruck bei Sättigungstemperatur (Dampftabelle)

p = Wasserdampfpartialdruck des jeweiligen Luftzustandes (Temperatur und relative Feuchte)

Allgemein zum Beispiel Abb. 26:

a) Temperaturverlauf in der Wand

$$\dot{q} = K \cdot (t_i - t_a) = \alpha_i(t_i - t_1) = \frac{\lambda_1}{s_1}(t_1 - t_2) = \frac{\lambda_2}{s_2} \cdot (t_2 - t_3) = \frac{\lambda_3}{s_3}(t_3 - t_4) = \alpha_a(t_4 - t_a)$$

Bei gegebenen Parametern: λ, α_i, α_a, s, t_i und t_a können mit den Gleichungen auf Seite 49 die Wandoberflächen- und die Schichttemperaturen t_1, t_2, t_3, t_4 ermittelt werden.

b) Mit diesen Temperaturen sind die zugehörigen Wasserdampf-Sättigungsdrücke p_{S1}, p_{S2}, p_{S3}, p_{S4}, p_{Si} und p_{Sa} aus der Dampftafel abzulesen. Die Wasserdampfpartialdrücke p_{Si} und p_{Sa} sind über t_i und t_a sowie über die relative Feuchte φ_i und φ_a gegeben.

c) Die Wasserdampf-Diffusionsstromdichte i mit den gegebenen μ-Werten kann errechnet werden.

Um Wasserdampfdiffusion bei Parametern (φ, t, λ, μ, s, α, etc.) die ungünstig sind – im Vergleich zur Abb. 26 – zu verhindern, verwendet man *Dampfsperren*, die auf der höheren Dampfpartialdruckseite angebracht wird, das heißt bei *Kälteschutz* (Kühlräume, Kälteanlagen etc.) auf der warmen Seite (in der Regel außen auf die Isolierung) und bei Wärmeschutz umgekehrt: Wärmedämmung außen, Dampfsperre innen.

Wärmeübertrager

In Wärmeübertragern (Gegenströmer, Wärmetauscher, Verdampfer, Kondensatoren etc.) wird Wärme von einem wärmeren Fluid an ein kälteres abgegeben.

Man unterscheidet drei Ausführungsarten:

- *Rekuperatoren*, in denen das wärmere und kältere Fluid durch eine wärmedurchlässige (diatherme) Wand getrennte Systeme durchströmen.
- *Regeneratoren*, bei denen ein und dasselbe System im zeitlichen Wechsel durch das heiße Fluid erwärmt und die so *gespeicherte* Energie anschließend an das kältere Fluid abgegeben wird.
- *Mischwärmeübertrager*, bei denen sich das warme und kalte Fluid unmittelbar berühren (Wärme- und Stoffaustausch) z. B. im offenen Kühlturm.

Nachstehend wird die stationäre Wärmeübertragung in Rekuperatoren oder allgemein Wärmeübertragern behandelt.

Für die Berechnung gelten die Energiebilanzen des 1. Hauptsatzes (Gleichung 4):

$$\dot{Q} + P = \dot{m}_1\left(h + \frac{c^2}{2} + g \cdot z\right)_1 - \dot{m}_2\left(h + \frac{c^2}{2} + g \cdot z\right)_2$$

Es handelt sich um adiabate Strömungsprozesse, das heißt $\dot{Q} = 0$, $P = 0$ (idealisierter Austauscher).

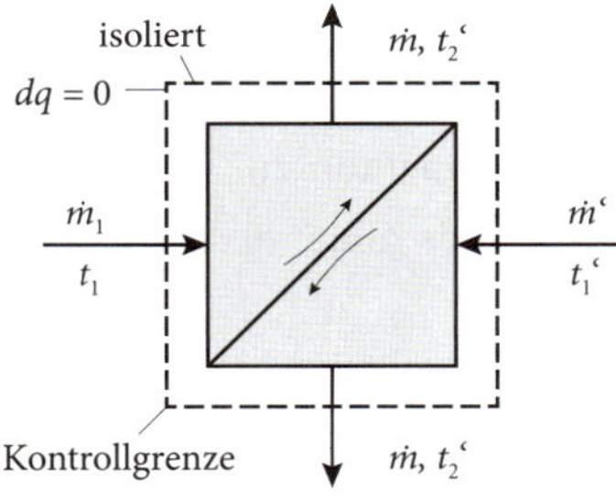

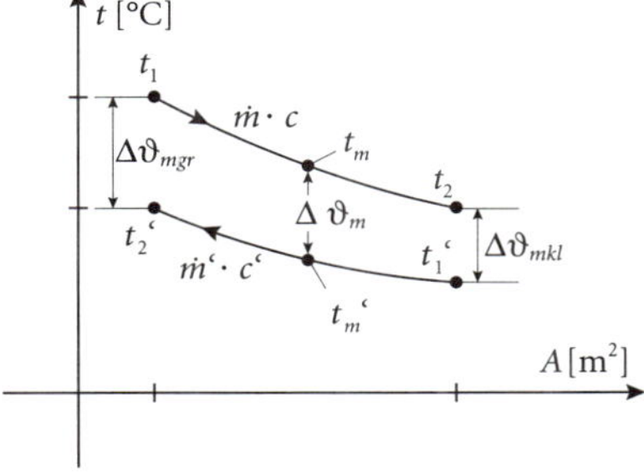

Abb. 27: Wärmeübertrager (Gegenstrom) und Temperaturverlauf (E_{kin}, E_{pot} vernachlässigt) (s. Abb. 25)

Übertragener Wärmestrom:

$$\Delta\dot{Q} = \dot{m} \cdot \Delta h = \dot{m}' \cdot \Delta h' = \dot{m} \cdot c \cdot (t_1 - t_2) = \dot{m}' \cdot c'(t_2' - t_1') = K \cdot A \cdot \Delta\vartheta_m$$

$$\Delta\vartheta_m{}^{3)} = \frac{\Delta\vartheta_{gr} - \Delta\vartheta_{kl}}{\ln\frac{\Delta\vartheta_{gr}}{\Delta\vartheta_{kl}}}$$

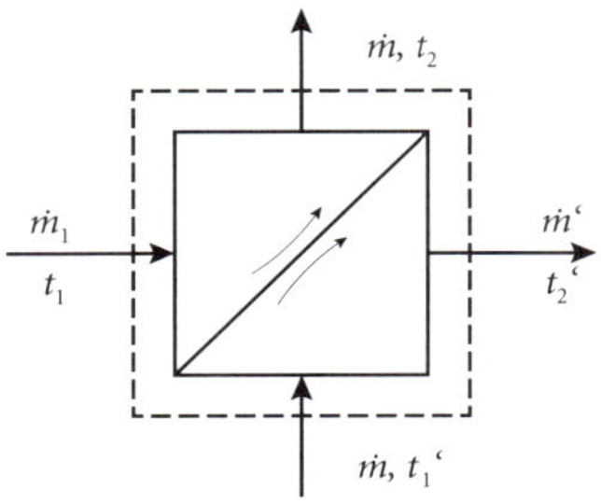

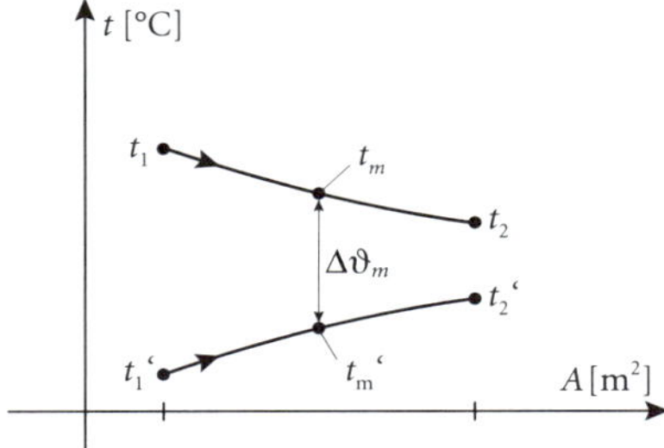

Abb. 28: Wärmeübertrager (Gleichstrom) sonst wie Abb. 27

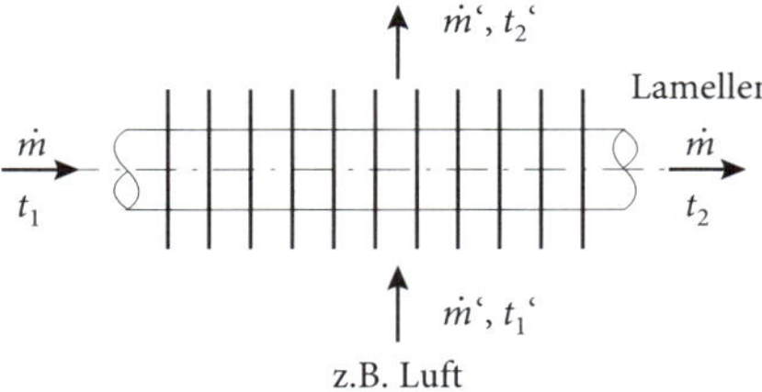

Abb. 29: Wärmeübertrager (Kreuzstrom) z. B. Luftkühler oder Lufterhitzer

Die praktisch erzielbaren α-Werte siehe Seite 47.

Zu den aufgezeigten Wärmeübertrager-Bauarten:

- Beim Gleichströmer streben beide Fluide der gleichen Austrittstemperatur zu.
- Beim Gegenstrom kann die Austrittstemperatur des kälteren Fluids höher als die des wärmeren sein.

Bei gleicher Austauschfläche A ist die übertragene Wärme- oder Kälteleistung im Gegenstrom größer als im Gleichstrom. Beim Kreuzstrom liegt A zwischen beiden.

[3] $\Delta\vartheta_m$ wird ungenau, wenn $\Delta\vartheta_{gr} \rightarrow \Delta\vartheta_{kl}$ geht und wenn $\Delta\vartheta_{gr} = \Delta\vartheta_{kl}$ versagt die Formel (siehe VDI-Wärmeatlas)

Aus der o. g. Leistungsbilanz:

$$H_{12} = \Delta H = \dot{m}(h_1 - h_2) = \dot{m}'(h_2' - h_1)$$

Abb. 30 stellt eine einphasige Strömung dar, bei c = konstant (flüssig oder gasförmig).

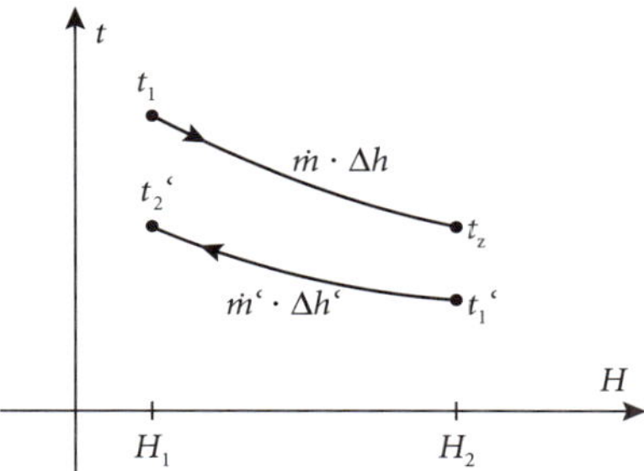

Abb. 30: Temperatur Enthalpie-Diagramm (Gegenstrom)

Ändert sich bei einem Fluid während der Wärme- oder Kälteübertragung die Phase (z. B. Kälteverdampfer oder Kondensator), ergeben sich andere Verhältnisse.

Die Temperatur bleibt bei der Enthalpieänderung konstant:

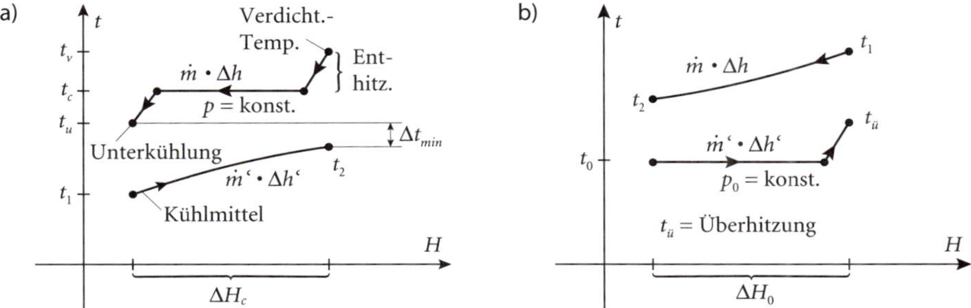

Abb. 31: Temperatur-Enthalpieverlauf in einem Wärmeübertrager bei Phasenänderung eines Fluids, Beispiel aus der Kältetechnik: a) Kältemittel-Kondensator
b) Kältemittel-Verdampfer

Δt_{min} = *Grädigkeit* sollte in einem sinnvollen Bereich liegen.

Exergieverluststrom eines Wärmeüberträgers:

$$\Delta\dot{S}_{\text{irr}} = \frac{T_{m_1} - T_{m_2}}{T_{m_1} \cdot T_{m_2}} \cdot \dot{Q}_{12}$$

$$E_{v_{12}} = T_u \cdot \Delta\dot{S}_{\text{irr}} \text{ in W oder kJ/s} \qquad (41)$$

Nachstehend eine Übersicht der α- und k-Werte in der Kälte-Klimatechnik-Praxis:

a) *α-Werte*

- Wasser mit c = ca. 1 m/s, α = ca. 5000 W/m^2 K,
  Wasser in freier Strömung, α = ca. 200…400 W/m^2 K,
  Wasser siedend, α = ca. 2000…8000 W/m^2 K,
  Wasser kondensierend (Sattdampf) α = ca. 8000 W/m^2 K,
  Wasser verdampfend α = ca. 4000 W/m^2 K,

- Luft bzw. Gase
  c = ca. 1…20 m/s, α = ca. 6 – 60 W/m^2 K,
  c = ca. 8 m/s, α = ca. 30 W/m^2 K,
  freie Strömung, α = ca. 8…20 W/m^2 K,

- Kältemittel-Verflüssigung (Wasser innen α_i)
  R134a, $\alpha_a = 98200 \cdot \dot{q}^{-0,14}$
  R404a, $\alpha_a = 88380 \cdot \dot{q}^{-0,14}$
  R507a, $\alpha_a = 10800 \cdot \dot{q}^{-0,14}$
  R410A, $\alpha_a = 92300 \cdot \dot{q}^{-0,14}$

Wassergeschwindigkeit in den Rohren 1…4 m/s.

b) *k-Werte*

$$\frac{1}{k} = \frac{1}{\alpha_a} + R_a + \frac{A_a}{A_i}\left(\frac{1}{\alpha_i} + R_i\right)$$

$\alpha_i \triangleq$ Rohrinnen mit Wasser W/m^{2}K
$\alpha_a \triangleq$ Kältemittelaußenseite W/m^{2}K
R_a bzw. $R_i \triangleq$ Verschmutzungswiderstände (Fouling)
A_a bzw. $A_i \triangleq$ Austauschfläche *innen* bzw. *außen*

- Verflüssigung (Wasser innen, Kältemittel außen)
  Bündelrohrverflüssiger:

  k_{NH_3} ca. 2000…4000 W/m^2 K, k_{FKW} ca. 1000…1500 W/m^2 K,

Koaxial-Verflüssiger:

k_{NH_3} ca. 3000…4000 W/m²K, k_{FKW} ca. 3000…8000 W/m²K,

Plattenverflüssiger:

k_{NH_3} ca. 3000…4000 W/m²K, k_{FKW} ca. 2500…3500 W/m²K,

Bei Fouling kann der k-Wert bis auf $0{,}25 \cdot k_{max}$ sinken.

- luftgekühlte Verflüssiger (Kältemittel innen, Luft außen)
  Ausführung meist als Rippenrohrsystem (CU/AL)

  $$\frac{A_a}{A_i} \text{ ca. } 10\ldots20; \quad c_{\text{Luft}} = \text{ca. } 2\ldots4\ \text{m/s}$$

  Kühlluftmenge ca. 300…600 m³/hkW

  $$k_{NH_3} = \text{ca. } 15\ldots45\ \text{W/m}^2\text{K}$$

  $$k_{FKW} = \text{ca. } 15\ldots50\ \text{W/m}^2\text{K}$$

- Verdunstungsverflüssiger
  Ohne Benetzung k_{FKW} = ca. 30…50 W/m²K
  Mit Benetzung $3 \rightarrow 4 \cdot k_{FKW}$
- Verdampfer (Kühlung von Wasser oder Kälteträgern)
  Bündelrohrverdampfer mit trockener Verdampfung:
  (zu kühlende Flüssigkeit *außen*, FCKW *innen*)
  k = ca. 1800 W/m²K
  Koaxial-Verdampfer ($\dot{Q}$ bis 100 kW) k = 5000 bis 7000 W/m²K
  Bündelrohrverdampfer mit überflutetem Betrieb (zu kühlender Flüssigkeit in den Rohren, Kältemittel außen) k = ca. 1000 W/m²K
- Rohrschlangen-Verdampfer für Kältespeicher kann trocken oder überflutet gefahren werden:

  $$k_{\text{still}} = \text{ca. } 70\ldots120\ \text{W/m}^2\text{K}$$

  $$k_{\text{dyn}} = \text{ca. } 400\ldots800\ \text{W/m}^2\text{K}$$

Plattenverdampfer für trockenen oder überfluteten Betrieb, hohe Wärmestromdichte $\dot{q}$ = 22 – 28 W/m² K

$$k_{NH_3} = \text{ca. } 3000 \ldots 4000\,\text{W/m}^2\,\text{K}$$

$$k_{FKW} = \text{ca. } 2500 \ldots 3500\,\text{W/m}^2\,\text{K}$$

- Luft/Gaskühler (Kältemittel in den Rohren)
  stille Kühlung oder dynamische Kühlung mittels Ventilatoren;
  Trockene Verdampfung (Direktverdampfer) als Lamellenverdampfer oder als überflutete Lamellenverdampfer;

$$k\text{-Werte} = \text{ca. } 25 \ldots 45\,\text{W/m}^2\,\text{K}, \frac{A_a}{A_i}\ \text{ca. } 20$$

Lamellenkühler mit Kälteträger anstelle Kältemitteln.

Beispiele zu Abschnitt 1.6

Beispiel 8

Ein Kühlraum hat eine Innentemperatur von $t_i = -20\,°\text{C}$ und eine Umgebungstemperatur von $t_u = 22\,°\text{C}$.

Wärmeübergangskoeffizient
- innen $\alpha_i = 8\,\text{W/m}^2\,\text{K}$
- außen $\alpha_a = 23\,\text{W/m}^2\,\text{K}$

Die Kühlraumwand ist von innen nach außen wie folgt aufgebaut:

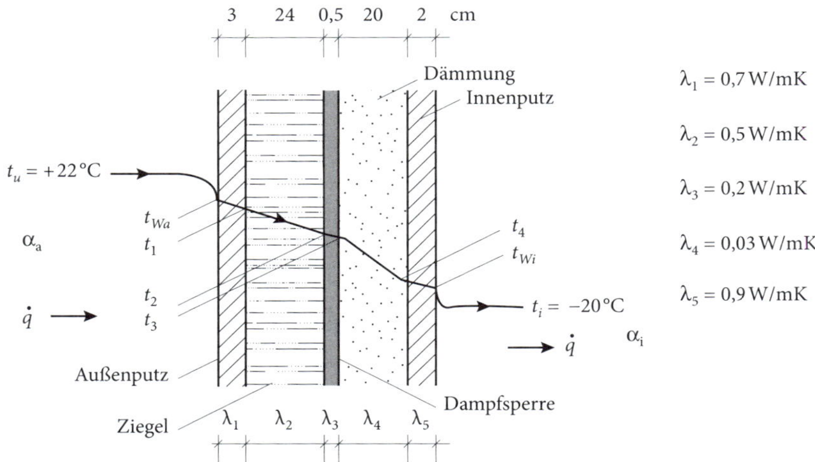

Gesucht:

a) Wärmedurchgangskoeffizient k,

b) die Wandoberflächentemperaturen t_{wa} und t_{wi},

c) die Schichttemperaturen t_1, t_2, t_3, t_4.

Lösung: Der spezifische Wärmestrom $\dot{q}$ von außen nach innen ist konstant!

a) Gleichung 36:

$$k = \frac{1}{\frac{1}{\alpha_1} + \frac{s_1}{\lambda_1} + \frac{s_2}{\lambda_2} + \frac{s_3}{\lambda_3} + \frac{s_4}{\lambda_4} + \frac{s_5}{\lambda_5} + \frac{1}{\alpha_i}}$$

$$k = \frac{1}{\frac{1}{23} + \frac{0{,}03}{0{,}7} + \frac{0{,}24}{0{,}5} + \frac{0{,}005}{0{,}2} + \frac{0{,}20}{0{,}03} + \frac{0{,}02}{0{,}9} + \frac{1}{8}} = 0{,}135\,\text{W/m}^2\,\text{K}$$

Gleichung 35:

$$\dot{q} = k \cdot (t_u - t_i) = 0{,}135 \cdot (22 - \cdot - 20) = 5{,}67\,\text{W/m}^2$$

Gleichung 31/33:

$$\dot{q} = \alpha_a(t_u - t_{w_a}) = \frac{\lambda_1}{s_1} \cdot (t_{w_a} - t_1) = \frac{\lambda_2}{s_2} \cdot (t_1 - t_2) = \frac{\lambda_3}{s_3} \cdot (t_2 - t_3)$$

$$= \frac{\lambda_4}{s_4} \cdot (t_3 - t_4) = \frac{\lambda_5}{s_5}(t_4 - t_{w_i}) = \alpha_i(t_{w_i} - t_i)$$

b) $-\,t_{w_a} = \frac{\dot{q}}{\alpha a} - t_u;\; t_{w_a} = 22 - \frac{5{,}67}{23} = 21{,}75\,°\text{C}$

$$t_{w_i} = \frac{\dot{q}}{\alpha_i} + t_i = \frac{5{,}67}{8} - 20 = -19{,}29\,°\text{C}$$

c) $-\,t_1 = \frac{\dot{q} \cdot s_1}{\lambda_1} - t_{w_a};\; t_1 = 21{,}75 - \frac{5{,}67 \cdot 0{,}03}{0{,}7} = 21{,}51\,°\text{C}$

$$t_2 = 21{,}51 - \frac{5{,}67 \cdot 0{,}24}{0{,}5} = 18{,}79\,°\text{C}$$

$$t_3 = 18{,}79 - \frac{5{,}67 \cdot 0{,}005}{0{,}2} = 18{,}65\,°\text{C}$$

$$t_4 = 18{,}65 - \frac{5{,}67 \cdot 0{,}2}{0{,}03} = -19{,}15\,°\text{C}$$

Beispiel 9

Eine Kühlzellenaußenwand hat eine Umgebungstemperatur $t_a = 22\,°C$ und $\varphi = 60 \ldots 90\,\%$ r. F.; die Zelleninnentemperatur $t_i = -23\,°C$, $\alpha_i = 17\,W/m^2K$ (Verdampfer mit Ventilator), $\alpha_a = 8\,W/m^2K$ (Kellerausfstellung).

Gesucht:

a) entsteht Schwitzwasser an der Außenwand wenn $s = 100\,mm$, $\lambda_D = 0{,}024\,W/m\,K$ beträgt?

b) durch ungünstige Aufstellung verschlechtert sich α_a auf $3\,W/m^2K$. Wie wirkt sich dies auf die Schwitzwasserbildung aus?

Lösung:

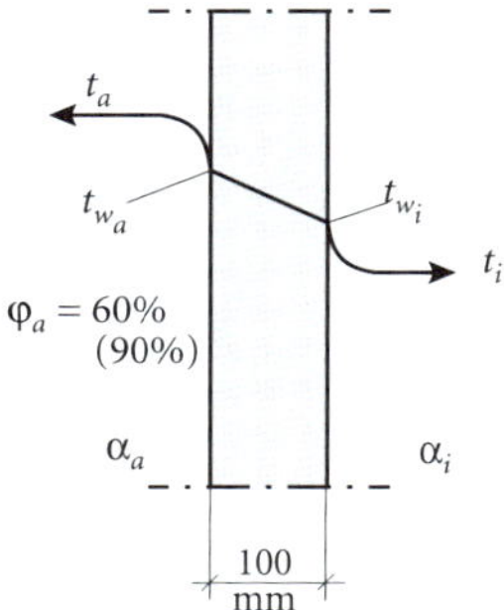

a) $\dot{q} = k \cdot (t_a - t_i)$

$$k = \frac{1}{\frac{1}{8} + \frac{0{,}1}{0{,}024} + \frac{1}{17}}\,W/m^2K = 0{,}23\,W/m^2K$$

$$\dot{q} = 0{,}23 \cdot 45 W/m^2 = 10{,}35\,W/m^2$$

$$\dot{q} = \alpha_a \cdot (t_a - t_{a_w})$$

$$t_{w_a} = 22\,°C - \frac{10{,}35}{8}\,°C = 20{,}71\,°C$$

Gemäß *h,x*-Diagramm liegt der Taupunkt bei 14 °C und 60 % r. F. und bei 90 % r. F. bei ca. 20 °C, das heißt theoretisch kein Schwitzwasser.

oder:

$$\left.\begin{array}{l} p_{a-60\,\%} = 15{,}9\,hPa \\ p_{a-90\,\%} = 23{,}8\,hPa \end{array}\right\} p_{s_a} = 26{,}4\,hPa$$

c) $k = \dfrac{1}{\dfrac{1}{3} + \dfrac{0{,}1}{0{,}024} + \dfrac{1}{17}}\,\text{W/m}^2\text{K} = 0{,}22\,\text{W/m}^2\text{K},$

$$\dot{q} = 0{,}22 \cdot 45\,\text{W/m}^2 = 9{,}86\,\text{W/m}^2$$

$$t'_{a_w} = 22\,°\text{C} - \frac{9{,}86}{3}\,°\text{C} = 18{,}71\,°\text{C}$$

das heißt bei 90 % r. F. tritt Tauwasser auf.

Beispiel 10

Raumluftzustand in einem Tiefkühlraum:

$t_i = -18\,°\text{C}/80\,\%$ r.F, $\alpha_i = 30{,}69\,\text{W/m}^2\text{K}$, ($\triangleq$ 6 m/s);

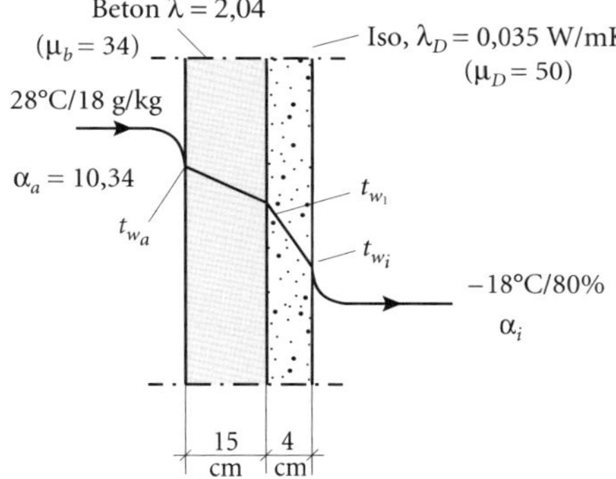

Gesucht:

a) Entsteht Wasserausscheidung in der Wand?

b) Wo ist der Bereich der Durchfeuchtung?

Lösung:

a) $p_{Di} = 1{,}25 \cdot 0{,}8\,\text{mbar} = 1\,\text{mbar}$

$$x_a = 18\,\text{g/kg} \triangleq 75{,}5\,\%\ \text{v. F.},$$

$$p_{Da} = 37{,}79 \cdot 0{,}755\,\text{mbar} = 28{,}53\,\text{mbar},$$

$$\Delta p = 27{,}53\,\text{mbar},$$

$$\frac{1}{k} = \frac{1}{30{,}69} + \frac{0{,}04}{0{,}035} + \frac{0{,}15}{2{,}04} + \frac{1}{10{,}34}\,\text{m}^2\text{K/W}$$

$k = 0{,}74\,\text{W/m}^2\,\text{K}$

$\dot{q} = 0{,}74(28 - \cdot - 18)\text{W/m}^2 = 34{,}04\,\text{W/m}^2$

$(\mu \cdot l)_D = 50 \cdot 0{,}04 = 2; \quad (\mu \cdot l)_B = 34 \cdot 0{,}15 = 5{,}1;$

$$t_{w_i} = t_i + \frac{\dot{q}}{\alpha_a} = -18\,°\text{C} + \frac{34{,}04}{30{,}69}\,°\text{C} = -16{,}9\,°\text{C}$$

$p_{s_{w_i}} = 1{,}4\,\text{mbar}$

$$t_{w_1} = t_{w_i} + \frac{\dot{q}}{\lambda_D} = -16{,}9\,°\text{C} + \frac{34{,}04 \cdot 0{,}04}{0{,}035}\,°\text{C} = 22\,°\text{C}$$

$p_{s_{w_1}} = 26{,}42\,\text{mbar}$

$$t_{w_a} = 28\,°\text{C} - \frac{34{,}04}{10{,}34}\,°\text{C} = 24{,}7\,°\text{C},\; p_{s_a} = 31{,}1\,\text{mbar}$$

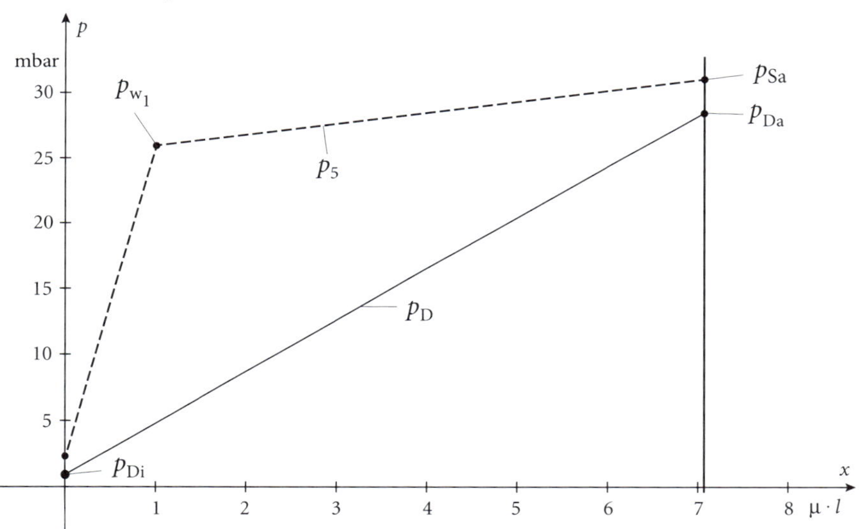

b) keine Wasserausscheidung in der Wand!

Beispiel 11

Durch einen Raum mit 26 °C/60 % r. F. führt eine Kaltwasserleitung mit 6 °C Wassertemperatur,

$c = 1\,m/s$

$di = 22\,mm^{\varnothing}$ $\qquad \alpha_i = 3007{,}8\,W/m^2K$

$da = 42\,mm^{\varnothing}$ $\qquad \alpha_a = 8{,}25\,W/m^2K$

$\lambda_D = 0{,}041\,W/mK$

$\mu = 200$

Muss mit Durchfeuchtung der Isolierung gerechnet werden? Wenn ja, welche Maßnahmen sind zu ergreifen?

Lösung: Gleichung 38:

$$k_R = \frac{\dot{q}_R}{t_a - t_i} = \frac{\pi}{\frac{1}{2 \cdot 0{,}041} ln \frac{42}{22} + \frac{1}{0{,}042 \cdot 8{,}25}} = 0{,}29\,W/m\,K$$

$$\left(k = \frac{k_R}{dm \cdot \pi \cdot l} = \frac{0{,}29}{0{,}1} = 2{,}9\,W/m^2K; \quad dm = \frac{42 + 22}{2} = 32\,mm\right)$$

$$\left(t_{w_i} \approx t_i \; da \; t_{w_i} = t_i + \frac{k}{\alpha_i}(t_a - t_i) \text{ also vernachlässigbar}\right) \quad p_{DA} = 20{,}2\,mbar$$

$$p_{Di} = p_{si} = p_{s_{wi}} = 9{,}4\,mbar,$$

Die Isolierung wird in 4 gleiche Schichten geteilt:

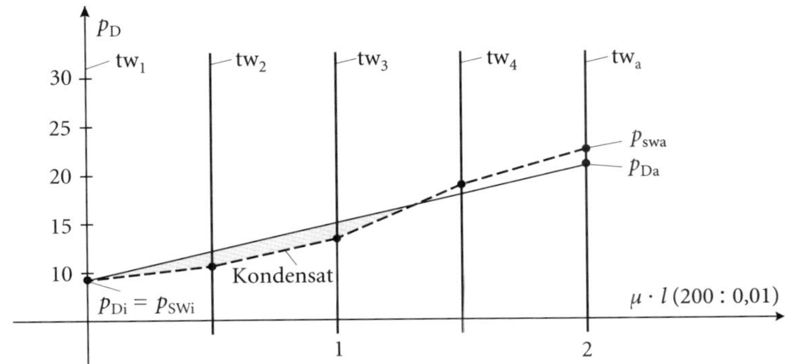

$$t_{w_a} = t_a - \frac{k}{\alpha_a}(t_a - t_i) = 26\,°C - \frac{2{,}74}{8{,}25}(26 - 6)\,°C = 19{,}36\,°C$$

$p_{sw_a} = 22{,}5\,\text{mbar}$

$t_{w_2} = 9{,}4\,°\text{C} \rightarrow p_{s-w_2} = 11{,}8\,\text{mbar},$

$t_{w_3} = 12{,}7\,°\text{C} \rightarrow p_{s-w_3} = 14{,}7\,\text{mbar},$

$t_{w_4} = 16{,}1\,°\text{C} \rightarrow p_{s-w_4} = 18{,}3\,\text{mbar},$

} gemäß Glaserdiagramm erfolgt Wasserausscheidung im Inneren der Isolierung

Ergo: Dampfsperre **außen** angebracht.

Beispiel 12

In einem Luftkühler mit $\dot{V}_L = 1000\,\text{m}^3/\text{h}$ soll ein Luftstrom von $t_1 = 50\,°\text{C}$ auf $t_2 = 25\,°\text{C}$ ohne Wasserausscheidung ($\Delta x^- = 0$) gekühlt werden (E_{kin} und E_{pot} entfällt) $c_p = 1{,}0\,\text{kJ/kg K}$, $\varrho = 1{,}1\,\text{kg/m}^3$, $c_v = 0{,}717\,\text{kJ/kg K}$.

Wie groß ist der Kühlstrom $\dot{Q}_{12}$, die Enthalpie $\dot{H}_{12}$ und die Verschiebearbeit?

Lösung:

$$\dot{Q}_{12} = \dot{m}(h_2 - h_1) = \dot{m} \cdot c_p(t_2 - t_1) = \dot{H}_{12}$$

$$= \dot{V} \cdot \varrho \cdot c_p \cdot \Delta t = \frac{1000}{3600} \cdot 1{,}1 \cdot 1{,}0 \cdot 25\,\text{kJ/s} = 7{,}64\,\text{kW}$$

Innere Energie $\dot{U}_{12} = \dot{m} \cdot c_v \cdot \Delta t = \dfrac{1000}{3600} \cdot 1{,}1 \cdot 0{,}714 \cdot 25\,\text{kJ/s} = 5{,}5\,\text{kW}$

Verschiebearbeit $\dot{H}_{12} - \dot{U}_{12} = 2{,}14\,\text{kW}$

Beispiel 13

Gegenströmer:

primärer Massenstrom $\dot{V}_1 = 3\,\text{m}^3/\text{h}$

Kaltwasser 6°/12 °C

sekundär $\dot{V}_2 = 5\,\text{m}^3/\text{h}$

Kühlwassereintritt 28 °C

Gesucht:

a) Übertragene Kühlleistung,

b) Kühlwasseraustrittstemperatur t_2'

c) Übertragungsfläche A, wenn $k = 700\,\text{W/m}^2\text{K}$ ist,

Lösung:

a) $\dot{Q}_o = \dot{m}_1 \cdot c_w \cdot (t_2 - t_1) = \dot{m}_2 \cdot c_w(t_1' - t_2')$

$$= \dot{V}_1 \cdot \varrho \cdot c_w \cdot \Delta t_{12} = \frac{3}{3600} \cdot 1000 \cdot 4{,}2 \cdot 6\,\text{kJ/s} = 21\,\text{kW}$$

b) $t_2' = 28\,°\text{C} - \frac{21}{4{,}2 \cdot 1{,}4}\,°\text{C} = 24{,}43\,°\text{C}$

c) $\dot{Q}_o = K \cdot A \cdot \Delta\vartheta m; \quad \Delta\vartheta m = t_m - t_m'$

$$t_m = \frac{6 + 12}{2}\,°\text{C} = 9\,°\text{C}$$

$$t_m' = \frac{28 + 24{,}43}{2}\,°\text{C} = 26{,}22\,°\text{C}$$

$$A = \frac{21 \cdot 10^3}{700 \cdot (26{,}22 - 9)}\,\text{m}^2 = 1{,}74\,\text{m}^2$$

Beispiel 14

Eine Kältemaschine $\dot{Q}_o = 20\,\text{kW}$, $P = 7\,\text{kW}$ deren Kondensationswärme zurückgewonnen werden soll, um Wasser von 10 °C auf 35 °C aufzuheizen.

Welche Wassermenge kann erwärmt werden?

$$\dot{Q}_c = \dot{Q}_o + P = 27\,\text{kW} = m_w \cdot c_w \cdot \Delta t$$

$$\dot{m}_w = \frac{27}{4{,}2 \cdot 25}\,\text{kg/s} = 0{,}26\,\text{kg/s}$$

1.7 Technische Prozesse – Stationäre Fließprozesse

Stationäre Fließprozesse (offene Systeme), deren technische Arbeit $W_{t\,-\,12} = 0$ ist, sind *Strömungsprozesse* in Rohren, Düsen, Wärmeübertragern und anderen Apparaten.

Stationäre Fließprozesse, bei denen ein Fluid technische Arbeit aufnimmt oder abgibt ($W_{t-12} \neq 0$), sind *Arbeitsprozesse* in Turbinen, Motoren, Verdichtern, Pumpen, Ventilatoren etc.

1.7.1 Strömungsprozesse

Für Strömungsprozesse mit $W_{t\,-\,12} = 0$ und adiabat $dq = 0$ (keine Zu- und Abführung von Wärme) gilt die Gleichung 4: (Entfall von E_{pot})

$$0 = (h_2 - h_1) + \frac{1}{2}(c_2^2 - c_1^2) = \int_1^2 v \cdot dp + \underbrace{j_{12}}_{\Delta p_v \cdot v} + \frac{1}{2}(c_2^2 - c_1^2)$$

Zwischen (1) und (2) entsteht bei den Realprozessen ein Druckverlust durch Dissipation und die v. g. Gleichung für inkompressible Fluide (siehe Anmerkung Seite 14) wird:

$$0 = v(p_2 - p_1) + \Delta p_v \cdot v + \frac{1}{2}(c_2^2 - c_1^2); \quad v = \frac{1}{\varrho}\ [\mathrm{m^3/kg}]$$

und

$$\Delta p_v = (p_1 - p_2) + \frac{\varrho}{2}(c_1^2 - c_2^2) \text{ in Pa} \tag{42}$$

p_1 = statischer Anfangsdruck in Pa,

p_2 = statischer Enddruck in Pa,

$\frac{\varrho}{2} \cdot c_1^2$ = dynamischer Anfangsdruck in Pa,

$\frac{\varrho}{2} \cdot c_2^2$ = dynamischer Enddruck in Pa.

Bei allen Durchströmungen durch Apparate, Rohrleitungen, Maschinen etc. gilt die *Kontinuitätsgleichung*:

$$\dot{m} = \dot{V}_1 \cdot \varrho_1 = \dot{V}_2 \cdot \varrho_2 = A_1 \cdot c_1 \cdot \varrho_1 = A_2 \cdot c_2 \cdot \varrho_2 = \text{konstant} \tag{43}$$

A = Querschnittsfläche in m^2

Energiegleichung: $\frac{p_1}{\varrho} + \frac{c_1^2}{2} + g \cdot z_1 = \frac{p_2}{\varrho} + \frac{c_2^2}{2} + g \cdot z_2$

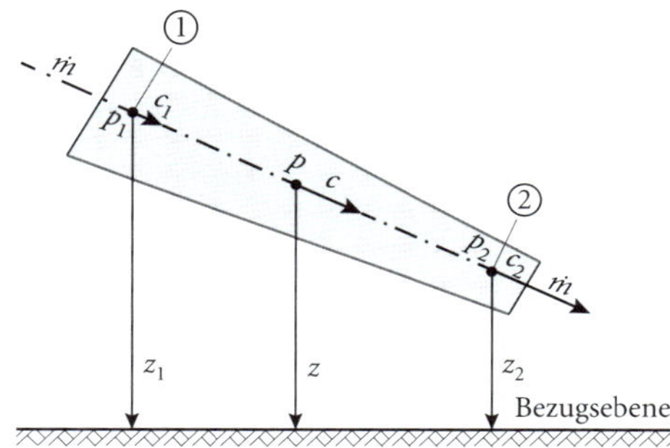

Abb. 32: Gleichungen 5 und 43

Die *erweiterte Bernoulli-Gleichung* mit dem Verlustglied Δp_v für inkompressible Fluide:

a) als Druckgleichung $p_1 + \frac{\varrho}{2} \cdot c_1^2 + \varrho \cdot g \cdot z_1 = p_2 + \frac{\varrho}{2} \cdot c_2^2 + \varrho \cdot g \cdot z_2 + \Delta p_v$

b) als Höhengleichung $\frac{p_1}{\varrho \cdot g} + \frac{c_1^2}{2g} + z_1 = \frac{p_2}{\varrho \cdot g} + \frac{c_2^2}{2g} + z_2 + h_v$ (44)

c) als Energiegleichung $\frac{p_1}{\varrho} + \frac{c_1^2}{2} + g \cdot z_1 = \frac{p_2}{\varrho} + \frac{c_2^2}{2} + g \cdot z_2 + \frac{\Delta p_v}{\varrho}$

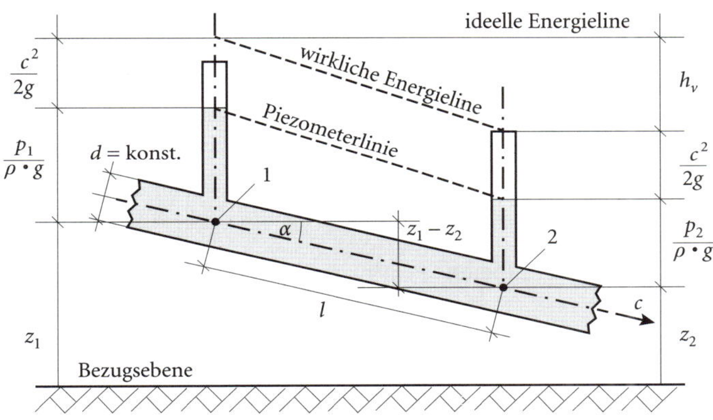

Abb. 33: Druckliniengefälle nach Gleichung (44)/(43)

Wie bereits erwähnt: Bis zu Drücken von 30 kPa können mit der Gleichung (42) auch kompressible Fluide gerechnet werden.

Der Exergieverlust durch den Druckverlust Δp_v:

$$j_{12} = \frac{\Delta p_v}{\varrho} = c(T_2 - T_1)$$

$$e_v = T_u \cdot s_{\text{irr}}; \quad s_{\text{irr}} = c \cdot \ln\frac{T_2}{T_1}.$$

Druckverluste zwischen (1)- und (2)-Stellen bei kompressiblen Fluiden $p > 30\,\text{kPa}$:

Bei Strömungen von Luft, Gasen und Dampf liegt eine *Expansionsströmung* vor, da der Druck infolge der Reibungsverluste Δp_v in Strömungsrichtung abnimmt ($p_2 = p_1 - \Delta p_v$). Folglich ändern sich die Dichte und die Geschwindigkeit nach der Kontinuitätsgleichung:

$$\dot{m} = A \cdot c_1 \cdot \varrho_1 = A \cdot c_2 \cdot \varrho_2 = \text{konstant}; \quad \dot{V} = A \cdot c \text{ und } p \cdot V = \dot{m} \cdot R \cdot T$$

das heißt: wird p kleiner, dann wird $\dot{V}$ größer und bei A = konstant c größer.

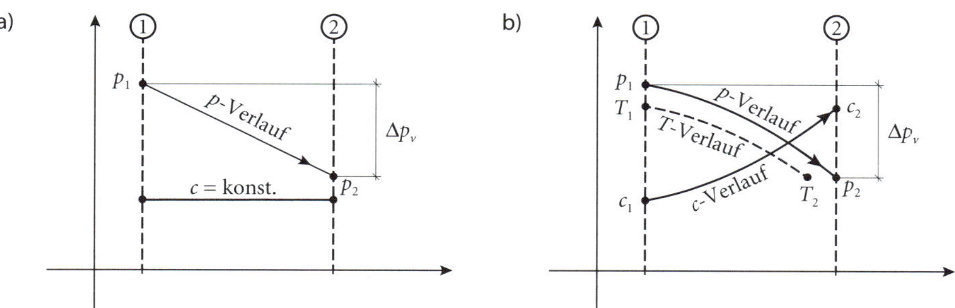

Abb. 34: Druckverlust-Verlauf bei Strömungen a) inkompressibel, b) kompressibel

In der Heizungs-, Kälte-, Klimatechnik sowie im allgemeinen Rohrleitungsbau wird der Druckverlust nach der Gleichung:

$$\Delta p_v = \underbrace{\frac{\lambda}{d} \cdot \frac{\varrho}{2} \cdot c^2 \cdot l}_{\text{Rohrleitung}} + \underbrace{\sum \zeta \cdot \frac{\varrho}{2} \cdot c^2}_{\text{Einzelwiderstände}} \quad \text{in Pa} \tag{45}$$

gerechnet.

λ = Reibungszahl (dimensionslos) aus Diagrammen (siehe auch Seite 73)

ζ = Widerstandsbeiwert (dimensionslos) Apparate, Armaturen, Formteile etc. aus Tafeln

l = Rohrlänge in m

d = hydraulischer Durchmesser in m $\left(= 4 \cdot \frac{A}{U} \right)$

Durch Umstellung der v. g. Gleichung und unter Hinzuziehung der Kontinuitätsgleichung $\dot{V} = A \cdot c$ wird:

$$\Delta p_v = \underbrace{\left(\lambda \frac{l}{d \cdot A^2} \cdot \frac{\varrho}{2} + \sum \zeta \cdot \frac{\varrho}{2A^2} \right)}_{\text{Geometrische Konstante C oder Rohrnetzkennzahl oder Systemkonstante}} \cdot \dot{V}^2 = C \cdot \dot{V}^2$$

Diese Gleichung $\Delta p_v = C \cdot \dot{V}^2$ stellt eine Parabel dar. Die mindestaufzuwendende Antriebsleistung zur Überwindung der Druckverluste (Gleichung 3):

$$P_{\min} = \Delta p_v \cdot \dot{V} = C \cdot \dot{V}^3$$

was letztlich Exergieverlust bedeutet.

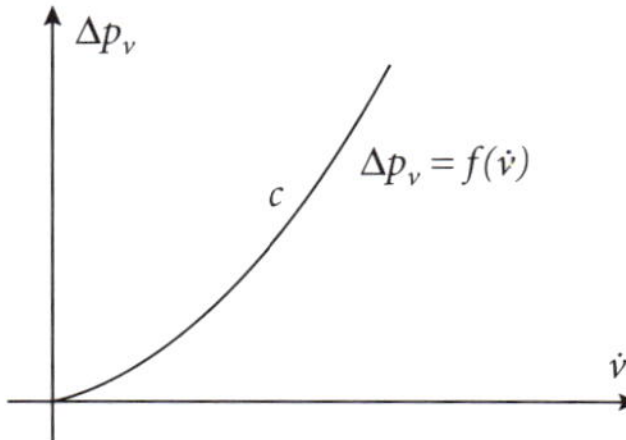

Abb. 35: Anlagenkennlinie

Zu Seite 68, Abb. 34b) Druckverlust kompressibler Rohrströmung: (1) und (2) mit

- $p \cdot v = R \cdot T$, $\dot{m} = A \cdot c \cdot \varrho =$ konstant

$$\mathrm{R} = \frac{p}{\varrho \cdot T} = \frac{p_1}{\varrho_1 \cdot T_1} = \frac{p_2}{\varrho_2 \cdot T_2}; \quad c \cdot \varrho = c_1 \cdot \varrho_1 = c_2 \cdot \varrho_2; \quad \varrho = \varrho_1 \frac{T_1 \cdot p}{T \cdot p_1} \quad \text{und} \quad c = c_1 \frac{T \cdot p_1}{T_1 \cdot p}$$

$$\text{eingesetzt in} \quad dp = \lambda \cdot \frac{dl}{d} \cdot \frac{\varrho}{2} \cdot c^2$$

$$dp = -\lambda \frac{\varrho_1 \cdot c_1^2 \cdot p_1}{2 \cdot d \cdot T_1} \cdot \frac{T}{p} \cdot dl \quad \text{(weil der Druck mit zunehmenden } l \text{ abnimmt)}$$

$$\text{mit } \lambda = \text{konstant,} \quad T_m = \frac{T_1 + T_2}{2},$$

$$\text{wird} \quad \frac{1}{p_1} \cdot \int_1^2 p\, dp \cdot = -\lambda \frac{\varrho_1 \cdot c_1^2 \cdot T_m}{2 \cdot d \cdot T_1} \int_0^l dl$$

$$\frac{p_1^2 - p_2^2}{2 p_1} = \lambda \cdot \frac{l}{d} \cdot \frac{\varrho_1}{2} \cdot c_1^2$$

Bei *adiabatischer Strömung* wird zunächst mit v. g. Gleichung $\Delta p_v = p_1 - p_2$ berechnet und mit p_1, p_2, T_1 folgt $T_2 \approx T_1 \left(\frac{p_2}{p_1}\right)^{\frac{\kappa - 1}{\kappa}}$

- Druckverlust der Einzelwiderstände:

$$\Delta p_v = \zeta \cdot \frac{\varrho}{2} \cdot c^2;$$

$$h_1 + \frac{c_1^2}{2} = h_2 + \frac{c_2^2}{2}; \quad h_1 = h_2 = \text{konstant (Isenthalpe)}$$

In geheizten oder gekühlten Apparaten (Heizkessel, Kühlern, Erhitzern, Kondensatoren etc.) gilt (E_{pot} entfällt):

$$q = h_2 - h_1 + \frac{1}{2}(c_2^2 - c_1^2)$$

Adiabate Düsen und Diffusoren

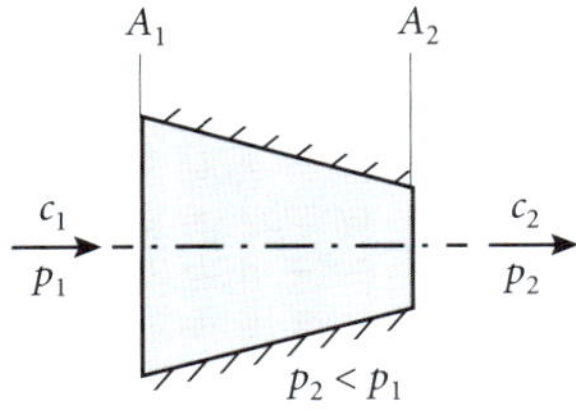

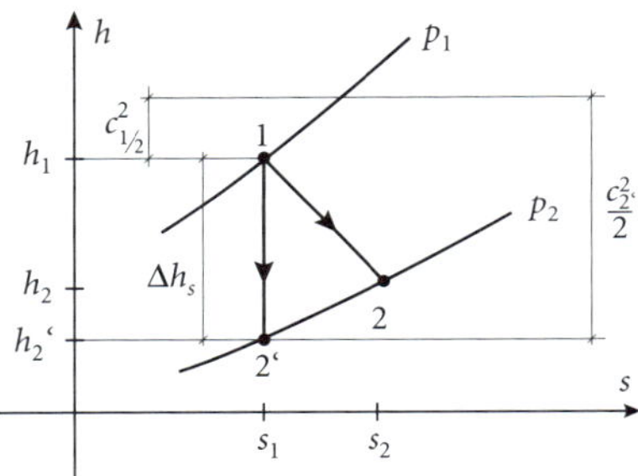

Abb. 36: Adiabate Düsenströmung

Mit Gleichung 16a): $T \cdot ds = dq = dh - v \cdot dp$

wird:

a) bei reversiblen Prozessen:

$$\underbrace{q_{12}}_{0} = dh - v \cdot dp; \quad h_1 - h_2' = \Delta hs = -\int_1^2 v \cdot dp = \frac{1}{2}(c_{2'}^2 - c_1^2)$$

b) bei irreversiblen Prozessen (mit Reibung):

$$\Delta s = s_2 - s_1$$

$$h_1 - h_2 = -\int_1^2 v \cdot dp + j_{12} = \frac{c_2^2}{2} - \frac{c_1^2}{2}; \quad j_{12} = (s_2 - s_1) \cdot T_m;$$

Isentroper Düsenwirkungsgrad: $\eta_{Dü} = \dfrac{h_1 - h_2}{h_1 - h_2'}$ ($\eta_{Dü}$ kann > 0,95 sein)

Zustandsänderung (isentrop) beim idealen Gas; Gleichung 4a:

$$-\int_1^2 v \cdot dp = \frac{\kappa}{\kappa - 1} \cdot p_1 \cdot v_1 \left[\left(\frac{p_2}{p1}\right)^{\frac{\kappa-1}{\kappa}} - 1\right];$$

In einer Düse wird ein Fluid durch Druckminderung beschleunigt; es handelt sich um eine *Expansionsströmung*. Im Diffusor wird der Druck – durch Verringerung der Geschwindigkeit – erhöht, es handelt sich um eine *Kompressionsströmung*.

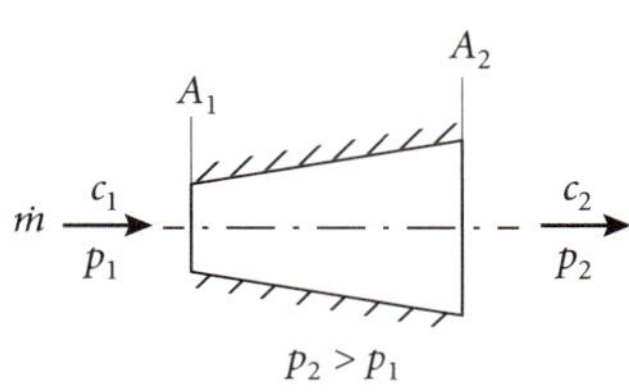

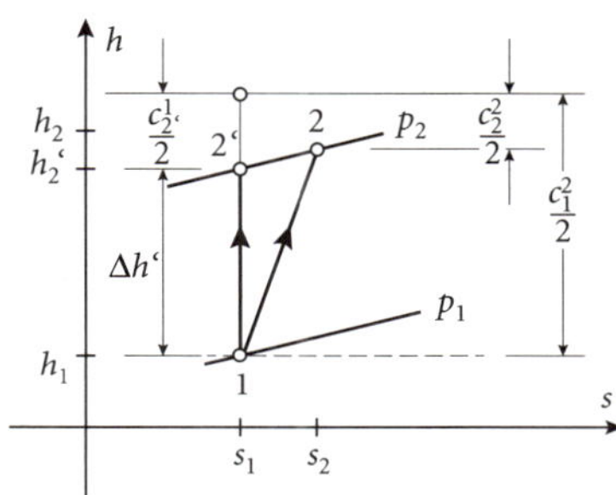

Abb. 37: Adiabate Diffusorströmung

Mit Gleichung 16a: $T \cdot ds = dq = dh - v \cdot dp$

wird:

a) bei reversiblen Prozessen:

$$\underbrace{q_{12}}_{0} = dh - v \cdot dp$$

$$h_2' - h_1 = -\int_1^2 v \cdot dp = \Delta hs = \frac{1}{2}(c_1^2 - c_2^2)$$

b) bei irreversiblen Prozessen (mit Reibung):

$$\Delta s = s_2 - s_1$$

$$h_2 - h_1 = -\int_1^2 v \cdot dp + j_{12} = \frac{c_1^2}{2} - \frac{c_2^2}{2}; \quad j_{12} = (s_2 - s_1) \cdot T_m;$$

Isentroper Diffusorwirkungsgrad:

$$\eta_{\text{Di}} = \frac{h_2' - h_1}{h_2 - h_1} \quad (\eta_{\text{Di}} \text{ liegen wesentlich niedriger als } \eta_{\text{Dü}})$$

Eine Besonderheit bei Druckverlustberechnungen ist der sogenannte K_V – *Wert* von Ventilen insbesondere von Regelventilen. Er dient zur Angabe der Durchflusskapazität eines Ventils.

Nach der v. g. Formel und Abb. 35 bei $\lambda = 0$:

$$\Delta p_v = \underbrace{\frac{\zeta}{2A^2}}_{c\,=\,\text{Proportionalitätsfaktor}} \cdot \varrho \cdot \dot{V}^2 = c \cdot \varrho \cdot \dot{V}^2$$

Für die Durchströmung bei der gleichen Verengung und den festgelegten Einheitsbedingungen von Wasser (5 → 30 °C), $\varrho_o = 1000\,\text{kg/m}^3$, $p_{v-o} = 1\,\text{bar}$ bei beliebigem Hub tritt an die Stelle von $\dot{V}^2 \rightarrow K_v^2$ sodass

$$\Delta p_{v-o} = c \cdot \varrho_o \cdot K_v^2$$

wird und durch Umstellung:

$$K_v = \dot{V}\sqrt{\frac{\Delta p_{v-o} \cdot \varrho}{\Delta p_v \cdot \varrho_o}} \text{ in m}^3\text{/h}$$

$\dot{V}$ = Durchfluss in m^3/h

K_v = Durchfluss bei Einheitsbedingungen

Δp_v = Druckabfall über dem Ventil in bar

Δp_{v-o} = Druckabfall 1 bar bei den Einheitsbedingungen

ϱ = Dichte des Mediums in kg/m^3

ϱ_o = Dichte des Wassers 1000 kg/m^3 bei Einheitsbedingungen

(in der Regel für Wasser $K_v = \dot{V}\sqrt{\frac{\Delta p_{v-o}}{\Delta p_v}}$)

K_{v_s}-Werte bei 100 % Hub aus den Katalogangaben der Hersteller
bei Druckverlustberechnungen umrechnen auf Δp_v.

Bei den Druckverlustberechnungen ist die *Rohrreibungszahl* λ eine wichtige Größe.

Sie hängt von der Reynolds'schen Zahl *Re*

$$Re = \frac{c \cdot d}{\nu} \text{ ab.}$$

c = Strömungsgeschwindigkeit in m/s

d = Rohrdurchmesser in m

ν = kinematische Zähigkeit in m^2/s

Den Strömungsverhältnissen in der Kältetechnik liegt eine *turbulente Strömung* mit $Re_{\text{krit}} \geqq 2320$ zugrunde.

Nach *Nikuradse* für $10^5 < Re < 10^8$

$$\lambda = 0{,}0032 + \frac{0{,}221}{Re^{0{,}237}};$$

oder nach *Blasius* für $Re_{\text{krit}} \leq Re \leq 10^5$:

$$\lambda = \frac{0{,}3164}{\sqrt[4]{Re}};$$

Für laminare Strömung $Re < 2320$:

$$\lambda = \frac{64}{R_e}$$

Anmerkung: Die Gepflogenheit in der Kältepraxis rechnet mit λ = ca. 0,03; dieser Wert würde nach Blasius für R22 bei $t_0 = -7\,°\text{C}$ z. B. $\lambda = 0{,}016$ ergeben.

Es gilt gemäß Abschnitt 1.7.1:

$$\Delta p_V = \left(\frac{\lambda}{d} \cdot l + \sum\zeta\right) \cdot \frac{\varrho}{2} \cdot c^2$$

Der Beiwert ζ ist in erster Linie durch die Gestalt des Einzelwiderstandes bestimmt; er ist von anderen Einflüssen wie: ϱ, ν oder c der strömenden Flüssigkeit so weit unabhängig, dass diese Einflüsse vernachlässigt werden können.

ζ ist als reiner Formwert des Einzelwiderstandes zu betrachten (Rietschel/Raiß – Springer-Verlag Berlin)

Beispiele zum Abschnitt 1.7.1

Beispiel 15

Ein Rohr DN150 (di = 150 mm$^{\varnothing}$) verjüngt sich auf DN100 (di = 100 mm$^{\varnothing}$), es strömt Wasser von $75\frac{\text{m}^3}{12\ \text{min}}$ aus. $(\varrho = 1000\ \text{kg/m}^3)$.

Gesucht:

a) Volumenstrom m^3/s,

b) Massenstrom kg/s,

c) Strömungsgeschwindigkeiten m/s.

Lösung:

a) $\dot{V} = \frac{75}{12 \cdot 60}\ \text{m}^3/\text{s} = 0{,}1\ \text{m}^3/\text{s}$

b) $\dot{m} = \dot{V} \cdot \varrho = 0{,}1\,\text{m}^3/\text{s} \cdot 1000\,\text{kg/m}^3 = 100\,\text{kg/s}$

c) $c = \frac{\dot{V}}{A}$; $c_1 = \frac{0{,}1}{0{,}15^2 \cdot \frac{\pi}{4}}\text{m/s} = 5{,}66\,\text{m/s}$

$$c_2 = \frac{0{,}1}{0{,}1^2 \cdot \frac{\pi}{4}}\text{m/s} = 12{,}74\,\text{m/s}$$

Die Strömungsgeschwindigkeiten sind zu hoch im Anlagenbau (c ca. 1 → 2 m/s)

Beispiel 16

Eine Wasserleitung soll pro Stunde 12 m³ fördern und die Strömungsgeschwindigkeit soll maximal 0,6 m/s betragen. Welche Rohrdimension ergibt sich?

Lösung:

$$A = \frac{\dot{V}}{c} = \frac{12}{3600 \cdot 0{,}6}\text{m}^2 = 0{,}0056\,\text{m}^2$$

$$d = \sqrt{\frac{0{,}0056}{\frac{\pi}{4}}}\,\text{m} = 0{,}084\,\text{m}^{\varnothing} \curvearrowright \text{DN80}$$

Beispiel 17

In einer Rohrleitung fließt Öl $\left(\varrho_{Öl} = 0{,}82\,\text{kg/dm}^3\right)$. Die Rohrleitung verläuft horizontal l = 25 m. Der Druckverlust beträgt $\Delta p_v = p_1 - p_2 = 0{,}05$ bar. Gesucht: Druckverlust h_v in m und das Druckgefälle R;

Lösung:

Gleichung 5 ist die verlustfreie Bernoulli'sche Gleichung und mit Δp_v wird es die *erweiterte Bernoulli'sche* Gleichung sodass:

$$p_1 + \frac{\varrho}{2} \cdot c_1^2 + \varrho \cdot g \cdot z_1 = p_2 + \frac{\varrho}{2} \cdot c_2^2 + \varrho \cdot g \cdot z_2 + \Delta p_v$$

oder in *m*:

$$\frac{p_1}{\varrho \cdot g} + \frac{c_1^2}{2g} + z_1 = \frac{p_2}{\varrho \cdot g} + \frac{c_2^2}{2g} + z_2 + \underbrace{\frac{\Delta p_v}{\varrho \cdot g}}_{h_v}$$

Im vorliegenden Fall ist $z_1 = z_2 = 0$, $c_1 = c_2$,

$$h_v = \frac{p_1 - p_2}{\varrho \cdot g} = \frac{0{,}05 \cdot 10^5}{820 \cdot 9{,}81}\text{m} = 0{,}62\,\text{m}$$

Gleichung 43:

$$\Delta p_v = \underbrace{\frac{\lambda}{d} \cdot \frac{\varrho}{2} \cdot c^2}_{=R} \cdot l + \underbrace{\sum \zeta \cdot \frac{\varrho}{2} \cdot c^2}_{\text{Einzel} \triangleq Z\ (\text{hier} = 0)}$$

$$R = \frac{\Delta p_v}{l} = \frac{0{,}05}{25} = 2\,\text{mbar/m}$$

Beispiel 18

In einer geraden 25 m langen Rohrleitung fließt flüssiges Kältemittel (Flüssigkeitsleitung) mit $\varrho = 1{,}12\,\text{kg/dm}^3$. Der geodätische Höhenunterschied beträgt $h_{\text{geo}} = 3\,\text{m}$, der gesamte Druckverlust $\Delta p_v = 0{,}35\,\text{bar}$. $(p_1 - p_2)$.

Gesucht:

a) das Druckgefälle $\frac{h_v}{l}$ in m/m,

b) der dynamische Druckverlust,

c) der geodätische Druckverlust.

Lösung:

a) $\frac{h_v}{l} = \frac{0{,}19}{25}\,\text{m/m} = 7{,}6\,\text{mm/m}$

$$\frac{p_1}{\varrho \cdot g} + \frac{c_1^2}{2g} + \underbrace{z_1}_{=0} = \frac{p_2}{\varrho \cdot g} + \frac{c_2^2}{2g} + \underbrace{z_2}_{h_{\text{geo}}} + h_v$$

$$\frac{p_1 - p_2}{\varrho \cdot g} = h_v + h_{\text{geo}}; \quad h_v = \frac{35000}{1120 \cdot 9{,}81} - h_{\text{geo}} = 0{,}19\,\text{m}$$

b) $\Delta p_{\text{dyn}} = h_v \cdot \varrho \cdot g = 0{,}19 \cdot 1120 \cdot 9{,}81\,\text{Pa} = 0{,}0208\,\text{bar}$

c) $\Delta p_{\text{geo}} = h_{\text{geo}} \cdot \varrho \cdot g = 3 \cdot 1120 \cdot 9{,}81\,\text{Pa} = 0{,}3296\,\text{bar}$

$(\triangleq \Delta p = 0{,}35\,\text{bar})$

1.7.2 Arbeitsprozesse

Bei Strömungsprozessen ist $W_t = 0$; bei *Arbeitsprozessen* ist $W_t \neq 0$, und die kinetische und potenzielle Energie werden in der Regel vernachlässigt. Grundsätzlich gilt Gleichung 4 (irreversibel) *Energieerhaltungssatz*:

$$w_{t-12} + q_{12} = (h_2 - h_1) + \frac{1}{2}(c_2^2 - c_1^2) + g(z_2 - z_1);$$

wobei $w_{t-12} = w_{t-12}^{rev} + j_{12}$ und mit $q_{12} = 0$ (adiabat):

$$w_{t-12} = \int_1^2 v \cdot dp + \frac{1}{2}(c_2^2 - c_1^2) + g(z_2 - z_1)$$

In der technischen Anwendung sind es Prozesse *offener Systeme*, bei denen ein Fluid als Arbeitsmedium sowohl eine Kolbenmaschine als auch eine Strömungsmaschine durchströmt. V.g. Beziehungen gelten in der Anwendung für beide Maschinenarten.

Wird dem Fluid Energie entzogen und in mechanische Arbeit umgewandelt, so handelt es sich um eine *Kraftmaschine*, die technische Leistung an der Welle abgibt (z. B. Turbine, Motor).

Wird dem Fluid mechanische Arbeit oder Leistung an der Welle zugeführt, so handelt es sich um eine *Arbeitsmaschine*, die dem Fluid Energie zuführt (z.B. Verdichter, Pumpen, Ventilatoren).

Beide Maschinengruppen dienen der Energieumsetzung bzw. dem Energietransport. Der wichtigste Unterschied besteht in der Art der Umsetzung zwischen dem Druck des strömenden Mediums und der mechanischen Energie in der Maschine gemäß Abb. 38:

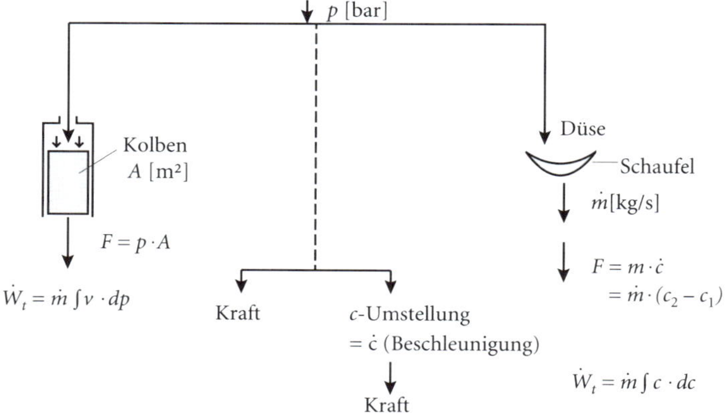

Abb. 38: Energieumsetzung in Kolben- bzw. Strömungsmaschinen

Anwendung:

- Strömungsmaschine für hohe Volumen- bzw. Massenströme, hohe Leistungen; (hydraulische Turbinen, thermische Turbinen für Gase und Dämpfe)

- Kolbenmaschine (auch Verdrängungsmaschine):
  - Schraubenverdichter,
  - Rollkolbenverdichter,
  - Drehkolbenverdichter,
  - Hubkolbenverdichter,
  - Spiralverdichter,
  - Rootsverdichter.

Strömungs- und Kolbenmaschine in der Kältetechnik (Turbo- und Verdrängungsverdichter):

- **Strömungsmaschine**: die Hauptgleichung basiert auf dem Impulssatz (auch *Euler'sche Hauptgleichung* genannt)

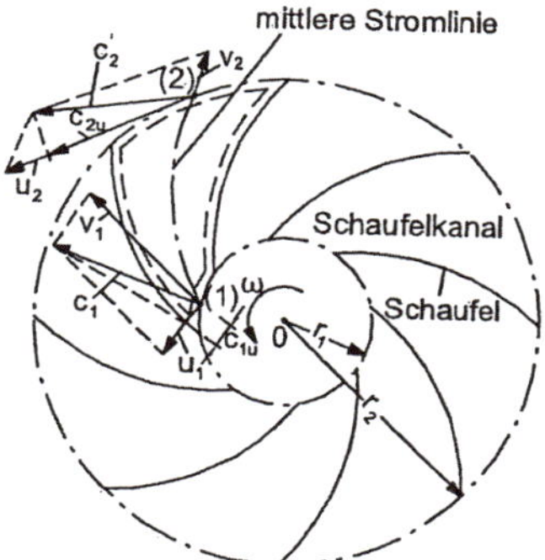

c = Absolutgeschwindigkeit
v = Relativgeschwindigkeit
u = Umfangsgeschwindigkeit

Abb. 39: Impulsänderung am Schaufelgitter[1]

Für den Impuls sind die Geschwindigkeiten c_1 am Eintritt und c_2 am Austritt maßgebend.
Die von den Schaufeln auf das Fluid wirkende resultierende Kraft bewirkt eine Impulsänderung:

a) Arbeitsmaschine (Verdichter, Pumpen, Ventilatoren)

$$F = \dot{m}(c_{2u} - c_{1u}),\ c_{2u} > c_{1u} \quad \textit{Kraftzuführung}$$

$$M_d = \dot{m}(c_{2u} \cdot r_2 - c_{1u} \cdot r_1); \quad u = r \cdot \omega$$

M_d = Drehmoment
ω = Winkelgeschwindigkeit s^{-1} $(2\pi \cdot f)$

$$\text{Leistung: } P = M_d \cdot \omega = \dot{m} \cdot \omega(c_{2u} \cdot r_2 - c_{1u} \cdot r_1) = \dot{m} \cdot (u_2 \cdot c_{2u} - u_1 \cdot c_{1u}) \tag{46}$$

Bei Axialmaschinen ist $u = u_1 = u_2$, sodass $P = \dot{m} \cdot u(c_{2u} - c_{1u})$ bzw. Gleichung (47)

b) Kraftmaschine (Turbine). Hier gilt die gleiche Form, jedoch ist $c_{2u} < c_{1u}$ *Kraftabführung* sodass:

$$P = \dot{m}(u_1 \cdot c_{1u} - u_2 \cdot c_{2u}) \text{ ist.}$$

- **Kolbenmaschine** (Hubkolbenverdichter)

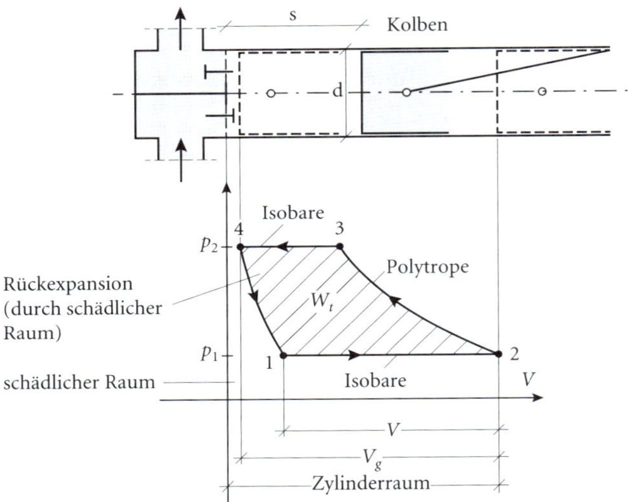

$\frac{Pc}{Po}$ Druckverhältnis

$\dot{V}_g = z \cdot d^2\, \pi/4 \cdot s \cdot m$ [m³/min] geometrisches Fördervolumen

z = Zylinderzahl

d = Durchmesser m

s = Kolbenhub m

n = Drehzahl min^{-1}

Abb. 40: *p,V*-Diagramm eines Hubkolbenverdichters

Effektives Fördervolumen $\dot{V} = \lambda \cdot \dot{V}_g$

Antriebsleistung Gleichung 23: λ = Liefergrad

$$P = \dot{W}_t = \dot{m}\int_1^2 v \cdot dp = m\frac{n}{n-1} \cdot p_1 \cdot v_1\left[\left(\frac{p_2}{p_1}\right)^{\frac{n-1}{n}} - 1\right]$$

oder

$$P = \dot{m}\frac{n}{n-1} \cdot p_2 \cdot v_2\left[1 - \left(\frac{p_1}{p_2}\right)^{\frac{n-1}{n}}\right]$$

oder

$$\text{P} = \dot{m} \cdot T_m \cdot R \cdot ln\frac{p_2}{p_1} \tag{47}$$

Für beide Strömungs- und Verdrängungsmaschinen gilt:

$$P = \dot{W}_t = \Delta p \cdot \dot{V} \quad \text{bzw.} \quad P_{AM} = \frac{\Delta p \cdot \dot{V}}{\eta_e} \quad \text{und} \quad P_{KM} = \Delta p \cdot \dot{V} \cdot \eta_e$$

(Index AM ≙ Arbeitsmaschine, KM ≙ Kraftmaschine)

Adiabate Kompression – Expansion

Für Kolben- bzw. Strömungsmaschinen, in denen ein Fluid Energie aufnimmt (oder abgibt), gilt gemäß Vorgenanntem (ohne E_{pot}):

$$w_{t-12} = \int_1^2 v \cdot dp + \frac{1}{2}(c_2^2 - c_1^2) + j_{12}$$

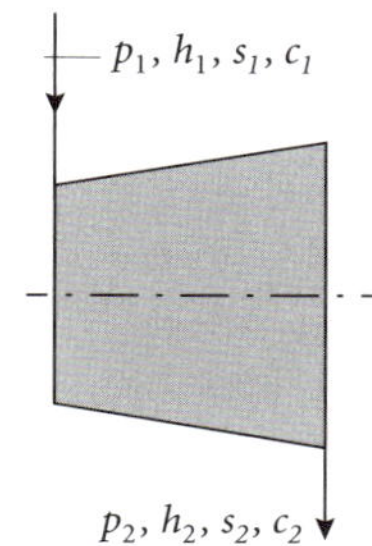

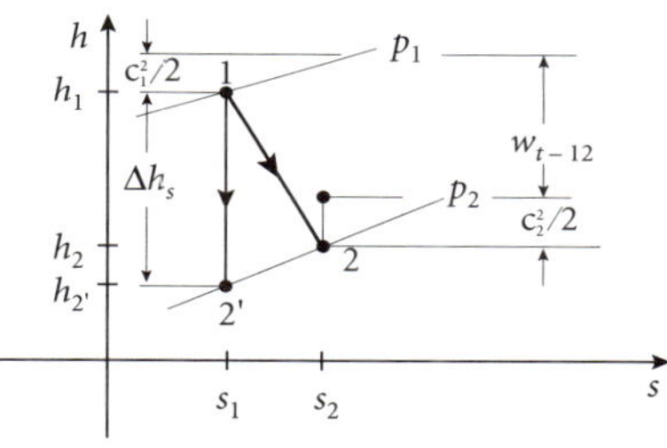

Abb. 41: Irreversible adiabate Expansion 1 – 2 und reversible, isentrope Expansion 1 – 2′ im *h,s*-Diagramm

$$w_{t-12} = h_1 - h_2 + \frac{1}{2}(c_1^2 - c_2^2) \text{ (Abb. 41)}$$

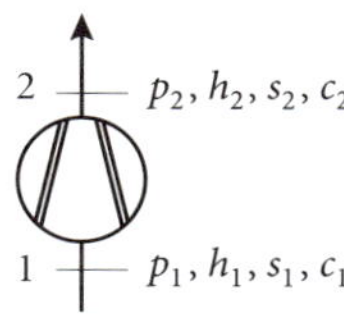

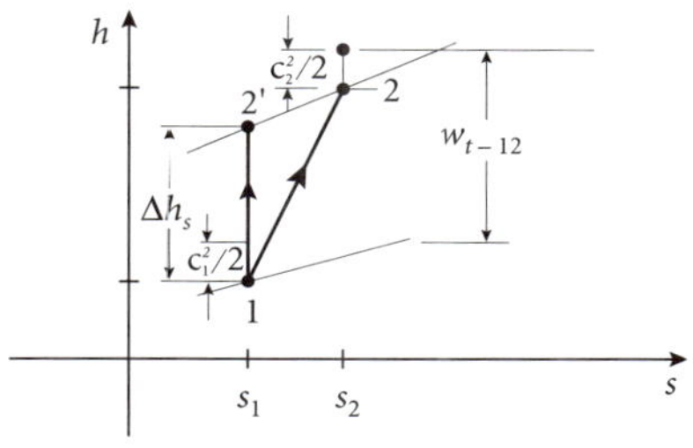

Abb. 42: Irreversible adiabate Verdichtung 1 – 2 und reversible isentrope Verdichtung 1 – 2′ im *h,s*-Diagramm

$$w_{t-12} = h_2 - h_1 + \frac{1}{2}(c_2^2 - c_1^2) \quad \text{(Abb. 42)}$$

Reversibler Prozess bei Vernachlässigung der kinetischen Energie: $w_{t-12}^{\text{rev}} = h_2' - h_1 = \Delta hs$

Die kinetischen Energien sind gegenüber der Änderung der spezifischen Enthalpien von untergeordneter Bedeutung.

Typische Enthalpieänderungen:

- ca. 150 bis 300 kJ/kg bei Verdichtern
- ca. 300 bis 800 kJ/kg bei Turbinen

Die kinetische Energie $\frac{c_1^2}{2}$ des eintretenden Fluids ist vernachlässigbar. Z. B. $c_1 = 30\,\text{m/s} \rightarrow$ 0,45 kJ/kg.

Isentroper Wirkungsgrad der Turbine:

$$\eta_{sT} = \frac{h_1 - h_2}{h_1 - h_2'} = \frac{h_1 - h_2}{-\Delta h_s} \text{ ca. } 0{,}88 - 0{,}95$$

Isentroper Wirkungsgrad des Verdichters:

$$\eta_{sv} = \frac{h_2' - h_1}{h_2 - h_1} = \frac{\Delta h_s}{h_1 - h_2} \text{ ca. } 0{,}85 - 0{,}9$$

Wie bereits in Abschnitt 1.7.1 dargestellt, wird in der Heizungs- und Kälte- und Klimatechnik für den Medientransport mit den Formeln der *inkompressiblen Fluide* gerechnet. Zugrunde liegt – wie bei allen Energieumwandlungen – der 1. Hauptsatz für stationäre Fließprozesse *offener Systeme.*

Die technische Arbeit bzw. Leistung die benötigt wird, um einmal die Verluste der Strömungsmaschine bzw. Arbeitsmaschine und zum anderen die Druckverluste Δp_v der Anlagenteile zu überwinden:

Gleichung 4/4b/42:

$$P_{12} = \dot{m}\Big[\underbrace{(h_2 - h_1)}_{\int_1^2 v \cdot dp + j_{12} = v(p_2 - p_1) + \underbrace{j_{12}}_{\Delta p_v \cdot v}} + \frac{1}{2}(c_2^2 - c_1^2) + g(z_2 - z_1)\Big]$$

und durch Umstellung: (beim Transport kann man E_{kin} und E_{pot} nicht vernachlässigen)

$$P_{12} = \dot{V}\underbrace{\Big[(p_2 - p_1) + \Delta p_v + \frac{\varrho}{2}(c_2^2 - c_1^2) + \varrho \cdot g(z_2 - z_1)\Big]}_{\triangleq\ \Delta p_t \text{ Totale Druckerhöhung}}$$

Antriebsleistung einer Kreiselpumpe oder eines Ventilators: (siehe auch Seiten 115/126)

$$P_e = \frac{P_{12}}{\eta_v} = \frac{\dot{V} \cdot \Delta p_t}{\eta_v} = \frac{\dot{V} \cdot \varrho \cdot g \cdot H}{\eta_v} = \frac{\dot{m} \cdot g \cdot H}{\eta_v} \tag{48}$$

H = Förderhöhe in m

η_v = Wirkungsgrad

Gleichung 48 ist identisch mit Gleichung 46 = *Euler'sche Pumpengleichung.*

So wie die Anlage $\Delta p_v = f(\dot{V})$, Abb. 35, haben auch die Pumpe und der Ventilator eine Kennlinie. Diese Kennlinie charakterisiert die Betriebseigenschaften.

Bei gleicher Maschinengröße und gleichem Fluid lauten die Modellgesetze:

$$\dot{V} \sim n; \quad H \sim n^2; \quad P \sim n^3$$

und daraus die sogenannten Affinitätsgesetze:

$$\frac{\dot{V}_1}{\dot{V}_2} = \frac{n_1}{n_2}; \quad \frac{H_1}{H_2} = \frac{\Delta p_{t1}}{\Delta p_{t2}} = \left(\frac{n_1}{n_2}\right)^2; \quad \frac{P_1}{P_2} = \left(\frac{n_1}{n_2}\right)^3 \tag{49}$$

Die Gesamtförderhöhe einer Strömungsmaschine ist also

$$\Delta p_v = \Delta p_t = \Delta p_{st} + \Delta p_{\mathrm{dyn}} \quad (E_{\mathrm{pot}} \text{ entfällt})$$

$$= \left(p_1 + \frac{\varrho}{2} \cdot c_1^2\right) - \left(p_2 + \frac{\varrho}{2} \cdot c_2^2\right)$$

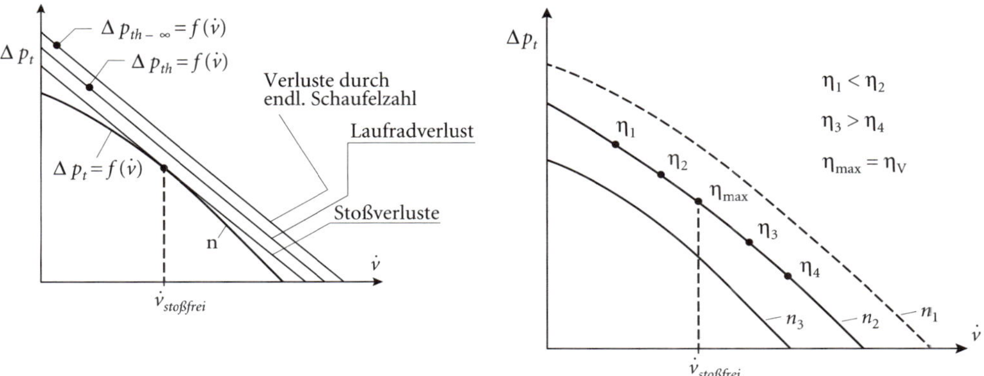

Abb. 43: Kennlinie von Ventilatoren bzw. Pumpen infolge der Verluste sowie Kennfeld mit verschiedenen Drehzahlen

Arbeiten nun die *Anlagenkennlinie* Abb. 35 mit dem Ventilator oder der Pumpe zusammen, so ergibt sich die Abb. 44:

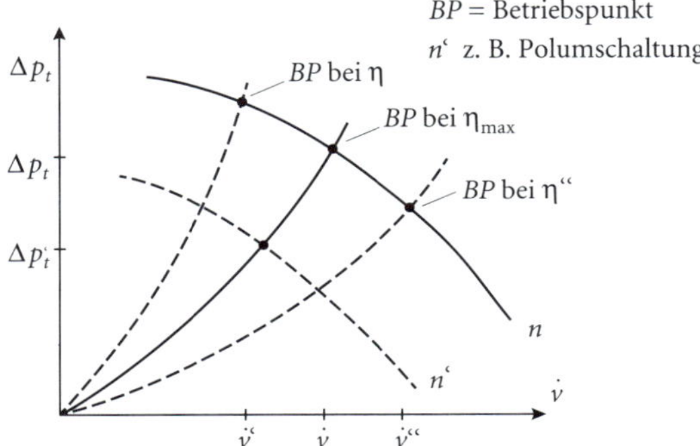

Abb. 44: Zusammenarbeiten von Strömungsmaschinenkennlinie mit der Anlagenkennlinie

Nachdem $P_e = \frac{\Delta p_t \cdot \dot{V}}{\eta_v}$ ist, erkennt man wie wichtig es ist, die Pumpe oder den Ventilator im optimalen Wirkungsgrad η_{max} auszulegen. Die Auslegungsmethoden gehören zu den vernachlässigten Gebieten (der heutige Stromverbrauch von z. B. Pumpen beträgt ca. 8…9 % des gesamten Stromverbrauchs in Deutschland).

Nichtadiabatische Verdichtung

Die mindestaufzuwendende technische Arbeit zur Verdichtung eines Fluids ist isentrop:

$$w_{t-12}^{\text{rev}} = \int_1^2 v \cdot dp \quad (E_{\text{kin}} \text{ vernachlässigt})$$

Die isentrope Verdichtungsarbeit ist jedoch nicht die kleinstmögliche. Kühlt man das Fluid während der Kompression, so nimmt das spezifische Volumen v stärker ab als bei isentropischer Kompression.

Der günstigste Energieaufwand ist die reversible, **isotherme** Verdichtung $T_1 = T_2$ (Gleichung 20)

$$w_{t-12}^{\text{rev}} = R \cdot T \cdot ln\frac{p_2}{p_1}$$

Technische Arbeit für den irreversiblen arbeitenden, jedoch gekühlten Verdichter (1. Hauptsatz)

$$w_{t-12} = h_2 - h_1 - q_{12}$$

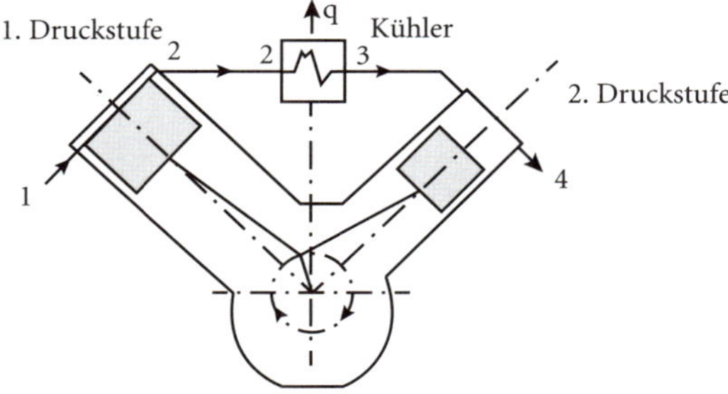

Abb. 45: zweistufiger Kolbenverdichter mit Zwischenkühler (Schema)

Beispiele zu Abschnitt 1.7.2

Beispiel 19

Parameter eines Verdichters für Luft:

p_1 = 1 bar, t_1 = 15 °C, p_2 = 6 bar, Ansauggeschwindigkeit 20 m/s, Austrittsgeschwindigkeit 25 m/s, Polytropenexponent $n = 1{,}3$, $\varrho_1 = 1{,}25\,\text{kg/m}^3$, Förderstrom $\dot{V} = 7200\,\text{m}^3/\text{h}$, $\eta_e = 0{,}85$.

a) Wie groß ist die Förderhöhe H?

b) Wie hoch ist die Verdichtungstemperatur t_2?

c) Welche Antriebsleistung P_e ist erforderlich?

Zu a) $H = \dfrac{\Delta p}{\varrho_2 \cdot g} = \dfrac{5 \cdot 10^5}{2{,}81 \cdot 9{,}81} = 18138{,}22\,\text{m}$

$$w_t = \frac{1{,}3}{1{,}3 - 1} \cdot 10^5 \cdot \frac{1}{1{,}25}\left[\left(\frac{6}{1}\right)^{\frac{1{,}3-1}{1{,}3}} - 1\right] = 1{,}78 \cdot 10^5\,\text{J/kg}$$

$$\varrho_2 = \frac{\Delta p}{w_t} = \frac{5 \cdot 10^5}{1{,}78 \cdot 10^5} = 2{,}81\,\text{kg/m}^3$$

$$H_{\text{ges}} = H + \frac{c_2^2 - c_1^2}{2 \cdot g} = 18138{,}22 + \frac{25^2 - 20^2}{2 \cdot 9{,}81} = 18149{,}69\,\text{m}$$

Zu b) $T_2 = T_1\left(\dfrac{p_2}{p_1}\right)^{\frac{n-1}{n}} = 288(6)^{0{,}23} = 435\,\text{K} = 162\,°\text{C}$

Zu c) $P_e = \dfrac{\dot{V} \cdot H \cdot \varrho_1 \cdot g}{\eta_e} = \dfrac{7200 \cdot 18149{,}69 \cdot 1{,}25 \cdot 9{,}81}{3600 \cdot 0{,}85} = 523{,}67\,\text{kW}$

Die Förderhöhe H der Einzelstufe ist wegen der hohen Fliehkraftbeanspruchung die in den Laufrädern auftritt auf ca. 7000 m Gassäule begrenzt. Dies bedeutet $\dfrac{p_2}{p_1}$ = ca. 1,5…2,0.

Anmerkung: die dynamische Höhe $\frac{25^2 - 20^2}{2 \cdot 9{,}81} \approx 11{,}5\,\text{m}$ kann man vernachlässigen bei Kompression bzw. Expansion, **nicht** aber beim Transport.

Beispiel 20

a) Druckluft von 6 bar kommt aus dem Verdichter mit 230 °C. Wie groß ist die Förderhöhe?

$$p_2 \cdot v_2 = R \cdot T_2; \quad v_2 = \frac{287 \cdot 503}{600000} = 0{,}24\,\text{m}^3/\text{kg},$$

$$\varrho_2 = \frac{1}{v_2} = 4{,}16\,\text{kg/m}^3$$

$$p_2 = \varrho \cdot g \cdot H;$$

$$H = \frac{600000}{4{,}16 \cdot 9{,}81} = 14702{,}42\,\text{m}$$

b) Wird die Luft während der Verdichtung gekühlt auf konstant 20 °C des Ansaugzustandes:

$$v_2 = \frac{287 \cdot 293}{600000} = 0{,}14\,\text{m}^3/\text{kg}$$

$$\varrho_2 = 7{,}14\,\text{kg/m}^3$$

$$H = \frac{600000}{7{,}14 \cdot 9{,}81} = 8566{,}12\,\text{m}$$

c) Wie ändert sich H wenn im Falle a) die Ansauggeschwindigkeit $c_1 = 20\,\text{m/s}$ und die Austrittsgeschwindigkeit $c_2 = 25\,\text{m/s}$ sind?

$$H' = H + \frac{c_2^2 - c_1^2}{2g} = 14702{,}42 + \frac{25^2 - 20^2}{2 \cdot 9{,}81} = 14713{,}89\,\text{m}$$

das heißt die An- und Austrittsgeschwindigkeiten sind vernachlässigbar.

In der Praxis wird während der Verdichtung gekühlt auf ein mittleres H von ca 12000 m.

Beispiel 21

Ein Luftvolumen $V_1 = 9\,\text{m}^3$ bei $p_1 = 1\,\text{bar}$ und $t_1 = 20\,°\text{C}$ soll isotherm auf $p_2 = 9\,\text{bar}$ verdichtet werden.

Wie groß ist V_2, die Verdichtungsarbeit W_t und die abgeführte Verdichtungswärme?

$$V_2 = V_1 \cdot \frac{p_1}{p_2} = 9 \cdot \frac{1}{9} = 1\,\text{m}^3$$

$$W_{t_12} = p_1 \cdot V_1 \cdot ln\frac{p_2}{p_1} = 10^5 \cdot 9 \cdot ln\frac{9}{1} = 19{,}78 \cdot 10^5\,\text{J} = 1978\,\text{kJ}$$

$$Q_{12} = W_{t-12} = 1978\,\text{kJ}$$

Wie groß ist bei **isentroper** Verdichtung das Verdichtungsvolumen V_2, T_2 und die aufzuwendende Verdichtungsarbeit? $\kappa = 1{,}4$, $\varrho = 1{,}2\,\text{kg/m}^3$

$$w_{t_{12}} = \frac{\kappa}{\kappa - 1} \cdot p_1 \cdot v_1\left[\left(\frac{p_2}{p_1}\right)^{\frac{\kappa-1}{\kappa}} - 1\right] = \frac{1{,}4}{0{,}4} \cdot 10^5 \cdot \frac{1}{1{,}2}\left[\left(\frac{9}{1}\right)^{0{,}286} - 1\right] = 255{,}1\,\text{kJ/kg}$$

$$W_{t-12} = m \cdot W_t,$$

$$m = \frac{p_1 \cdot V_1}{R \cdot T} = \frac{10^5 \cdot 9}{287 \cdot 293} = 10{,}7\,\text{kg}$$

$$W_{t-12} = 10{,}7 \cdot 255{,}1 = 2729{,}57\,\text{kJ}$$

Der Arbeitsmehraufwand $W_{t-\text{is}} - W_{t-\text{iso}} = 2729{,}57 - 1978 = 751{,}57\,\text{kJ}$
Die v. g. Luftmasse $m = 10{,}7\,\text{kg}$ soll zweistufig von $V_1 = 9\,\text{m}^3$, $p_1 = 1\,\text{bar}$, $T_1 = 293\,\text{K}$ auf $p_E =$ 9 bar verdichtet werden. Das Stufendruckverhältnis $= \sqrt{\frac{p_E}{p_1}} = \sqrt{\frac{9}{1}} = 3$ also $p_1 = 1\,\text{bar}$, $p_2 = 3\,\text{bar}$, $p_3 = 9\,\text{bar}$, $c_p = 1{,}004\,\text{kJ/kg K}$. Wie groß ist die Verdichtungsarbeit?

Prozessverlauf gemäß Seite 86:

- Isentrope Verdichtung 1 – 2'(1. Stufe)

$$V_2' = V_1\left(\frac{p_1}{p_2}\right)^{\frac{1}{\kappa}} = 9 \cdot \left(\frac{3}{1}\right)^{0{,}714} = 4{,}11\,\text{m}^3$$

$$T_2' = T_1\left(\frac{p_2}{p_1}\right)^{\frac{\kappa-1}{\kappa}} = 293\left(\frac{3}{1}\right)^{0{,}286} = 401{,}17\,\text{K}$$

$$W_{t-12'} = m \cdot \frac{\kappa}{\kappa - 1} \cdot p_1 \cdot \frac{V_1}{m}\left[\left(\frac{p_2}{p_1}\right)^{\frac{\kappa-1}{\kappa}} - 1\right] = 10{,}7 \cdot \frac{1{,}4}{0{,}4} \cdot 10^5 \cdot 0{,}84\left[\left(\frac{3}{1}\right)^{0{,}286} - 1\right] = 1162\,\text{kJ}$$

- Isobare Rückkühlung 2' – 2 auf T_1
  Wärmeentzug von T_2' auf T_1 bei p_2

$$Q = m \cdot c_p \cdot (T_2 - T_1) = 10{,}7 \cdot 1{,}006 \cdot (401 - 293) \approx 1162\,\text{kJ}$$

Volumenreduzierung durch Abkühlung von $V_{2'}$ auf V_2

$$V_2 = \frac{m \cdot R \cdot T_1}{p_2} = \frac{10{,}7 \cdot 287 \cdot 293}{3 \cdot 10^5} = 3\,\text{m}^3$$

- Isentrope Verdichtung 2 – 3' (2. Stufe)

$$V_{3'} = V_2\left(\frac{p_2}{p_3}\right)^{\frac{1}{\kappa}} = 3\left(\frac{3}{9}\right)^{0{,}714} = 1{,}37\,\text{m}^3$$

$$T_{3'} = T_{2'} = 401{,}17\,\text{K}$$

$$W_{t-23'} = m \cdot \frac{\kappa}{\kappa - 1} \cdot p_2 \cdot v_2\left[\left(\frac{p_3}{p_2}\right)^{\frac{\kappa-1}{\kappa}} - 1\right]$$

$$v_2 = \frac{3}{10{,}7} = 0{,}28\,\text{m}^3/\text{kg}$$

$$W_{t-23'} = 10{,}7 \cdot \frac{1{,}4}{0{,}4} \cdot 3 \cdot 10^5 \cdot 0{,}28\left[\left(\frac{9}{3}\right)^{0{,}287} - 1\right] \approx 1163\,\text{kJ}$$

$$W_t = W_{t-12'} + W_{t-23'} = 1163 + 1163 = 2326\,\text{kJ}$$

Die Arbeitsersparnis gegenüber der einstufigen Isentropenverdichtung beträgt 2729,57 – 2326 = 403,57 kJ $\triangleq$ ca. 15 %

Dafür muss jedoch Kühlenergie aufgewendet werden von 1163 kJ, die jedoch minderwertiger ist (praktisch Anergie) im Vergleich zur Arbeitsersparnis (reine Exergie)

Beispiel 21 ist eine theoretische ideale Betrachtung.

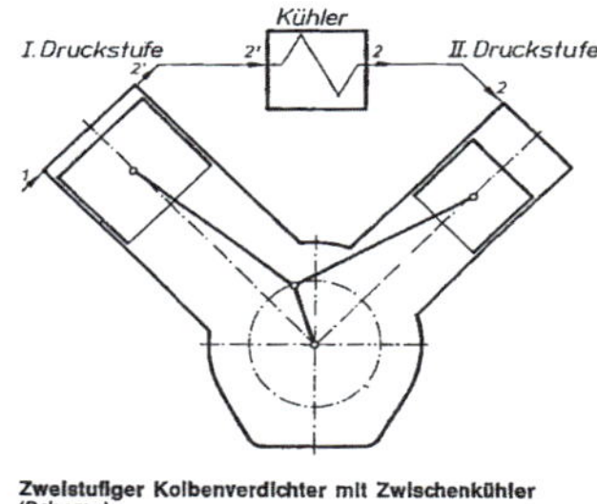

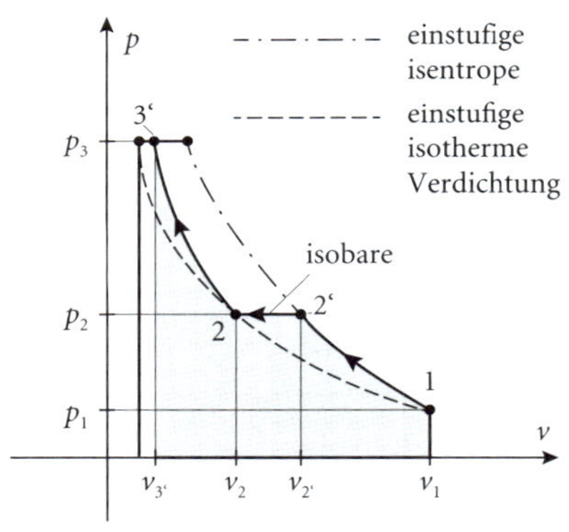

Zweistufige isentrope Verdichtung mit isobarer Zwischenkühlung[1]

Beispiel 22[6]

Gemäß Seite 87: ein doppelflutiger Radialverdichter mit radialen Schaufeln fördert $\dot{m}$ = 10 kg/s Luft. $u_1 = 100$ m/s, $u_2 = 300$ m/s, $c_1 = 173$ m/s, $\alpha_1 = 90°$, $p_1 = 1$ bar.

Wie groß sind:

a) die theoretische Verdichterleistung P_{th}, die Drucksteigerung Δp bei $\varrho = 1{,}29\,\text{kg/m}^3$?

b) die Druckerhöhung im Laufrad bei $r = 0{,}5$ und Laufradaustrittsdruck?

c) die Geschwindigkeitspläne?

d) die spezifischen Anteile der Energiezunahme im Laufrad aus Zentrifugalanteil → Laufradkanal-Diffusoranteil → kinetischer Ausströmanteil.

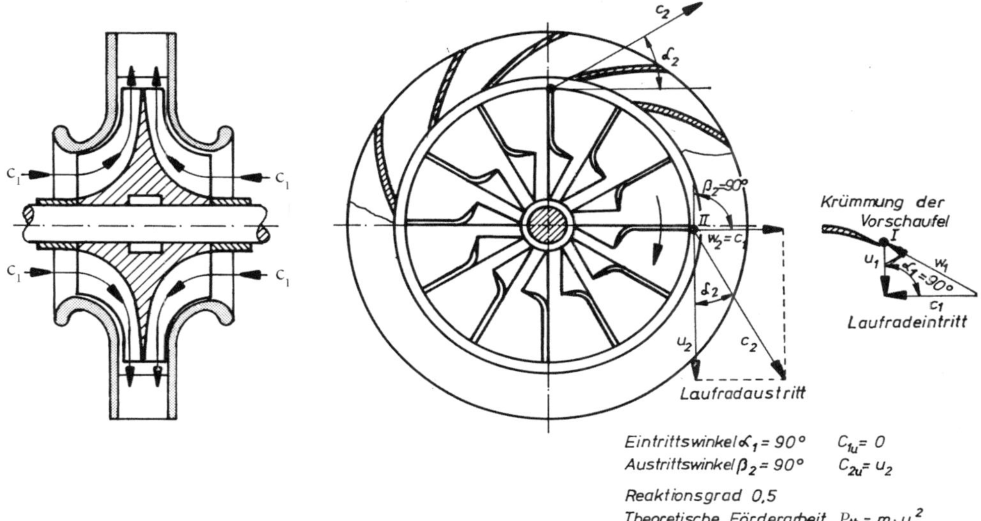

Zu a) Mit $\alpha_1 = 90°$, $\beta_2 = 90°$ wird $c_{1u} = 0$ und $c_{2u} = u_2$

$$P_{th} = \dot{W}_{th} = \dot{m}(c_{2u} \cdot u_2 - c_{1u} \cdot u_1) = \dot{m} \cdot u_2^2 = 10 \cdot 300^2 = 900\,\mathrm{kW}$$

$$Y = \frac{\Delta p}{\varrho} = \frac{P_{th}}{\dot{m}} = u_2^2$$

$$\Delta p = 1{,}29 \cdot 300^2 = 1{,}16\,\mathrm{bar}$$

$$\frac{p_2}{p_1} = \frac{2{,}16}{1{,}0} = 2{,}16$$

Zu b) Mit $r = 0{,}5$ wird $\frac{\Delta p}{2} = 0{,}58\,\mathrm{bar}$ im Laufrad und der Laufradaustrittsdruck 1,58 bar.

Zu c) Aus der Abbildung erhält man:

$$\tan\beta_1 = \frac{c_1}{u_1} = 1{,}73 \curvearrowright \beta_1 = 60°$$

$$w_1 = \frac{u_1}{\cos\beta_1} = \frac{100}{0{,}5} = 200\,\mathrm{m/s}$$

$$w_2 = c_1 = 173\,\text{m/s}$$

$$\tan\alpha_2 = \frac{w_2}{u_2} = \frac{173}{300} = 0{,}577 \curvearrowright \alpha_2 = 30°$$

$$c_2 = \frac{u_2}{\cos\alpha_2} = \frac{300}{0{,}866} = 346\,\text{m/s}$$

Zu d) $w_t = \dfrac{\dot{W}_{th}}{\dot{m}} = \dfrac{\Delta p}{\varrho} = \left(\dfrac{u_2^2 - u_1^2}{2} + \dfrac{w_1^2 - w_2^2}{2} + \dfrac{c_2^2 - c_1^2}{2}\right)\text{J/kg}$

$$\Delta p = 1{,}29(40 \cdot 10^3 + 5 \cdot 10^3 + 45 \cdot 10^3)\text{N/m}^2 = 1{,}16\,\text{bar}$$

$$\underbrace{0{,}516\,\text{bar}}_{\substack{\text{Zentrifugal-}\\ \text{wirkung im}\\ \text{Laufrad}}} + \underbrace{0{,}0645\,\text{bar}}_{\substack{\text{Diffusor-}\\ \text{wirkung im}\\ \text{Laufrad}}} + \underbrace{0{,}5805\,\text{bar}}_{\substack{\text{Diffusor-}\\ \text{wirkung im}\\ \text{Leitrad}}}$$

$$\dot{W}_{th} = \dot{m} \cdot Y = \dot{m}(40 + 5 + 45) \cdot 10^3 = 900\,\text{kW}$$

1.7.3 Kreisprozesse

Jeder Prozess, der ein System wieder in seinen Anfangszustand zurückbringt, heißt **Kreisprozess**. Nach Durchlaufen eines Kreisprozesses nehmen alle Zustandsgrößen des Systems wie Druck, Temperatur, spezifisches Volumen, spezifische innere Energie und Enthalpie die Werte an, die sie im Anfangszustand hatten.

Bei den technischen Anwendungen der Thermodynamik läuft ein stationär strömendes Fluid um. Bei einem Kreisprozess wird die dem umlaufenden Fluid als Wärme zugeführte Energie zum Teil in Nutzarbeit umgewandelt und zum Teil wieder als Wärme abgegeben:

$$q_{\text{zu}} = w_t + q_{\text{ab}}$$

Diese sind *rechtsherumlaufende* Kreisprozesse – auch *Kraftprozesse* genannt – und haben den Zweck, Nutzarbeit (W_t) zu liefern.

Linksherumlaufende Kreisprozesse – auch *Wärmeprozesse* genannt – haben den Zweck mehr Wärme abzugeben als aufgenommen und es muss Nutzarbeit (w_t) zugeführt werden:

$$q_{\text{ab}} = q_{\text{zu}} + w_t; \quad \text{(z. B. Kältemaschine/Wärmepumpe)}$$

(Analog: $q_{\text{kon}} = q_o + w_t$ bei Kältemaschine/Wärmepumpe)

Ein technischer Kreisprozess besteht aus **vier** Teilprozessen:

- zwei Arbeitsprozessen,

und

- zwei Wärmeprozessen.

Stellvertretend für alle Kreisprozesse dient anschaulich der *Carnot-Kreisprozess*, der den höchstmöglichen Wirkungsgrad eines Kreisprozesses hat:

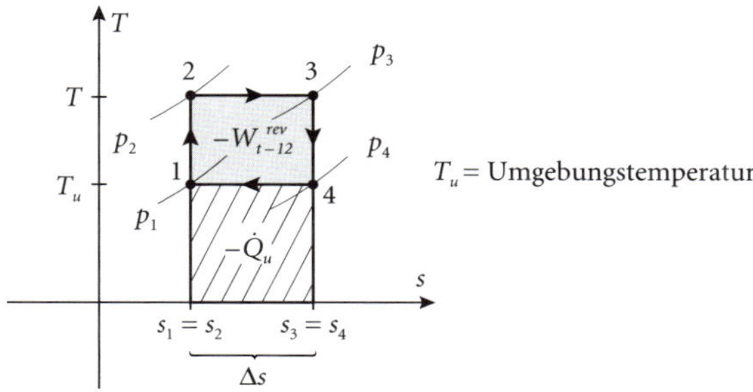

Abb. 46: Reversibler Carnot-Prozess

Nach dem 1. Hauptsatz gilt für reversible Prozesse:

$$-\dot{W}_t^{\text{rev}} = \dot{Q} - \dot{Q}_u^{\text{rev}} \curvearrowright \dot{Q} = \dot{W}_t^{\text{rev}} + \dot{Q}_u$$

1 – 2 adiabatische Verdichtung (isentrope Kompression s = konstant, $p_2 > p_1$) *Arbeitsprozess*

2 – 3 isotherme Ausdehnung (T = konstant, $p_2 > p_3$) *Wärmeprozess*

3 – 4 adiabate Ausdehnung (isentrope Expansion s = konstant, $p_3 > p_4$) *Arbeitsprozess*

4 – 1 isotherme Kompression (T = konstant, $p_1 > p_4$) *Wärmeprozess.*

Der *thermische Wirkungsgrad = Carnot'scher Wirkungsgrad*

$$\eta_{th}^{\text{rev}} = \eta_c = \frac{\dot{W}_t^{\text{rev}}}{\dot{Q}} \tag{50}$$

$$\eta_{th}^{\text{rev}} = \eta_c = \frac{(T - Tu) \cdot \Delta s}{T \cdot \Delta s} = 1 - \frac{T_u}{T} \tag{50a}$$

Nun wird der zugeführte Wärmestrom nicht bei einer einzigen Temperatur aufgenommen, sondern letztlich bei der thermodynamischen Mitteltemperatur T_m, sodass:

$$\eta_{th}^{\text{rev}} = \eta_c = 1 - \frac{T_u}{T_m} \qquad (50b)$$

wird.

Nun erreichen alle wichtigen technischen Kreisprozesse als *Idealprozesse* nicht den *Carnot-Wirkungsgrad* η_C, denn der abgeführte Wärmestrom $\dot{Q}_{\text{ab}}$ hat eine thermodynamische Mitteltemperatur $T_{\dot{m}}$ und diese liegt höher als die beim Carnot-Prozess zugrunde gelegte Temperatur T_u und es folgt:

$$\eta_{th} = 1 - \frac{T_m^{'}}{T_m} = \frac{\dot{W}_t^{\text{id}}}{Q_{\text{zu}}} \qquad (51)$$

$$\eta_c > \eta_{th}$$

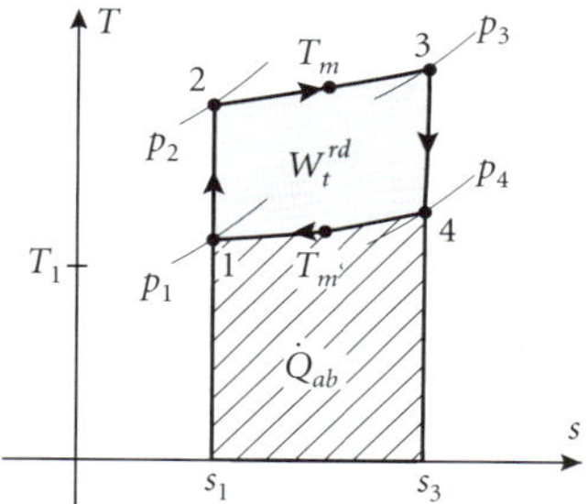

Abb. 47: Idealer Kreisprozess zu Gleichung 51

Bei den realen Kreisprozessen erfolgen die Kompression und die Expansion polytrop (mit Entropieproduktion):

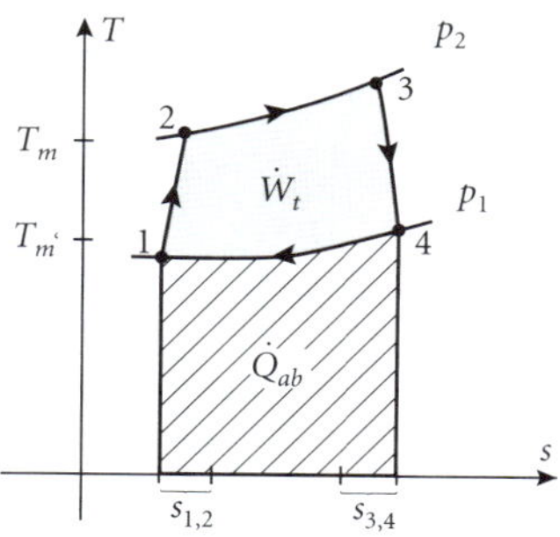

Abb. 48: *T,s*-Diagramm eines realen Kreisprozesses

$$\dot{Q}_{zu} = \dot{W}_t^{irr} + \dot{Q}_{ab} \quad \text{oder} \quad \dot{W}_t + \dot{Q}_{ab}$$

$$\eta_{th}^{irr} = \frac{\dot{W}_t^{irr}}{\dot{Q}_{zu}} \tag{52}$$

$\dot{Q}_{zu}$ = zugeführter Wärmestrom
$\dot{W}_t^{irr}$ = realer Leistungsstrom

Die irreversiblen Verluste des Kreisprozesses (polytrope Kompression, Expansion, Strömungsverluste, Dissipation etc.) werden als *innere Verluste* mit dem *inneren Wirkungsgrad* η_i bezeichnet:

$$\eta_i = \frac{\dot{W}_t^{irr}}{\dot{W}_t^{id}} \quad \text{und} \quad \eta_{th}^{irr} = \eta_{th} \cdot \eta_i \tag{53}$$

Nimmt man noch die mechanischen und elektrischen Wirkungsgrade eines Kraft erzeugenden Arbeitsprozesses hinzu, so ergibt sich der effektive Wirkungsgrad des Kreisprozesses:

$$\eta_e = \eta_{th} \cdot \eta_i \cdot \eta_{m/el} \tag{54}$$

Anmerkung: Wird aus dem v. g. Arbeitsprozess (Kraftprozess) die Abwärme Q_{ab} mit der mittleren thermodynamischen Temperatur $T_{m'}$ zu Heizzwecken genutzt, so nennt man dies *Kraft-Wärme-Kopplung* (KWK) mit dem Nutzungsgrad:

$$\eta_{nutz} = \frac{\dot{W}_t + \dot{Q}_{ab}}{\dot{Q}_{zu}} \text{ bis zu 90 \% der zugeführten Energie}$$

1.7.3.1 Die wichtigsten rechtsläufigen Kraftprozesse

a) *Otto-Diesel-Kreisprozess*

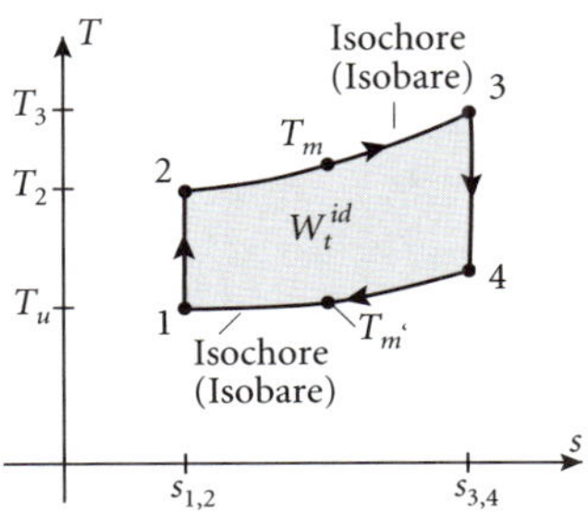

Abb. 49: Idealer Otto-Dieselprozess (Seiliger-Prozess)

Der Diesel-Prozess unterscheidet sich vom Otto-Prozess dadurch, dass die Wärmezufuhr isobar erfolgt. In Wirklichkeit läuft der Otto-Diesel-Prozess als Kombination ab (Seiliger-Prozess)

Thermische Wirkungsgrade:

	Otto	**Diesel**
η_{th}	ca. 0,5 – 0,6	0,6 – 0,7
η_e	ca. 0,3 – 0,35	0,4 – 0,45

Anwendung bei BHKW's (Blockheizkraftwerke)

b) *Joule-Kreisprozess*

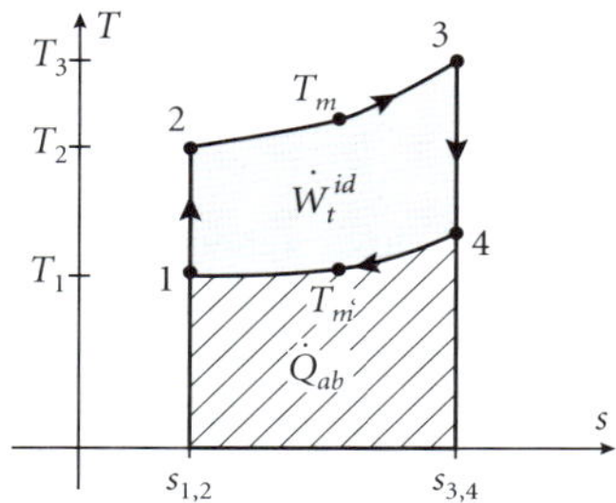

Abb. 50: Idealer Jouleprozess (Gasturbinen-Prozess)

$$\dot{W}_{t-12} = \dot{m} \cdot c_p \cdot (T_2 - T_1) \text{ (Verdichter)}$$

$$\dot{W}_{t-34} = \dot{m} \cdot c_p \cdot (T_3 - T_4) \text{ (Turbine)}$$

$$\dot{W}_t^{\text{id}} = \dot{W}_{t-34} - \dot{W}_{t-12} \text{ (Nutzleistung)} = \dot{m} \cdot cp[(T_3 - T_4) - (T_2 - T_1)];$$

$$\dot{Q}_{\text{zu}} = \dot{m} \cdot c_p \cdot (T_3 - T_2);$$

$$\dot{Q}_{ab} = \dot{m} \cdot c_p(T_4 - T_1);$$

$$\eta_{th} = \frac{\dot{W}_t}{\dot{Q}_{\text{zu}}} = 1 - \frac{T_m'}{T_m} = 1 - \left(\frac{p_1}{p_2}\right)^{\frac{\kappa-1}{\kappa}}; \quad = \text{ca. } 0{,}27 - 0{,}54$$

c) *Clausius-Rankine-Kreisprozess* (Dampfkraftprozess)

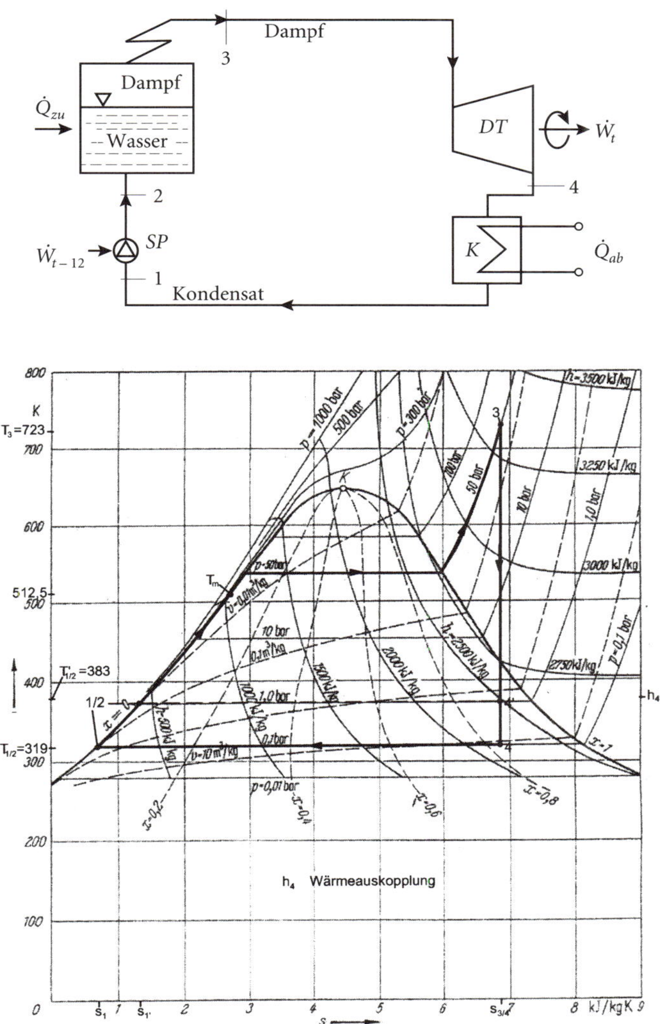

Abb. 51: Idealer Dampfkraftprozess

$$\dot{W}_t = \dot{m}_D\Big[(h_3 - h_4) - \underbrace{(h_2 - h_1)}_{w_{t-12}}\Big]$$

$$\dot{Q}_{zu} = \dot{m}_D(h_3 - h_2)$$

$$\dot{Q}_{ab} = \dot{m}_D(h_4 - h_1)$$

$$\eta_{th} = \frac{\dot{W}_t}{\dot{Q}_{zu}} \quad \text{ca. } 0{,}3 - 0{,}45$$

$$T_m = \frac{h_3 - h_1}{s''_{34} - s_1}$$

Kombiniert man die Kreisprozesse *Joule* und *Clausius-Rankine*, wird η_{th} wesentlich verbessert auf bis zu 0,6. Man nennt diese Kraftwerk-Kombination *GuD – Gas-Dampfkraftwerke*. Anmerkung: Ein Kraftwerk erzeugt elektrische und thermische Energie bedingt durch die v.g. Kreisprozesse. Im reinen Kraftwerk wird die thermische Energie $\dot{Q}_{ab}$ nicht genutzt (z.B. für Heizzwecke) und in der Regel über Kühltürme an die Atmosphäre abgegeben.

Wird nun die v.g. Abwärme $\dot{Q}_{ab}$ aus dem Kreisprozess genutzt, so spricht man von *Kraft-Wärme-Kopplung* (KWK), sodass anstelle des thermischen Wirkungsgrades der Nutzungsgrad tritt:

$$\eta_{\text{nutz}} = \frac{\dot{W}_t + \dot{Q}_{ab}}{Q_{zu}} \quad \text{von ca. } 0{,}8 \rightarrow 0{,}95$$

Mit diesem technologischen Fortschritt ist eine effizientere Primärenergienutzung verbunden, das heißt es wird Primärenergie eingespart. Denn bei getrennter Erzeugung von Strom und Wärme mittels Einzelfeuerung ist die zugeführte Energie:

$$\dot{Q}_{zu} = \frac{P_{el}}{\eta_e^{KW}} + \frac{\dot{Q}_H}{\eta_K};$$

η_e^{KW} = Kraftwerk-Wirkungsgrad

η_K = Kessel-Wirkungsgrad

und bei gekoppeltem System: $Q^{KWK} = \dfrac{P_{el} + \dot{Q}_H}{\eta_{\text{nutz}}}$

Primärenergie-Einsparung $\Delta Q = \dot{Q}_{zu} - \dot{Q}^{KWK}$ ca. 11 % → 40 %

1.7.3.2 Linksläufige Prozesse – Wärmeprozesse (Heizen und Kühlen)

Von den vier Teilprozessen des Kreisprozesses wird einer der beiden Wärmeströme entweder zum Heizen genutzt (Wärmepumpe) oder zum Kühlen (Kältemaschine) oder gleichzeitig z.B. bei Kühl- und Heizbedarf. Unter *Heizen* werden alle Prozesse zusammengefasst, die einem thermodynamischen System Energie in Form von Wärme zuführen und dabei mit der Zeit zu einem Anstieg der Systemtemperatur führen, bis ein gewünschter Wert $T_H > T_u$ erreicht ist (stationärer Prozess).

Analog dazu werden unter dem Begriff *Kühlen* alle Prozesse bezeichnet, die einem thermodynamischen System Energie in Form von Wärme entziehen und dabei mit der Zeit zu einem Absinken der Systemtemperatur führen bis ein gewünschter Wert $T_K < T_u$ erreicht ist (stationärer Prozess).

Anstelle von η_{th} (Gleichung 51) tritt hier die *Leistungszahl* ε:

$$\varepsilon = \frac{\dot{Q}}{\dot{W}_t} \tag{55}$$

$$\varepsilon_K = \frac{\dot{Q}_K}{P} \quad \text{bei Kältemaschinen (COP-Wert)}$$

$$\varepsilon_H = \frac{\dot{Q}_H}{P} \quad \text{bei Wärmepumpen}$$

sowie der *exergetische Wirkungsgrad*:

$$\xi = \frac{\dot{E}_Q}{P} = \frac{\eta_c \cdot \dot{Q}}{P} \quad (\text{bzw. } \xi_K \text{ und } \xi_H) \tag{56}$$

Für das Verständnis von Heizen und Kühlen ist von besonderer Bedeutung: (Gleichung 11)

a) Ein Wärmestrom $\dot{Q}$ besitzt einen *Anergiestrom* $\dot{B}_Q$- und einen *Exergiestrom-Anteil* ($\dot{E}_Q$).

   Exergiestromanteil $\dot{E}_Q = \eta_e \cdot \dot{Q} = 1 - \frac{T_u}{T_m}$,

   Anergiestromanteil $\dot{B}_Q = (1 - \eta_e)\dot{Q}$,

   Im Heizfall gilt $0 < \eta_c < 1$,

   Im Kühlfall gilt $\eta_c < 0$.

b) Wenn Energie in Form von Wärme in Richtung abnehmender Temperatur fließt, so wird stets Entropie erzeugt, das heißt Exergie vernichtet und damit die Energie entwertet.

c) Im Kühlfall nimmt η_c negative Zahlenwerte an, was zum Ausdruck bringt, dass der Exergiestrom $\dot{E}_Q$ dem Wärmestrom $\dot{Q}_o$ entgegengesetzt ist.

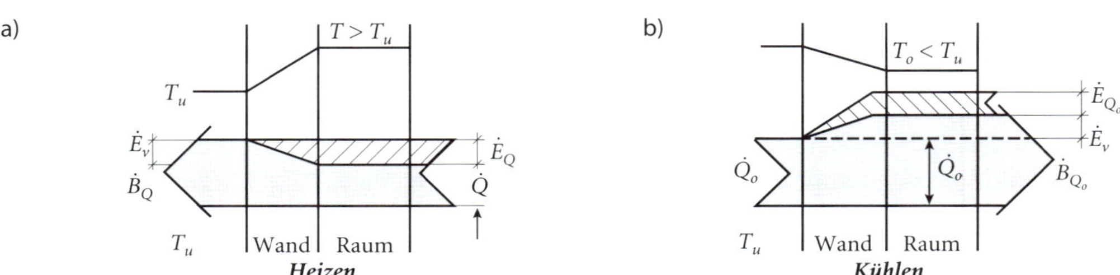

Abb. 52: Exergie- und Anergiefluss bei a) heizen, b) kühlen

Im Heizfall sind $\dot{Q}$, $\dot{B}_Q$ und $\dot{E}_Q$ gleichgerichtet, im Kühlfall sind $\dot{Q}$, $\dot{B}_Q$ gleichgerichtet, $\dot{E}_Q$ ist aber gegenläufig.

Heizen:

$$\dot{E}_v = T_u \cdot \dot{S}_{\text{irr}} = T_u \frac{T - T_u}{T \cdot T_u} \cdot \dot{Q} = \underbrace{\left(1 - \frac{T_u}{T}\right)}_{\eta_c} \cdot \dot{Q}$$

$$\dot{E}_Q = \eta_c \cdot \dot{Q}$$

$$\dot{B}_Q = \frac{T_u}{T} \cdot \dot{Q}$$

Kühlen:

$$\dot{E}_v = T_u \cdot \dot{S}_{\text{irr}} = T_u \frac{T_u - T_o}{T_u \cdot T_o} \cdot \dot{Q}_o = \left(\frac{T_u}{T_o} - 1\right) \cdot \dot{Q}_o$$

$$\dot{Q}_o + \dot{E}_v = \frac{T_u}{T_o} \cdot \dot{Q}_o = \dot{B}_{Q_o}$$

$$\dot{E}_v = -\left(\frac{T_u}{T_o} - 1\right)\dot{Q}_o = \eta_c \frac{T_u}{T_o} \cdot \dot{Q}_o = \dot{E}_{Q_o}$$

In beiden Fällen findet Entropieproduktion statt, weil Wärmeströmung in Richtung abnehmender Temperatur stattfindet. Die dafür erforderliche Exergie – damit ein Wärmestrom fließen kann – stammt im Heizfall aus dem abfließenden Wärmestrom. Dieser abfließende Wärmestrom muss aber im Kühlfall zusätzlich zum einfließenden Wärmestrom *bereitgestellt* werden (was die Kältemaschine machen muss). Je kleiner T_o desto höher $\dot{E}_Q$.

Bei den linksläufigen Kreisprozessen hat mit ca. 90 % aller installierten Kälteanlagen der *Kaltdampf-Kälteprozess* die größte Bedeutung in der Kälte- und Klimatechnik.

Grundlage ist der *reversible* linksläufige Carnot-Prozess (Abb. 53) und der *ideale* linksläufige Clausius-Rankine-Prozess (Abb. 54) als theoretischen Vergleichsprozess zum Realprozess, da die Isobaren des Clausius-Rankine-Prozessen mit den Isothermen des Carnot-Prozesses zusammenfallen. Weiterhin haben beide Idealprozesse die isentropische Kompression und Expansion.

Anstelle einer Expansionsmaschine tritt ein Drosselventil (h = konstant), das aus der Isentropen eine Isenthalpe macht.

Der Kreisprozess wird im Allgemeinen im T,s-Diagramm dargestellt. Für Berechnungen dieser Kreisprozesse ist das Druck-Enthalpie-Diagramm *lg p,h-Diagramm* besser geeignet (siehe Abb. 22a)

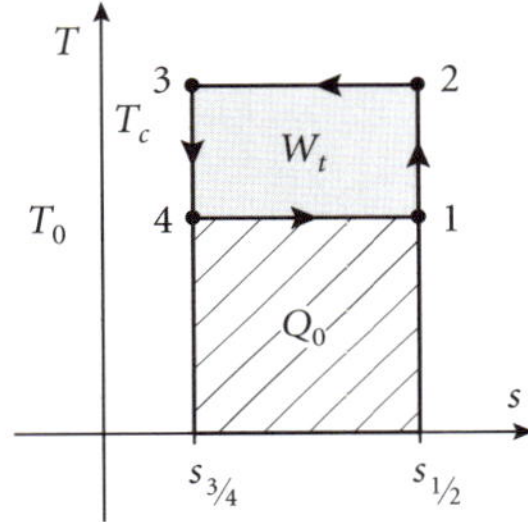

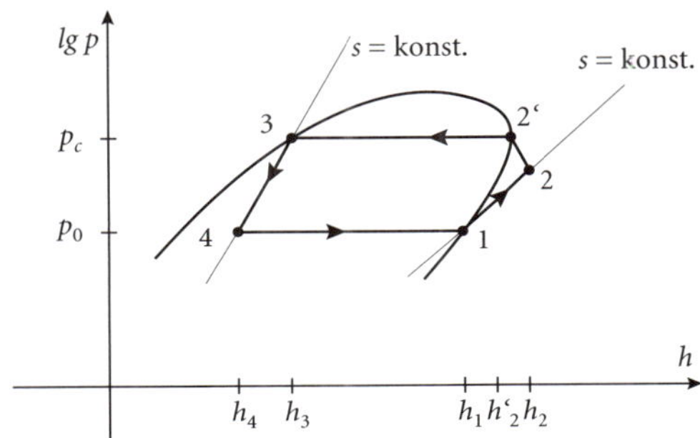

Abb. 53: Carnot-Kreisprozess im *T,s*- und *lg p,h*-Diagramm

Linksläufiger Carnot-Kältekreisprozess: (Abb. 53)

1 – 2 Isentrope Verdichtung s = konstant,

2 – 2' Isotherme Verdichtung T = konstant,

2 – 3 Isotherme, isobare Wärmeabgabe durch Verflüssigung, T = konstant, p = konstant,

3 – 4 Isotherme, isobare Wärmeaufnahme durch Verdampfung, T = konstant, p = konstant

4 – 1 Isotherme, isobare Wärmeaufnahme durch Verdampfung, T = konstant, p = konstant

Im *lg p,h*-Diagramm sind die Zustandsgrößen ablesbar:

Isobare p = konstant

Isotherme T = konstant

Isenthalpe h = konstant

Isochore v = konstant

Isentrope s = konstant

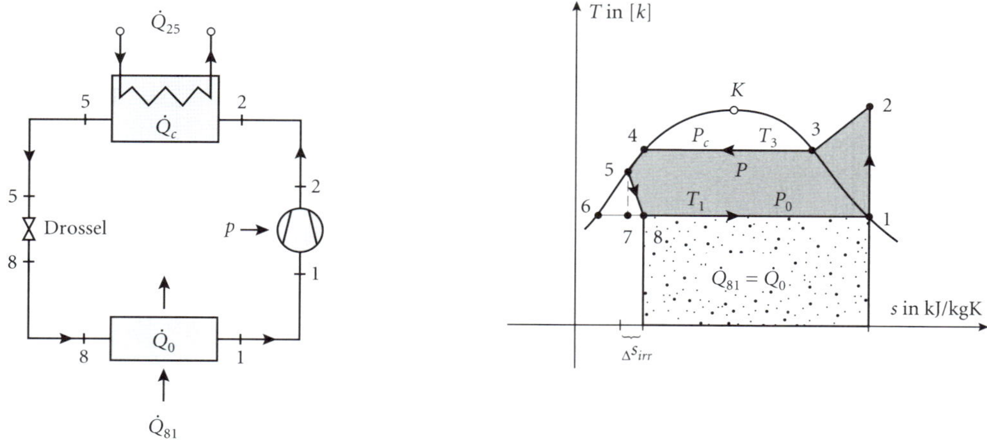

Abb. 54: Abgewandelter linksläufiger Clausius-Rankine-Kältekreisprozess im *T,s*-Diagramm mit isenthalper Expansion

Linksläufiger Clausius-Rankine Kältekreisprozess: (Abb. 54)

1 – 2 Isentrope Verdichtung s = konstant

2 – 3 – 4 – 5 Isobare (3 – 4 Isobar/Isotherm) Wärmeabgabe durch Verflüssigung (4 – 8 wäre Isentrope Entspannung beim Idealprozess) bei p = konstant

5 – 8 Isenthalpe Expansion bei h = konstant erzeugt eine Entropieproduktion ΔS_{irr}

8 – 1 Isobare, Isotherme Verdampfung T = konstant, p = konstant

Im *lg p,h*-Diagramm ist die in Abb. 53 dargestellte Entspannung 3 – 4 beim Realprozess eine Isenthalpe durch das Expansionsventil, sodass sich nachfolgendes ergibt:

$$\dot{Q}_o = \dot{m}_k \cdot (h_1 - h_4) \quad \text{in kJ/s Kälteleistung} \tag{57}$$

$\dot{m}_K$ = umlaufendes Arbeitsfluid (Kältemittel) in kg/s

$$\dot{W}_t = P = \dot{m}_K(h_2 - h_1) \quad \text{in kW Antriebsleistung} \tag{58}$$

$$\dot{Q}_c = \dot{m}_K(h_2 - h_3) \quad \text{in kJ/s Kondensatorleistung} \tag{59}$$

und in der Kältetechnik üblich analog (Gleichung 53):

$$\varepsilon_o = \frac{\dot{Q}_o}{P} \quad \text{Leistungszahl (oder COP-Wert) der Kältemaschine}$$

$$\varepsilon_c = \frac{\dot{Q}_c}{P} \quad \text{Leistungszahl der Wärmepumpe}$$

$$\varepsilon_{o-c} = \frac{T_o}{T_c - T_o} = \text{Carnot-Leistungszahl}$$

Gütegrad der Kältemaschine $\frac{\varepsilon_o}{\varepsilon_{o-c}}$

Wärmepumpe

Wärmepumpen sind Anlagen, vorzugsweise zur Gebäudeheizung und Warmwasserbereitung. Sie erlangen in der Gebäudesystemtechnik immer größere Bedeutung hinsichtlich der Primärenergie-Einsparung.

Da sich Wärmepumpen und Kältemaschinen in ihrem Aufbau nicht unterscheiden, sind die thermodynamischen Grundlagen für beide Systeme gleich. Bei Heizbedarf spricht man von Wärmepumpe und bei Kühlbedarf von Kältemaschine.

Die gebräuchlichsten Verfahren der Wärme- bzw. der Kälteerzeugung sind:

- Kaltdampfkältemaschinen, die bei den Arbeitstemperaturen zwischen Dampf- und Flüssigkeitsphase arbeiten,
- Kaltgaskältemaschine (Joule-Kreisprozess) ohne Phasenänderung,
- Absorptionskälteprozess,
- Adsorptionskälteprozess.

Im Folgenden wird der Kaltdampfkälteprozess für den Wärmepumpenbetrieb aufgezeigt, der mit über 90 % aller installierten Wärmepumpen-Anlagen die größte Bedeutung hat.

Um die Heizaufgabe zu erfüllen, muss der Heizwärmestrom $\dot{Q}_H$ (oder $\dot{Q}_c$) aus Exergie $\dot{W}_t$ (oder P) und Anergie $\dot{Q}_u$ (oder B_Q die der Umgebung als Wärme entnommen wird) hergestellt werden.

$$\dot{Q}_H = \dot{W}_t + \underbrace{\dot{Q}_u}_{\dot{B}_Q} = P_{\text{el}} + \dot{Q}_u$$

$$\varepsilon_H = \frac{\dot{Q}_H}{P_{\text{el}}}$$

Exergiebilanz

$$P_{\text{el}} = \dot{E}_H + \dot{E}_v = \eta_c \cdot \dot{Q}_H + \dot{E}_v; \quad \dot{E}_H = \left(1 - \frac{T_u}{T_H}\right) \cdot \dot{Q}_H$$

Der aus der Umgebung entnommene Wärmestrom (Anergiestrom = z. B. Luft, Wasser, Abwärme, Erdwärme etc.):

$$\dot{Q}_u = \dot{B}_Q = \dot{Q}_H - (\eta_c \cdot Q_H + E_v)$$

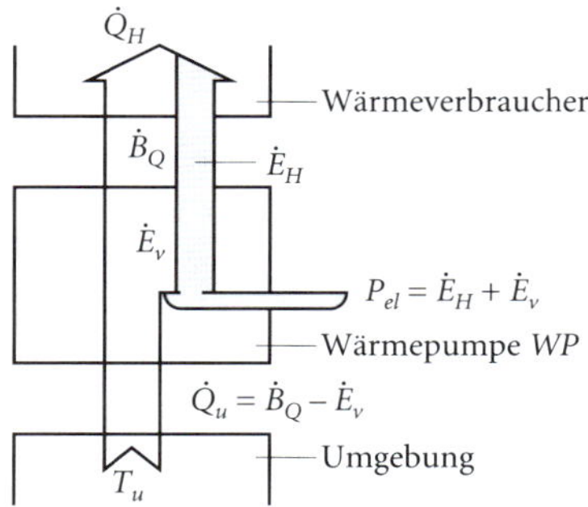

Abb. 55: Exergie-Anergie-Fluss einer Wärmepumpe

Exergetischer Wirkungsgrad:

$$\xi_H = \frac{\dot{E}_H}{P_{\text{el}}} = 1 - \frac{\dot{E}_v}{P_{\text{el}}}; \quad \varepsilon_H = \xi_H \cdot \frac{\dot{Q}_H}{\dot{E}_H} = \frac{T_H}{T_H - T_u} \cdot \xi_H = \varepsilon_H^{\text{id}} \cdot \xi_H$$

ε_H wird auch COP genannt.

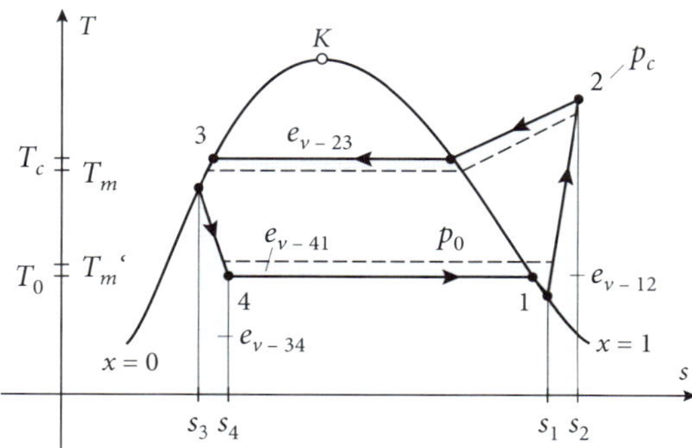

Abb. 56: Realer Wärmepumpen (Kältemaschine)- Kreisprozess im *T,s*-Diagramm

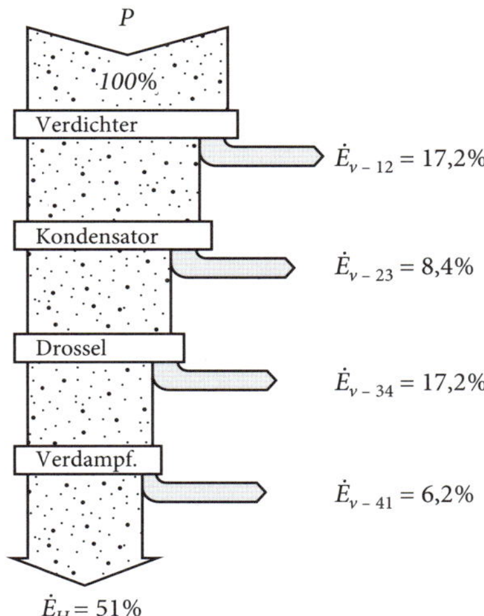

Abb. 57: Exergieflussbild als Beispiel aus der Praxis

Durch die Möglichkeit, den großen Anergiebedarf des Heizens durch Umgebungswärme zu decken, ist die Wärmepumpe thermodynamisch den konventionellen Heizsystemen mit Kesselwirkungsgraden η_K von < 1 überlegen.

Analog den Kesselwirkungsgraden η_K tritt bei der Wärmepumpe die Heizzahl η_{WP} auf:

$$\eta_{WP} = \varepsilon_H \cdot \eta_{KW}$$

η_{KW} = Kraftwerkwirkungsgrad i. M. in Deutschland 0,38

und bei $\varepsilon_H = 4$ ergibt sich $\eta_{WP} = 1{,}52$ im Vergleich $\eta_K = 0{,}9$ eines Brennwertkessels. Dies bedeutet eine relative Primärenergie-Entspannung von ca. 40 %:

$$\frac{\Delta \dot{Q}_{zu}}{\dot{Q}_{zu}} = 1 - \frac{\eta_K}{\varepsilon_H \cdot \eta_{KW}}$$

Einige Wärmequellen (Anergiequellen) für Heiz- oder Warmwassererzeugung:

- Außenluft ε_H von 3,6 $\rightarrow$ 2,4
- Brunnenwasser- oder Oberflächenwasser ε_H ca. 4,0
- Erdreich (Geothermie) $\varepsilon_H = 3{,}5 \rightarrow 4{,}0$
- kalte Fernwärme aus Kraftwerken ε_H bis 6,0 (anstelle der Kühlturm-Rückkühlung)

Gegenüberstellung:

	Wärmepumpe	**Kältemaschine**
Leistungsbilanz (1. Hauptsatz)	$\dot{Q}_H = P_{el} + \dot{Q}_o$	$\dot{Q}_o = \dot{Q}_H - P_{el}$
Exergiebilanz (2. Hauptsatz)	$P_{el} = \dot{E}_H + \dot{E}_v$ $= \eta_c \cdot \dot{Q}_H + \dot{E}_v$ $= \left(1 - \frac{T_u}{T_H}\right)\dot{Q}_H + \dot{E}_v$	$P_{el} = \dot{E}_o + \dot{E}_v$ $= \eta_c \cdot \dot{Q}_o + \dot{E}_v$ $= \left(\frac{T_u}{T_H} - 1\right)\dot{Q}_o + \dot{E}_v$
Leistungszahl (COP)	$\varepsilon_{WP} = \frac{\dot{Q}_H}{P}$	$\varepsilon_{KM} = \frac{\dot{Q}_o}{P} = E_{WP} - 1$
exergetischer Wirkungsgrad	$\xi_{WP} = \frac{\dot{E}_H}{P}$ $= 1 - \frac{\dot{E}_v}{P}$	$\xi_{KM} = \frac{\dot{E}_o}{P} = 1 - \frac{\dot{E}_v}{P}$ $\varepsilon_{KM} = \frac{T_o}{T_L - T_o} \cdot \xi_{KM}$
Wärme- bzw. Kälteleistung	$\dot{Q}_H = \dot{m}(h_2 - h_3)$	$\dot{Q}_o = \dot{m}(h_1 - h_4)$
Antriebsleistung	$P_{WP} = \dot{m}(h_2 - h_1)$ $= \frac{\dot{m}}{\eta_v}(h_2' - h_1$	$P_{KM} = P_{WP}$
	η_v = Verdichterwirkungsgrad	

1.7.4 Energetische Betrachtung der Kaltdampfkompressions-Maschine (mit mechanischem Antrieb zur Kälte- und Wärmeerzeugung resp. Kältemaschine bzw. Wärmepumpe)

Um Kälte bei mäßig tiefen Temperaturen bis ca. – 100 °C zu erzeugen, benutzt man überwiegend *Kaltdampf-Kompressions-Kältemaschinen.*

Um Wärme bei mäßig hohen Temperaturen bis ca. 60 °C zu erzeugen, benutzt man ebenfalls überwiegend Kaltdampf-Kompressions-Kältemaschinen resp. *Wärmepumpe*. Liegt die Priorität auf der Kaltseite (Verdampfer) so spricht man von Kältemaschine. Liegt die Priorität auf der Warmseite (Kondensator) so spricht man von Wärmepumpe. Im 1. Fall benötigt man die Umweltenergie (Anergie) für die Rückkühlung des Kondensators; im 2. Fall benötigt man die Umweltenergie (Anergie) für den Verdampfer. Im Idealfall werden beide – Warm- und Kaltenergie – **gleichzeitig** benötigt (Industrie etc.)

Idealer Clausius-Rankine-Kreisprozess

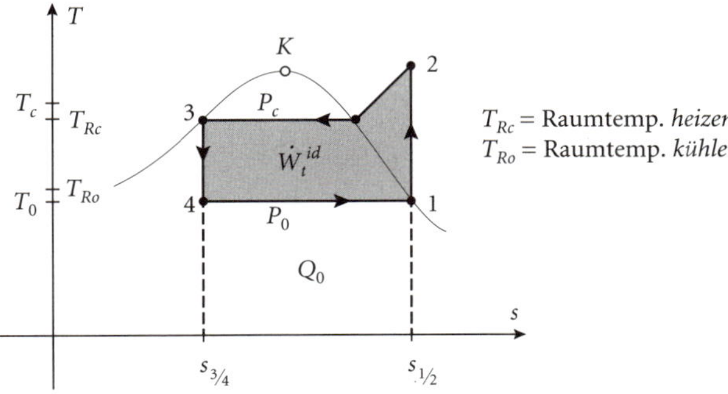

Abb. 58: Idealer Clausius-Rankine-Wärmekreisprozess (linksherumlaufend)

$$\dot{Q}_c = \dot{Q}_o + \dot{W}_t^{\text{id}} = \dot{m} \cdot T_o(s_{1/2} - s_{3/4}) + \dot{W}_t^{\text{id}}$$

Kälteleistungszahl:

$$\varepsilon_o^{\text{id}} = \frac{\dot{Q}_o}{\dot{W}_t^{\text{id}}}$$

Wärmeleistungszahl:

$$\varepsilon_c^{\text{id}} = \frac{\dot{Q}_c}{\dot{W}_t^{\text{id}}} = \frac{\dot{Q}_o + \dot{W}_t^{\text{id}}}{\dot{W}_t^{\text{id}}} = \varepsilon_o^{\text{id}} + 1$$

Mit der Umgebungstemperatur T_u als thermodynamisches Bezugssystem erhält man die *exergetische* Betrachtung mit dem exergetischen Wirkungsgrad ξ des Realprozesses:

$$\xi_o = \frac{\dot{E}_{Q_o}}{\dot{W}_t}; \quad \dot{E}_{Q_o} = \dot{W}_t^{\text{id}}$$

$$\dot{E}_{Q_o} = \eta_c \cdot \dot{Q}_o = \left(\frac{T_u}{T_{R_o}} - 1\right) \qquad \dot{Q}_o \; (T_u > T_{R_o})$$

η_c = Carnotfaktor

$\dot{E}_{Q_o}$ = Exergiestrom der Kälteleistung

sodass:

$$\varepsilon_o = \frac{\dot{Q}_o}{\dot{E}_{Q_o}} \cdot \xi_o = \frac{\dot{Q}_o}{\left(\frac{T_u}{T_{R_o}} - 1\right) \cdot \dot{Q}_o} \cdot \xi_o = \xi_o \frac{T_{R_o}}{T_u - T_{R_o}}$$

bzw.

$$\xi_c = \frac{\dot{E}_{Q_c}}{\dot{W}_t};$$

$$\dot{E}_{Q_c} = \eta_c \cdot \dot{Q}_c = \left(1 - \frac{T_u}{T_{R_c}}\right) \cdot \dot{Q}_c; \quad (T_{R_c} > T_u)$$

$$\varepsilon_c^i = \frac{\dot{Q}_c}{\dot{E}_{Q_c}} \cdot \xi_c = \frac{\dot{Q}_c}{\left(1 - \frac{T_u}{T_{R_c}}\right) \cdot \dot{Q}_c} \cdot \xi_c = \frac{T_{R_c}}{T_{R_c} - T_u} \cdot \xi_c;$$

der *reale* Kreisprozess hat Verluste: die *Exergieverluste* E_v mit der realen Leistungszahl

$$\varepsilon = \xi \cdot \varepsilon^{\text{id}}$$

ξ ist also ein Maß für die Güte der Maschine!
Die spezifischen Exergiewerte erhält man für strömende Stoffe:

$$e = h - h_u - T_u\underbrace{(s - s_u)}_{\Delta s} = c \cdot T - c \cdot T_u \cdot \underbrace{c \cdot ln^T/T_u}_{\Delta s} = c\left(T - T_u - T_u \cdot ln\frac{T}{T_u}\right)$$

Realer Kältemaschinen-Wärmepumpen-Kreisprozess

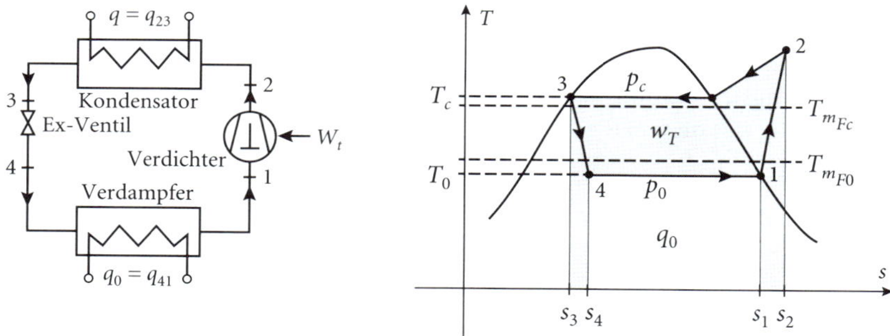

Abb. 59: Realer Kreisprozess des Kältemittels ohne Unterkühlung und ohne Sauggasüberhitzung

$T_{m_{FC}}$ und $T_{m_{FO}}$ = thermodynamische Mitteltemperatur des Fluids

Aus Abb. 59 ersieht man die Irreversibilitäten des Kreisprozesses dargestellt, der im Wesentlichen aus den vier Anlagenteile mit ihren Exergieverlusten (Strömungsverluste vernachlässigt) besteht:

- Nichtisentrope Verdichtung

$$\dot{E}_{v-12} = T_u(s_2 - s_1) \cdot \dot{m}$$

- Irreversible Wärmeübertragung des Kondensators

$$\dot{E}_{v-23} = T_u \frac{T_c - T_{m_{FC}}}{T_c \cdot T_{m_{FC}}} \cdot \dot{Q}_c$$

- Adiabatische Drosselung

$$\dot{E}_{v-34} = \dot{m} \cdot T_u(s_4 - s_3)$$

- Irreversible Wärmeübertragung des Verdampfers

$$E_{v-41} = T_u \frac{(T_{m_{FO}} - T_o)}{T_{m_{FO}} \cdot T_o} \cdot \dot{Q}_o$$

sodass

$$\dot{E}_{v-\text{gesamt}} = \dot{W}_t - \dot{E}_Q$$

$$\dot{E}_{v_o} = \dot{W}_t - \frac{T_u - T_{R_o}}{T_{Ro}} \cdot \dot{Q}_o$$

bzw.

$$\dot{E}_{v_c} = \dot{W}_t - \frac{T_{R_o} - T_u}{T_{R_o}} \cdot \dot{Q}_c$$

Im *lg p,h*-Diagramm lässt sich der Kreisprozess besonders gut darstellen:

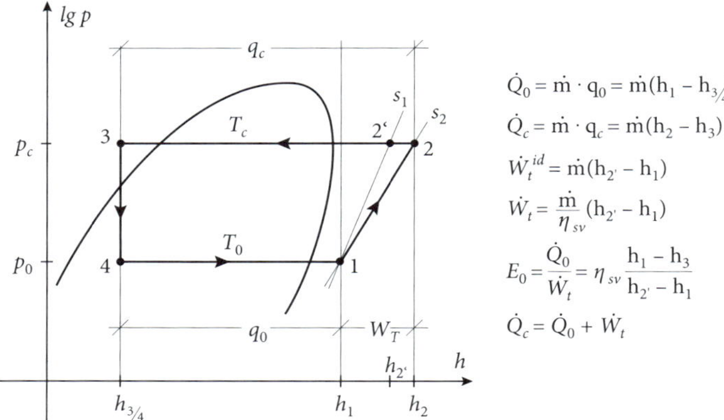

Abb. 60: Zustandsänderung des Kältemittels im *lg p,h*-Diagramm, mit Unterkühlung und Überhitzung des Kältemittels

Beispiel 23:

Kühlraum mit einer Raumtemperatur von $t_{R_o} = -18\,°C$ (255 K);

- Kälteleistung $\dot{Q}_o = 35\,kW$;
- Kühlwasserein- und -austrittstemperatur $t_{w_1}/t_{w_2} = 18°/23\,°C$ (291/296 K);
- Umgebungstemperatur $t_u = 15\,°C$ (288 K);
- gewählte Verdampfungs-/Kondensationstemperatur $t_o/t_c = -23\,C°/29\,°C$ (250/302 K) bei einer Unterkühlungs-/Überhitzungstemperatur 24 °C/– 20 °C;
- Isentroper Verdichterwirkungsgrad $\eta_{sv} = 0{,}78$;
- Kältemittel R134a

Gemäß *lg p,h*-Diagramm bzw. Dampftafeln von R134a nachstehend die Eckpunkte des Teilprozesses (Strömungsverluste Δp_v vernachlässigt):

	p **[bar]**	***t*** **[°C]**	***h*** **[kJ/kg]**	***s*** **[kJ/kg K]**
1	1,15	– 20	387,15	1,7547
2'	7,5	41	426,7	1,7547
2	7,5	52	437,8	1,7896
3	7,5	24	233,1	1,1149
4	1,15	– 23	233,1	1,1385

Gesucht:

- Antriebsleistung des Verdichters $\dot{W}_t$ bzw. P;
- Kühlwasserstrom $\dot{m}_w$;
- Exergieverluste der Anlagenteile:
  - Verdichter,
  - Kondensator,
  - Expansionsventil,
  - Verdampfer,
- gesamte Exergieverluste,
- exergetischer Wirkungsgrad.
- Antriebsleistung $\dot{W}_t$ (P)

$$w_t = \frac{1}{\eta_{sv}}(h_2^{'} - h_1) = \frac{1}{0{,}78}(426{,}7 - 387{,}15) = 50{,}71\,\text{kJ/kg}$$

$$\dot{W}_t = P = \dot{m} \cdot w_t$$

$$\dot{m} = \frac{\dot{Q}_o}{q_o} = \frac{\dot{Q}_o}{h_1 - h_4} = \frac{35}{387{,}15 - 233{,}1} = 0{,}227\,\text{kg/s}$$

$$\dot{W}_t = P = 0{,}227 \cdot 50{,}71 = 11{,}51\,\text{kW}; \quad \varepsilon_o = \frac{35}{11{,}51} = 3{,}0$$

- Kühlwasserstrom $\dot{m}_w$

$$\dot{Q}_c = \dot{m}_w \cdot c_w \cdot (t_{w_2} - t_{w_1})$$

$$\dot{Q}_c = \dot{Q}_o + P = 35 + 11{,}51 = 46{,}51\,\text{kW}$$

$$\dot{m}_w = \frac{\dot{Q}_c}{c_w \cdot \Delta t_w} = \frac{46{,}51}{4{,}19 \cdot 5} = 2{,}22\,\text{kg/s}$$

- Exergieverluste der Anlagenteile

a) Verdichter $\dot{E}_{v-12}$

$$\dot{E}_{v-12} = \dot{m} \cdot T_u(s_2 - s_1) = 0{,}227 \cdot 288 \cdot (1{,}7896 - 1{,}7547) = 2{,}28\,\text{kJ/s}$$

b) Kondensator E_{v-23}

$$\dot{E}_{v-23} = T_u \cdot \frac{T_c - T_{m_w}}{T_c \cdot T_{m_w}} \cdot \dot{Q}_c;$$

$$T_{m_w} = \frac{\Delta T_w}{ln\frac{T_{w_2}}{T_{w_1}}} = \frac{5}{ln\frac{296}{291}} = 293{,}5\,\text{K}$$

$$\dot{E}_{v-23} = 288 \cdot \frac{302 - 293{,}5}{302 \cdot 293{,}5} \cdot 46{,}51 = 1{,}27\,\text{kJ/s}$$

c) Expansionsventil E_{v-34}

$$\dot{E}_{v-34} = \dot{m} \cdot T_u(s_4 - s_3) = 0{,}227 \cdot 288 \cdot (1{,}1385 - 1{,}1149) = 1{,}54\,\text{kJ/s}$$

d) Verdampfer $\dot{E}_{v-12}$

$$\dot{E}_{v-12} = T_u \cdot \frac{T_{R_o} - T_o}{T_{R_o} \cdot T_o}\dot{Q}_o = 288\frac{255 - 250}{255 \cdot 250} \cdot 35 = 0{,}79\,\text{kJ/s}$$

- Exergieverlust der Anlagenteile $\sum\dot{E}_v$

$$\sum\dot{E}_v = \dot{E}_{v-12} + \dot{E}_{v-23} + \dot{E}_{v-34} + \dot{E}_{v-12} = 2{,}28 + 1{,}27 + 1{,}54 + 0{,}79 = 5{,}88\,\text{kJ/s}$$

- gesamter Exergieverlust $\dot{E}_{v-ges}$

$\sum\dot{E}_v + \dot{E}_{v-w_2}$, denn mit dem erwärmten Kühlwasser t_{w_2} geht ein Exergiestrom $\dot{E}_{v-w_2}$ verloren.

$$\dot{E}_{w_a} = \dot{m}_w \cdot c_w\left(T_{w_a} - T_u - T_u \cdot ln\frac{T_{w_2}}{T_u}\right) = 2{,}22 \cdot 4{,}19\left(296 - 291 - 288 \cdot ln\frac{196}{291}\right) = 0{,}93\,\text{kJ/s}$$

$$\dot{E}_{v-ges} = 5{,}88 + 0{,}93 = 6{,}81\,\text{kJ/s}$$

- Exergetischer Wirkungsgrad ξ_o

$$\xi_o = 1 - \frac{\dot{E}_v}{P} = 1 - \frac{6{,}81}{11{,}51} = 0{,}40$$

oder

$$\xi_o = \left(\frac{T_u}{T_{R_o}} - 1\right) \cdot \frac{\dot{Q}_o}{P} = \left(\frac{288}{255} - 1\right) \cdot \frac{35}{11{,}51} \approx 0{,}40$$

$\varepsilon_o^{\text{id}}$ wäre $\frac{\varepsilon_o}{\xi_o} = \frac{3{,}0}{0{,}4} = 7{,}5$

Prozessverbesserung durch mehrstufige Verdichtung

Soll eine Kaltdampf-Kältemaschine Kälte bei tiefen Temperaturen erzeugen, so bedingt dies ein großes Druckverhältnis $\frac{p_c}{p_o}$. Dadurch vergrößern sich auch die Exergieverluste im Verdichter, bei der Wärmeabfuhr und bei der Drosselung.

Hier empfiehlt es sich, die Kältemaschine zwei- oder mehrstufig zu betreiben, wodurch sich die zuzuführende Verdichterleistung gegenüber der einstufigen Verdichtung verringert.

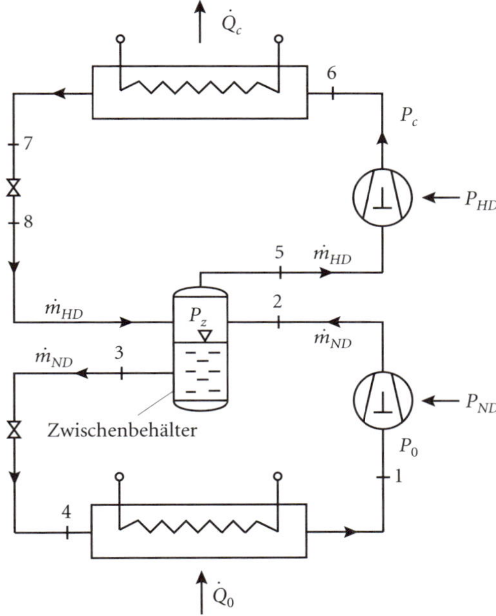

Abb. 61: Schema einer zweistufen Kaltdampf-Kältemaschine mit Zwischenbehälter

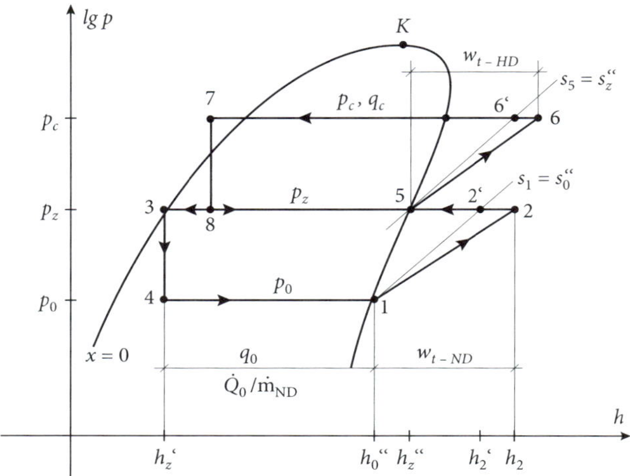

Abb. 62: Zustandsänderung des Kältemittels gemäß Abb. 61 im *lg p,h*-Diagramm

Die Kälteleistung ist nach Vorgabe der Drücke p_o, p_z und p_c durch:

$$\dot{Q}_o = \dot{m}_{ND}(h_1 - h_4) = \dot{m}_{ND}(h_o'' - h_z')$$

gegeben.
Die Verdichterleistung:

$$\dot{W}_t = P = \dot{m}_{ND}(h_2 - h_1) + \dot{m}_{HD}(h_6 - h_5)$$

$$\frac{\dot{m}_{ND}}{\eta_{sv}^{ND}}(h_2' - h_o'') + \frac{\dot{m}_{HD}}{\eta_{sv}^{HD}}(h_6' - h_z'')$$

Die Leitungsbilanz des adiabaten Zwischenbehälters: $\dot{m}_{HD}(h_5 - h_8) = \dot{m}_{ND}(h_2 - h_3)$
oder:

$$\dot{m}_{HD}(h_z'' - h_7) = \dot{m}_{ND}(h_2 - h_z')$$

Aus v. g. folgt:

$$\frac{\dot{m}_{HD}}{\dot{m}_{ND}} = \frac{h_2 - h_z'}{h_z'' - h_7} = \frac{h_2 - h_3}{h_5 - h_8} > 1$$

Der HD-Verdichter hat also stets einen größeren Massenstrom $\dot{m}_{HD}$ als der ND-Verdichter mit $\dot{m}_{ND}$.

Ableitung von $\frac{\dot{m}_{HD}}{\dot{m}_{ND}}$:

$$\dot{Q}_o = \dot{m}_{ND}(h_1 - h_4);$$

$$\dot{Q}_c = \dot{m}_{HD}(h_6 - h_7); \quad h_3 = h_4 \quad \text{und} \quad h_7 = h_8;$$

$$P = \dot{W}_t = P_{HD} + P_{ND} = \dot{Q}_c - \dot{Q}_o$$

$$= \underbrace{\dot{m}_{HD}(h_6 - h_5)}_{P_{HD}} + \underbrace{\dot{m}_{ND}(h_2 - h_1)}_{P_{ND}} = \underbrace{\dot{m}_{HD}(h_6 - h_7)}_{\dot{Q}_c} - \underbrace{\dot{m}_{ND}(h_1 - h_4)}_{\dot{Q}_o}$$

und

$$\dot{m}_{HD}(h_7 - h_5) = \dot{m}_{ND}(h_4 - h_2)$$

$$\frac{\dot{m}_{HD}}{\dot{m}_{ND}} = \frac{h_4 - h_2}{h_7 - h_5} = \frac{h_2 - h_3}{h_5 - h_8} > 1$$

Mit den angegebenen Beziehungen sind $\dot{Q}_o$ und $\dot{W}_t$ (= P) und damit auch ε_o und ξ_o zu berechnen. Es muss jedoch p_z bekannt sein.

Möglichst groß sind ε_o und ξ_o bei:

$$p_z = \sqrt{p_c \cdot p_o}$$

Bei besonders großen Spannen zwischen Kühlraumtemperatur t_{RO} und der Umgebung (t_u) und dementsprechend großem Druckverhältnis $\frac{p_c}{p_o}$ werden dreistufige Kältemaschinen eingesetzt oder man geht zu Kaskadenschaltungen über, bei denen zwei Kältekreise mit verschiedenen Kältemitteln miteinander gekoppelt sind.

Beispiel 24

Eine zweistufige Kälteanlage mit dem Kältemittel CF_2CL_2 (R12)[4)] arbeitet bei folgenden Bedingunen:

- Kälteleistung $\dot{Q}_o = 100\,\text{kW}$;
- Kühlraumtemperatur $t_{Ro} = -50\,°\text{C}$;
- Verdampfungs-/Kondensationstemperatur $t_o/t_c = -55\,°\text{C}/30\,°\text{C}$ bei der Unterkühlungstemperatur 25 °C; $p_z = 1{,}51\,\text{bar}$;
- Umgebungstemperatur $t_u = 15\,°\text{C}$;
- Isentrope Verdichtungswirkungsgrad $\eta_{sv}^{HD} = \eta_{sv}^{ND} = 0{,}815$;

4) R12 als Kältemittel ist heute in der Anwendung verboten.

Gesucht:

- Leistungsbedarf der beiden Verdichter;
- Exergieverluste der Anlagenteile ohne Berücksichtigung der Strömungsverluste Δp_v;
- exergetischer Gesamtwirkungsgrad ξ_o wenn die Kondensator-Rückkühlung mit der Umgebungsluft erfolgt.

Gemäß *lg p,h*-Diagramm bzw. Dampftafeln findet man mit den v. g. Parametern:

$$p_z = \sqrt{p_o \cdot p_c} = \sqrt{0{,}3 \cdot 7{,}48} = 1{,}5\,\text{bar}$$

Parameter:

$p_o = 0{,}3\,\text{bar}$, $h_1 = h_o" = 262{,}66\,\text{kJ/kg}$, $s_1 = s_o" = 2{,}3931\,\text{kJ/kgK}$, $t_o = -55\,°\text{C}$, $p_z = 1{,}5\,\text{bar}$, $h_2' = 288{,}93$, $s_2' = s_1$, $t_z = -20\,°\text{C}$

$h_3 = h_4 = h_z' = 117{,}21\,\text{kJ/kg}$, $s_3 = 1{,}716\,\text{kJ/kgK}$, $h_5 = 279{,}21\,\text{kJ/kg}$, $s_5 = s_z" = 2{,}3561\,\text{kJ/kgK}$

$p_c = 7{,}48\,\text{bar}$, $h_6' = 307{,}64\,\text{kJ/kg}$, $h_7 = 158{,}64\,\text{kJ/kg} = h_8$

- Antriebsleistungen

$$\dot{m}_{ND} = \frac{\dot{Q}_o}{h_o" - h_z'} = \frac{100}{262{,}66 - 117{,}21} = 0{,}6875\,\text{kg/s}$$

$$P_{ND} = \frac{\dot{m}_{ND}}{\eta_{sv}}(h_2' - h_o") = \frac{0{,}6875}{0{,}815}(288{,}93 - 262{,}66) = 22{,}16\,\text{kW}$$

$$\dot{m}_{HD} = \dot{m}_{ND}\frac{h_2 - h_z'}{h_5 - h_8};$$

$$h_2 = \frac{1}{0{,}815}(h_2' - h_1) + h_1 = \frac{1}{0{,}815}(288{,}93 - 262{,}66) + 262{,}66 = 294{,}89\,\text{kJ/kg}$$

$$\dot{m}_{HD} = 0{,}6875\frac{294{,}89 - 117{,}21}{279{,}21 - 158{,}64} = 1{,}013\,\text{kg/s}$$

$$P_{HD} = \frac{\dot{m}_{HD}}{\eta_{sv}}(h_6' - h_5) = \frac{1{,}013}{0{,}815}(307{,}64 - 279{,}21) = 35{,}28\,\text{kW}$$

$$P = P_{ND} + P_{HD} = 22{,}16 + 35{,}28 = 57{,}44\,\text{kW}; \quad \varepsilon_o = \frac{100}{57{,}44} = 1{,}74$$

- Exergieverlust

$$\xi_o = \left(\frac{T_u}{T_{Ro}} - 1\right)\frac{\dot{Q}_o}{P} = \left(\frac{288}{223} - 1\right)\frac{100}{57{,}44} = 0{,}51 = 1 - \frac{\sum \dot{E}_v}{P} = \left(\frac{288}{223} - 1\right) \cdot \varepsilon_o$$

$$\sum \dot{E}_v = (1 - 0{,}51) \cdot 57{,}44 = 28{,}15\,\text{kJ/s}$$

Exergieverlust der abströmenden Luft des luftgekühlten Kondensators die nicht mehr nutzbar ist:

$$\dot{Q}_c = \dot{Q}_o + P = 157{,}44\,\text{kW} = \dot{m}_L \cdot c_{p_L}(t_{L_2} - t_{L_1})$$

$t_{L_1} = 15\,°\text{C}$, $t_{L_2} = 28\,°\text{C}$ gewählt,

$$\dot{m}_L = \frac{157{,}44}{1{,}0 \cdot (28 - 15)} = 12{,}11\,\text{kg/s}$$

$$\dot{E}_{L_2} = \dot{m}_L \cdot c_{p_L}\left(T_{L_2} - T_{L_1} - T_u \cdot ln\frac{T_{L_2}}{T_{L_1}}\right); \quad T_{L_1} = T_u$$

$$= \dot{m}_L \cdot c_{p_L}\left(T_{L_2} - T_u - T_u \cdot ln\frac{T_{L_2}}{T_u}\right) = 12{,}11 \cdot 1{,}0\left(301 - 288 - 288 \cdot ln\frac{301}{288}\right) = 3{,}45\,\text{kJ/s}$$

sodass:

$$\dot{E}_{v\,-\,\text{ges}} = \sum \dot{E}_v + \dot{E}_{L_2} = 28{,}15 + 3{,}45 = 31{,}60\,\text{kW}$$

$$\xi_o = 1 - \frac{31{,}60}{57{,}44} = 0{,}45 \text{ wird}$$

$$\varepsilon_o^{\text{id}} = \frac{\varepsilon_o}{\xi_o'} = \frac{100}{57{,}44 \cdot 0{,}51} = 3{,}41 \text{ bezogen auf die Kältemaschine}$$

Anmerkung: Würde man einstufig verdichten, so würde η_{sv} und die Drosselung schlechter, sodass im vorliegenden Beispiel gemäß *lg p,h*-Diagramm mit $\eta_{sv} = 0{,}75$ angenommen:

$$\Delta h_o = 100\,\text{kJ/kg},\ \Delta h_{1/2'}\ 55\,\text{kJ/kg},$$

$$w_t = \frac{1}{0{,}75} \cdot 55 = 73{,}33\,\text{kJ/kg} \curvearrowright \dot{W}_t = \dot{m} \cdot w_t$$

$$\dot{m} = \frac{\dot{Q}_o}{\Delta h_o} = \frac{100}{100} = 1\,\text{kg/s}$$

$$\dot{W}_t = 73{,}33 \cdot 1 = 73{,}33\,\text{kW}$$

$$\varepsilon_o = \frac{100}{73{,}33} = 1{,}36 \quad \text{und} \quad \zeta_o' = \left(\frac{288}{223} - 1\right) \cdot \frac{100}{73{,}33} = 0{,}397$$

Volumetrische Kälteleistung:

$$q_{ov} = \frac{\dot{q}_o}{v_1} \quad \text{in} \quad \frac{\text{kJ} \cdot \text{kg}}{\text{kg} \cdot \text{s} \cdot \text{m}^3} = \text{kW/m}^3$$

oder volumenstrombezogene Kälteleistung

Die volumetrische Kältearbeit:

$$q_{ov} = \frac{h_1 - h_4}{v_1} \quad \text{in} \quad \frac{\text{kJ} \cdot \text{kg}}{\text{kg} \cdot \text{m}^3} = \text{kJ/m}^3$$

v_1 = spezifisches Volumen am Verdampfungsaustritt ($\triangleq v_0$" in Dampftabellen)

In der Fachliteratur wird das v. g. zum Teil nicht sauber definiert.

Ein Kältemittel mit einer hohen volumenstrombezogenen Kälteleistung erfordert bei gegebener Kälteleistung ein geringeres Hubvolumen des Verdichters.

Beispiel

am Vergleich der Kältemittel R134a/NH_3 (Ammoniak)/CO_2 (Kohlendioxid) für

$t_o = -10\,°C$, $t_c = 45\,°C$, $t_u = 40\,°C$, mit *lg p,h*-Diagramm:

a) R134a: $v_o'' = 0{,}1\,\text{m}^3/\text{kg}$, $h_1 = 255\,\text{kJ/kg}$, $h_4 = 392{,}7\,\text{kJ/kg}$;

$$q_{ov} = \frac{392{,}7 - 255}{0{,}1} = 1377\,\text{kJ/m}^3$$

b) R717 (NH_3): $v_o'' = 0{,}42\,\text{m}^3/\text{kg}$, $h_1 = 350\,\text{kJ/kg}$, $h_4 = 1594\,\text{kJ/kg}$;

$$q_{ov} = \frac{1594 - 350}{0{,}42} = 2962\,\text{kJ/m}^3$$

c) R744 (CO_2): $v_o'' = 0{,}014\,\text{m}^3/\text{kg}$, $h_1 = 340\,\text{kJ/kg}$, $h_4 = 435\,\text{kJ/kg}$;

$$q_{ov} = \frac{435 - 340}{0{,}014} = 6786\,\text{kJ/m}^3$$

2 Komponenten und Bauteile

2.1 Verdichter

Der Verdichter ist das zentrale Bauteil eines Kältekreislaufs. Aufbauend auf den Abschnitt 1.7.2 *Arbeitsprozesse*:

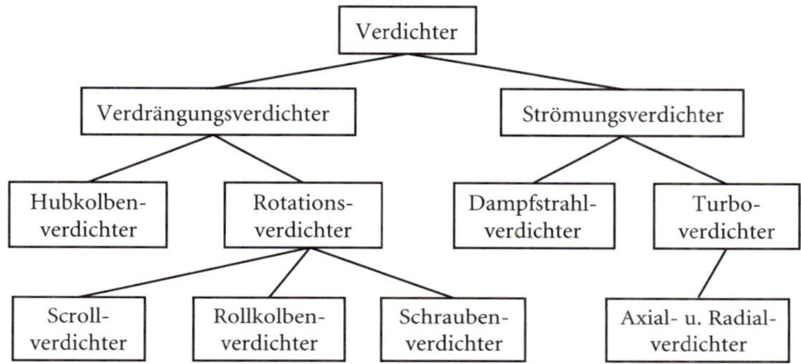

In *Verdrängungsverdichtern* wird das Kältemittel in einem abgeschlossenen Raum durch *Volumenreduzierung* verdichtet.

In *Strömungsverdichtern* wird dem Kältemittel in einem Laufrad Bewegungsenergie zugeführt. Diese wird anschließend durch Reduzierung der Geschwindigkeit in Druckenergie umgewandelt (siehe Abb. 38).

Die Antriebsleistung ist grundsätzlich:

$$P = \dot{W}_t = \frac{\Delta p \cdot \dot{V}}{\eta_e} \quad \text{(siehe Seiten 77/78)}$$

Die Verdichter werden nach der Förderhöhe eingeteilt in

- Ventilatoren (Druckerhöhung bis ca. 30 kPa)
- Gebläse (Druckerhöhung bis ca. $3 \cdot 10^5$ Pa einstufig)
- Kompressoren (Druckerhöhung > 3 bar mehrstufig)

Verdrängungs- oder Kolbenverdichter

Der vollkommene Verdichter ohne schädlichen Raum und isentrope Verdichtung:

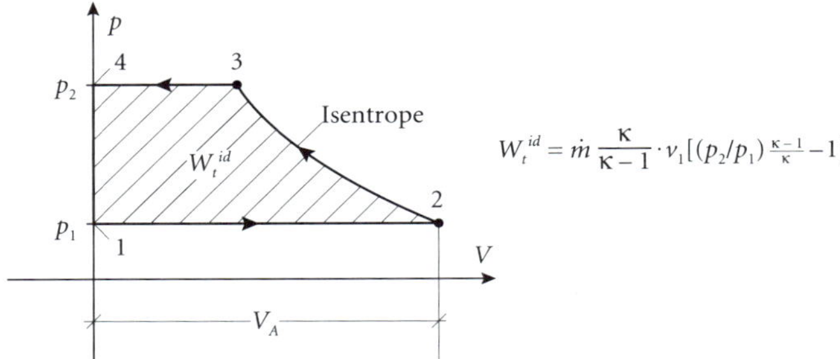

$$W_t^{id} = \dot{m}\,\frac{\kappa}{\kappa - 1} \cdot v_1 [(p_2/p_1)^{\frac{\kappa-1}{\kappa}} - 1]$$

Man unterscheidet:

- *Offene Verdichter* haben getrennte Gehäuse für Verdichter und Motor. Der Antriebsmotor kommt nicht mit dem Kältemittel in Berührung.
- *Halbhermetische Verdichter* haben ein gemeinsames Gehäuse. Der Antriebsmotor kommt mit dem Kältemittel bzw. mit dem Kältemittel-Ölgemisch in Berührung.
- *Hermetische Verdichter*: Verdichter und Antriebsmotor befinden sich in einem fest verschweißten Gehäuse. Der Antriebsmotor kommt mit dem Kältemittel-Ölgemisch in Berührung.

Abb. 63 zeigt den in der Kältetechnik klassischen Hubkolbenverdichter

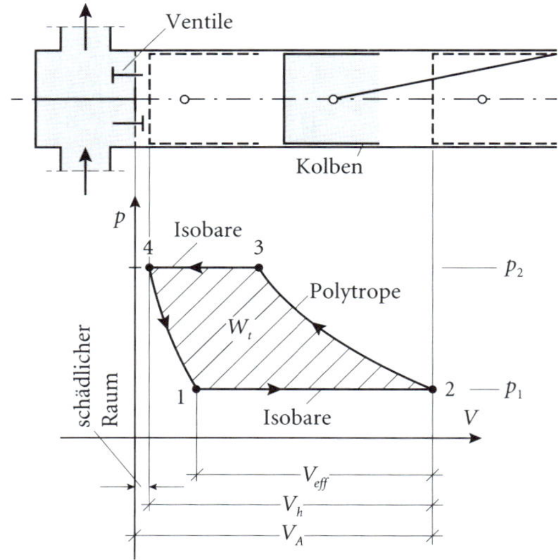

V_{eff} = effektives Volumen
V_h = Hubvolumen
= geometrisches Fördervolumen
V_A = Zylindervolumen
4 – 1 = Rückexpansion bedingt durch den schädlichen Raum

Abb. 63: *p,v*-Diagramm eines *realen* Hubkolbenverdichters

Geometrisches Fördervolumen

$$\dot{V}_h = z \cdot d^2 \cdot \frac{\pi}{4} \cdot s \cdot n \; [\mathrm{m^3/min}]$$

z = Zylinderzahl
d = Zylinder$^{\varnothing}$ [m]
s = Kolbenhub [m]
n = Drehzahl [min^{-1}]

(Analog Abb. 40: $V_g \triangleq V_h$; $V \triangleq V_{\text{eff}}$
Effektives Fördervolumen

$$\dot{V}_{\text{eff}} = \lambda \cdot \dot{V}_h$$

Gemäß Gleichung 23/47 ist die Wellenleistung:

$$\dot{W}_t = \dot{m}\frac{n}{n-1} \cdot p_1 \cdot v_1\left[\left(\frac{p_2}{p_1}\right)^{\frac{n-1}{n}} - 1\right] \triangleq \text{Fläche } 1-2-3-4$$

bzw.

$$P_e = \frac{\dot{W}_t}{\eta_e} \quad \text{bei Vernachlässigung } \dot{E}_{\text{kin}} \text{ und } \dot{E}_{\text{pot}}$$

Die spezifische Stutzenarbeit $Y = \frac{\dot{W}_t}{\dot{m}} = w_t$

Merkmale:

- Der Hubkolbenverdichter ist für kleinste Förderströme und höchste Enddrücke geeignet. Er hat hohe Wirkungsgrade und einen breiten Anwendungsbereich.
- Der *Schraubenverdichter* hat die Charakteristik des Hubkolbenverdichters, ist aber laufruhiger. Er ersetzt unter 10 bar Enddruck in vielen Bereichen den Hubkolbenverdichter.
- Der *Scroll-Verdichter* verdichtet mithilfe einer Spirale und zeichnet sich durch große Laufruhe und gleichmäßige Förderströme aus.

Turboverdichter (Strömungsmaschine) werden eingesetzt für große Volumenströme. Sie zeigen große Laufruhe, gleichmäßige Förderströme und gute Regelbarkeit. Turbos sind meist Radialverdichter.

Gemäß Abb. 39 – Gleichung (46):

Ist der Eintrittswinkel des Kältemitteldampfes (z. B. R134a) radial, das heißt 90°, so wird $c_{1u} = 0$ und:

$$P = \dot{W}_t = \dot{m} \cdot (u_2 \cdot c_{2u});$$

spezifische Stutzenarbeit Y:

$$Y = \frac{\dot{W}_t}{\dot{m}} = w_t = u_2 \cdot c_{2u} \text{ in } m^2/s^2 [= J/kg = kg \cdot m^2/s^2 \cdot kg]$$

Nach Gleichung (4) mit $Q = 0$ und e_{kin}/e_{pot} vernachlässigt:

$$w_t = Y = h_2 - h_1 = \Delta h = \frac{n}{n-1} \cdot p_1 \cdot v_1 \left[\left(\frac{p_2}{p_1} \right)^{\frac{n-1}{n}} - 1 \right]$$

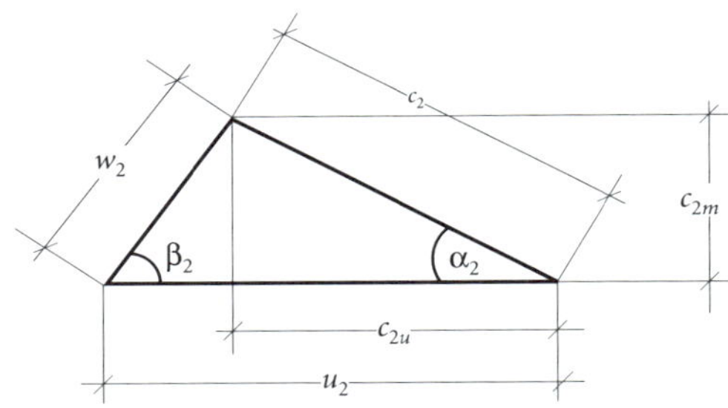

Geschwindigkeits-Dreieck am Laufrad-Ausschnitt eines Turbos

Turbos werden einstufig und mehrstufig gebaut.

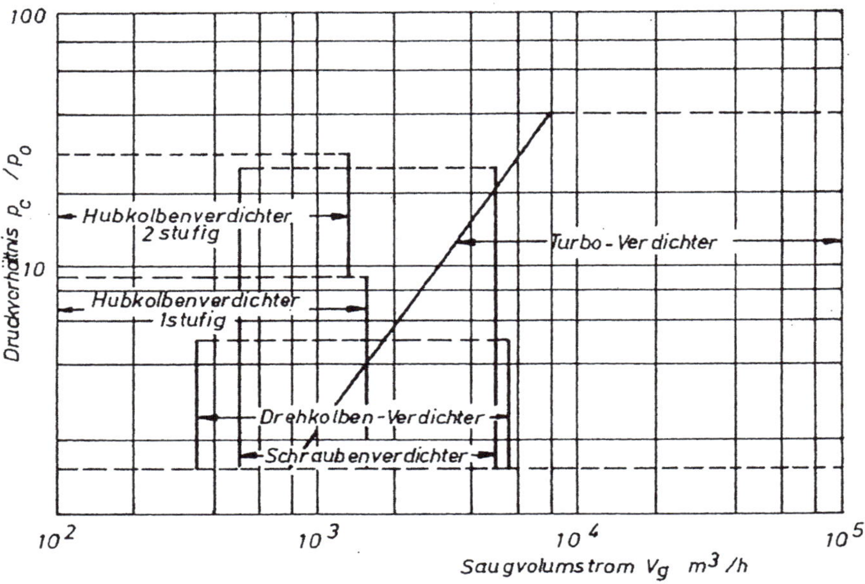

Abb. 64: Einsatzgebiete der wichtigsten Verdichterbauarten

Die Beispiele in Abschnitt 1.7.2 mit dem Fluid *Luft* gelten analog für Kältemittel mit deren Stoffeigenschaften.

Bei mehrstufigen Verdichtern ist außerdem ein Unterschied zur mehrstufigen Kreiselpumpe, weil der Volumenstrom $\dot{V}$ wegen der Volumenabnahme während der Verdichtung allmählich abnimmt. Die Laufräder erhalten von Stufe zu Stufe abnehmende Radbreiten, oft auch abnehmende Raddurchmesser.

2.1.1 Ventilatoren und Gebläse

Ventilatoren und Gebläse sind Verdichter zur Förderung von Luft und Gasen. Man unterscheidet *Radialventilatoren* (bzw. Radialgebläse) und *Axialventilatoren* (bzw. Axialgebläse). Dazwischen liegen im Übergangsbereich halbradiale und halbaxiale Ventilatoren. Wie bereits erwähnt, wird zur Abgrenzung der Begriffe Ventilatoren, Gebläse und Kompressoren das Druckverhältnis (Saug- und Druckstutzen) $\frac{p_2}{p_1}$ verwendet:

- Ventilatoren $\frac{p_2}{p_1}$ bis 1,3
  Niederdruckventilatoren bis ca. $\Delta p_t = 700\,\text{Pa}$
  Mitteldruckventilatoren bis ca. $\Delta p_t = 700\ldots3000\,\text{Pa}$
  Hochdruckventilatoren bis ca. $\Delta p_t = 3000\ldots30\,\text{kPa}$
- Gebläse $\frac{p_2}{p_1} = 1{,}3\ldots3{,}0$
- Kompressoren $\frac{p_2}{p_1} > 3{,}0$

Die spezifische Förderarbeit bei Ventilatoren beim Ansaugen kalter Luft sollte unter $Y = 25\,\text{kJ/kg}$ und bei Gebläsen unter $Y = 100\,\text{kJ/kg}$ liegen.

Bei den kleinen Druckverhältnissen kann die Volumenänderung des Gases bei Ventilatoren vernachlässigt werden, das heißt, das Fluid wird als inkompressibel behandelt. Dies trifft nur begrenzt zu bis etwa 30 kPa. Bei höheren Drücken muss man die Kompressibilität berücksichten gemäß Gleichung auf der Seite 78.

Im Übrigen gilt die 2. Form der Euler-Gleichung Abb. 65:

$$Y = \frac{1}{2}[(u_2^2 - u_1^2) + c_2^2 - c_1^2) + (w_1^2 - w_2^2)] = \frac{\Delta p_{tot}}{\varrho}$$

bzw. für Axialventilatoren:

$$\Delta p_t = \frac{\varrho}{2}(c_2^2 - c_1^2) + \frac{\varrho}{2}(w_1^2 - w_2^2) = p_{\text{dyn}} + p_{st} = \varrho(c_u \cdot u)$$

Die Affinitätsgesetze entsprechen der Ausführung unter Abschnitt 1.7.2, Gleichung (49). Bezüglich Zusammenarbeit *Anlagenkennlinie, Ventilatorkennlinie, Parallel- und Serienschaltung* etc. gilt das unter Abschnitt 1.7.2 dargelegte bis $\frac{p_2}{p_1}$ = ca. 1,03.

b2
b1
c2
c2m
w2
β2
α2
u2
c2u
w1
c1
c1m
β1
α1
u1
c1u
d1
d2
ω

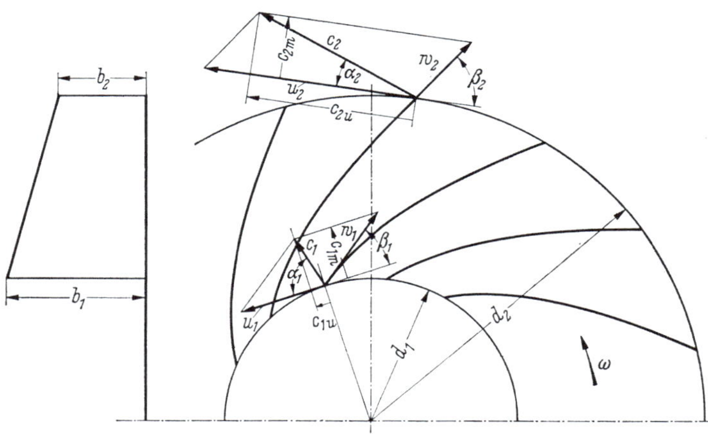

Abb. 65: Laufrad mit rückwärts gekrümmten Schaufeln, Eintritt stoßfrei[3]

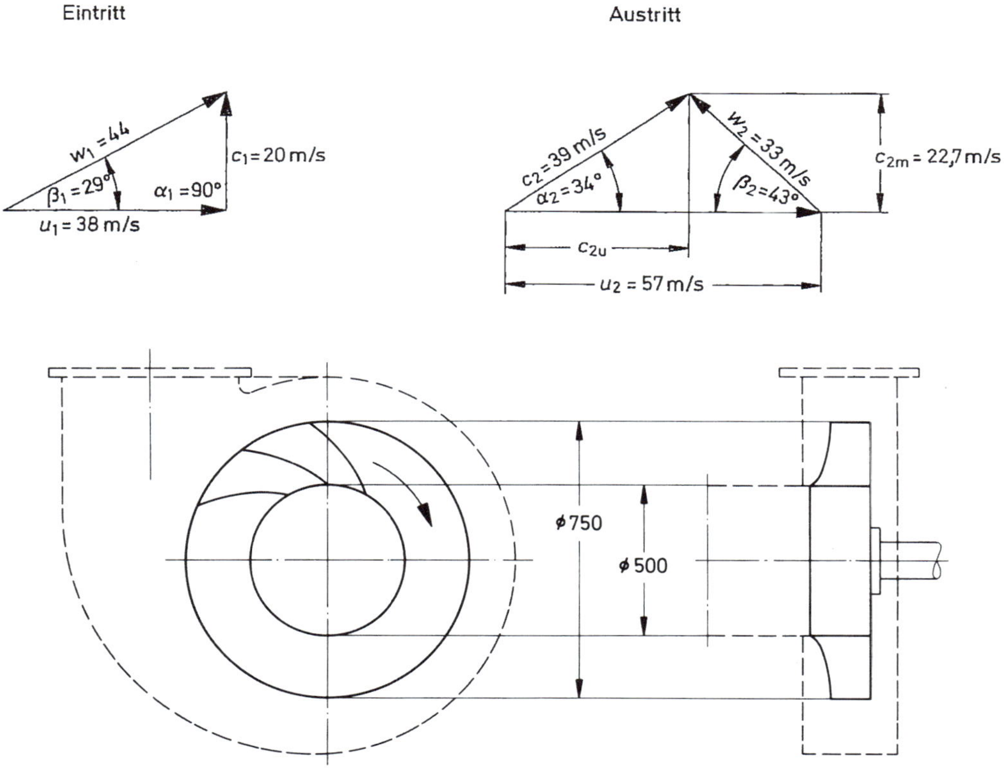

Eintritt
w1 = 44
c1 = 20 m/s
β1 = 29°
α1 = 90°
u1 = 38 m/s
Austritt
c2 = 39 m/s
α2 = 34°
w2 = 33 m/s
β2 = 43°
c2m = 22,7 m/s
c2u
u2 = 57 m/s
ϕ750
ϕ500

Abb. 66: Eintritts- und Austrittsdreieck als Beispiel für $\dot{V} = 15000\,m^3/h$, Gehäuse als Diffusor[3]

Je nach Schaufelwinkel β_2 ändert sich die Schaufelform grundlegend:

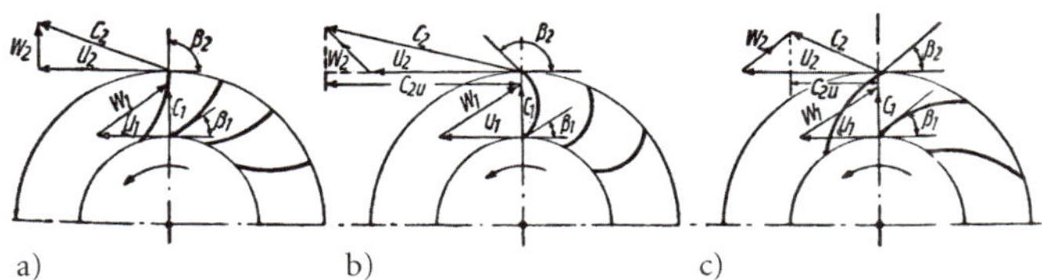

Abb. 67[5]: Geschwindigkeitsdreiecke bei verschiedenen Laufradformen[4]:
a) radial endende gekrümmte Schaufel
b) vorwärts gekrümmte Schaufel (Trommelläufer)
c) rückwärts gekrümmte Schaufel

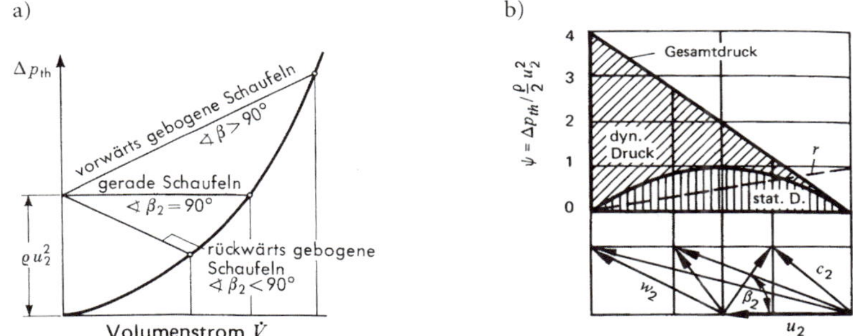

Abb. 68: a) Theoretische Förderdrücke
b) Aufteilung der Gesamtdruckerhöhung in Δp_{stat} und Δp_{dyn} als $f(\beta_2 r)$[4]

[5] Kessler + Luch Seite 160

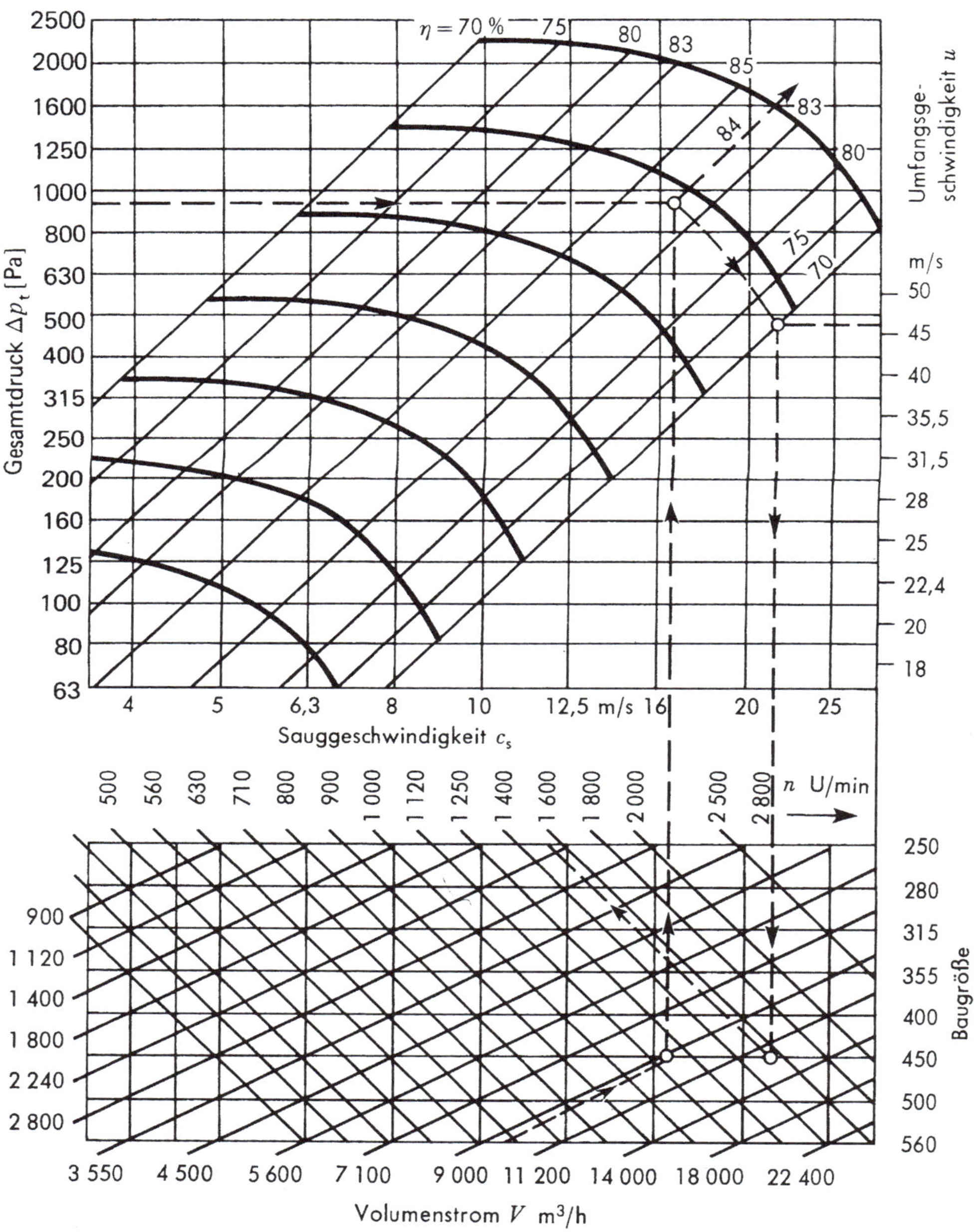

Abb. 69: Typisches Kennfeld eines Radialventilators mit rückwärts gekrümmten Schaufeln[4]

Nachstehend der Axialventilator, der bei größeren Förderströmen und kleineren Druckerhöhungen Verwendung findet wie bei der:

- Gebäudetechnik,
- Fahrzeugbelüftung,
- Tunnelbelüftung, Kraftwerken, Windkanälen etc.

Vorteile des Axialventilators:

- Hoher Wirkungsgrad,
- großer Betriebsbereich mit gutem Teillastwirkungsgrad,
- gute Regelbarkeit an veränderlichen Volumenströmen und Drücken.

Nachteile:

- Relativ hohe Geräusche,
- instabile Kennlinie.

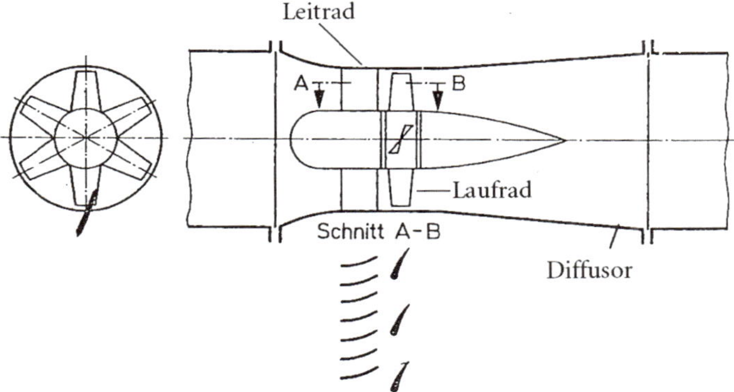

Abb. 70: Schema eines Axialgebläses[3]

Die 1. Form der Euler-Gleichung:

$$Y = \frac{\Delta p_t}{\varrho} = u \cdot (c_{2u} - c_{1u})$$

Die 2. Form der Euler-Gleichung:

$$Y = (c_2^2 - c_1^2) + (w_1^2 - w_2^2)$$

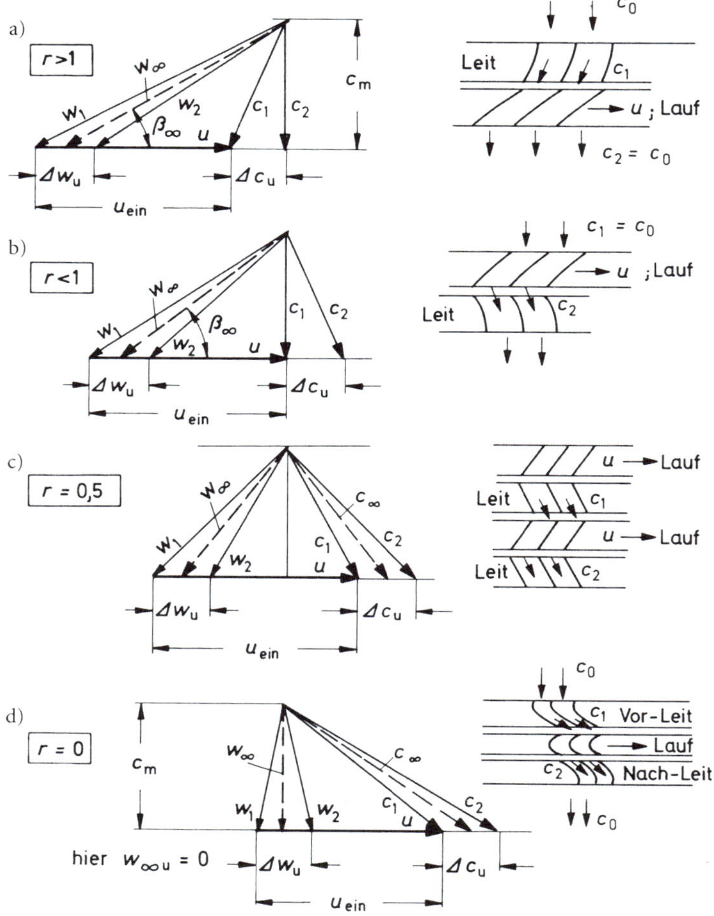

Abb. 71: Anordnungen der Zusammenarbeit zwischen Leit- und Laufschaufel[3]

Zu a) Das Leitrad ergibt eine Zuströmung zum Laufrad mit *Gegendrall*, der im Laufrad aufgehoben wird, sodass die Abströmung in das Rohrnetz mit c_2 axial gerichtet ist. Nachteilig sind die größeren Geschwindigkeiten mit größeren Verlusten ($\Delta p = \varrho \cdot u \cdot c_{1u}$),

Zu b) Der meist vorkommende Fall ($\Delta p = \varrho \cdot u \cdot c_{2u}$),

Zu c) Wird bei mehrstufigen Axialverdichter gewählt,

Zu d) Gleichdruckgebläse, es liegen ähnliche Verhältnisse wie bei der Gleichdruck-Dampfturbine vor.

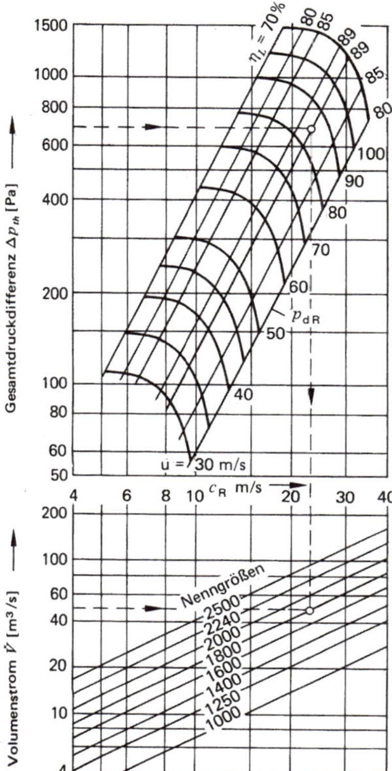

Abb. 72: Typisches Kennfeld einer Axialventilatoren-Baureihe[4]

Reaktionsgrad *r* bei Strömungsmaschinen:

Das gesamte der Strömungsmaschine zur Verfügung stehende Gefälle *h* [m] kann beliebig, zum Teil in den Leitschaufeln und zum Teil im Laufrad, verarbeitet werden. Die Verteilung des Gesamtgefälles auf Leit-und Laufschaufel einer Stufe (Stufe = Leitrad + Laufrad):

$$h_{\text{ges}} = h_{\text{Stufe}} = h_{\text{Leit}} + h_{\text{Lauf}}$$

Das Verhältnis $\frac{h_{\text{Lauf}}}{h_{\text{Leit}} + h_{\text{Lauf}}}$ ist der Reaktionsgrad *r*.

Ist $r = 0$, so erfolgt das Stufengefälle im Leitrad (Gleichdruckrad); ist $r > 0 \ldots 1{,}0$ (Überdruckrad), so erfolgt das Stufengefälle zum Teil im Laufrad und zum Teil im Leitrad.

Die auf der Seite 119 aufgeführte 2. Form der Eulergleichung:

$$\Delta p_{\text{tot}} = \frac{\varrho}{2}[\underbrace{(u_2^2 - u_1^2) + (w_1^2 - w_2^2)}_{\Delta p_{stat}\ \text{(Laufrad)}} + \underbrace{(c_2^2 - c_1^2)}_{\Delta p_{dyn}\ \text{(Leitrad)}}]$$

Der Geschwindigkeitsdruck Δp_{dyn} wird im Leitrad bzw. in der Gehäusespirale (Diffusor) in statischen Druck umgewandelt:

$$r = \frac{\Delta p_{stat}}{\Delta p_{stat} + \Delta p_{dyn}};$$

r findet im Ventilator statt, sodass dies für den Anlagenbauer nicht relevant ist. Ihn interessiert die Druckerhöhung zwischen Ansaug- und Ausblasstutzen und die Austrittsgeschwindigkeit wird vernachlässigt.

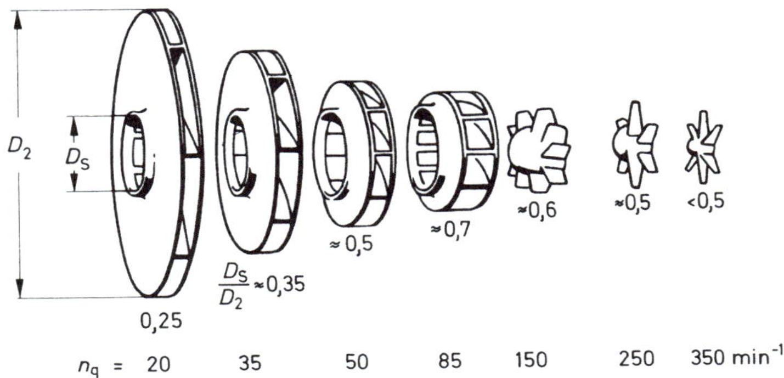

Ab. 73: Laufradformen von Ventilatoren, Gebläsen, Verdichtern[3]

2.2 Kreiselpumpe

Das Laufrad wird von innen nach außen durchströmt. Die für die Flüssigkeitsförderung geltenden Kennzeichen sind dieselben wie bei Wasserturbinen:

- Förderströme von ca. 0,3 m^3/h bis ca. 100000 m^3/h,
- Förderhöhen von ca. 0,5 mWS bis ca. 4000 mWS bei mehrstufigen Pumpen,
- Förderhöhe je Stufe bis ca. 200 m; sie sollte jedoch auf 100 m/Stufe beschränkt sein.
- Umfangsgeschwindigkeiten u_2 ca. 40 – 60 m/s

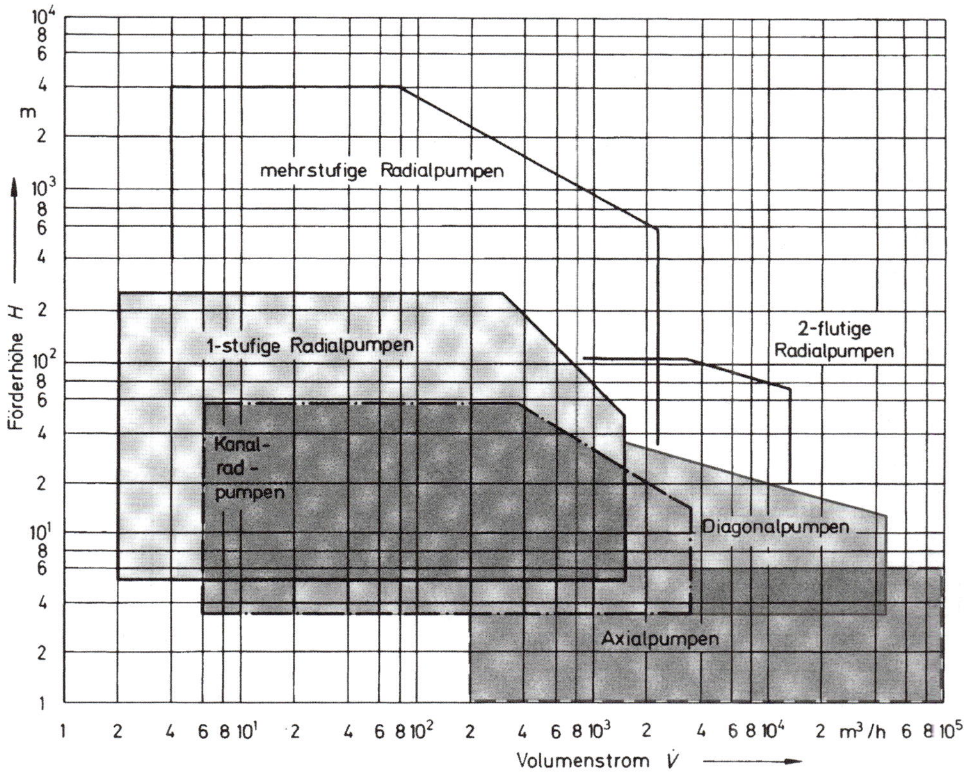

Abb. 74: Einsatzbereich von Kreiselpumpenbauarten[3]

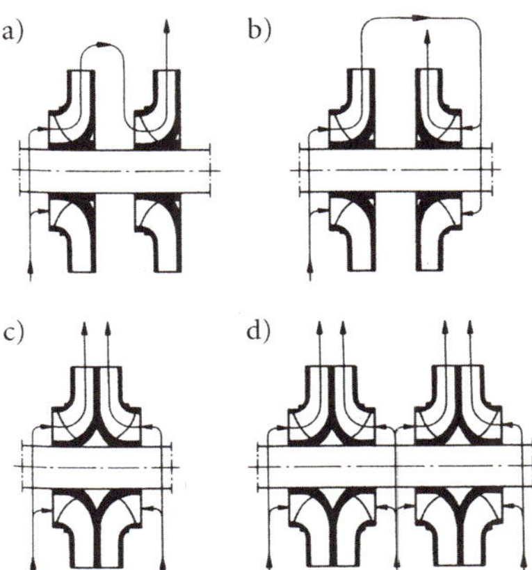

Abb. 75: Laufradanordnungen mehrstufiger Radialpumpen[5]

Bei mehrstufigen Pumpen werden die Stufen *hintereinander* geschaltet. Die Stufe besteht aus dem Laufrad mit nachfolgenden stillstehenden Leitschaufeln. Dann folgen Rückführschaufeln, die den Übergang zum Saugstutzen der nächsten Stufe bilden. Alle Stufen haben gleiche Abmessungen.

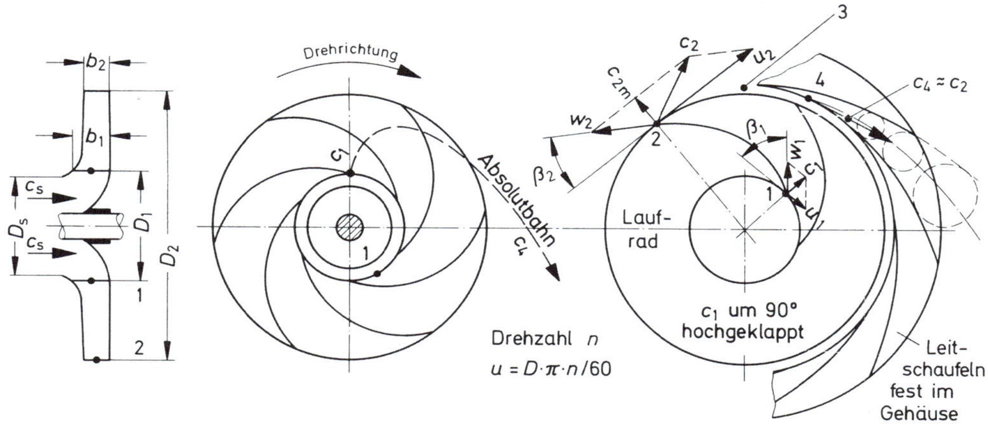

Abb. 76: Beschaufelung[3]

Hinter radialen Laufrädern findet sich oft bei einstufigen Pumpen statt des Laufrades ein unbeschaufelter Radialdiffusor, der als Leitring bezeichnet wird.

Die Verzögerung der Absolutgeschwindigkeit in diesem Radialdiffusor (Spiralgehäuse) führt zur Zunahme des statischen Druckes.

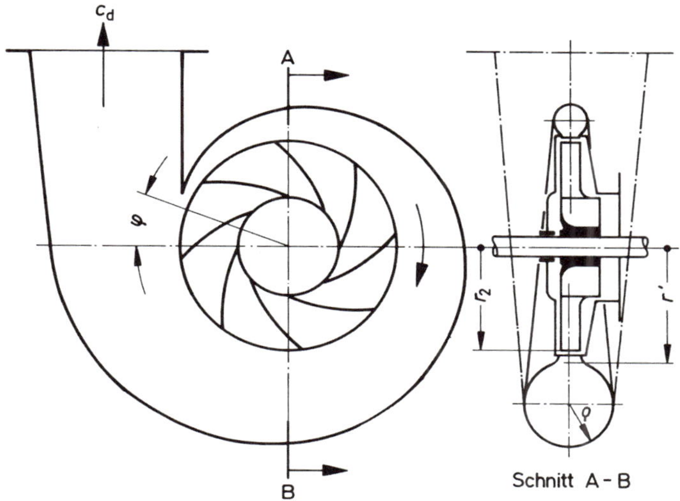

Abb. 77: Spiralgehäuse für Kreiselpumpen[3]

Der Reaktionsgrad r liegt bei Kreiselpumpen $\frac{\Delta p_{\text{Lauf}}}{\Delta p_{\text{Stufe}}} = 0{,}5\ldots 1{,}0$; $r = 0$ bedeutet: Kein Aufbau des statischen Druckes im Laufrad (Gleichdruckrad). $r = 1{,}0$ bedeutet: statischer Druckaufbau der Stufe nur im Laufrad.

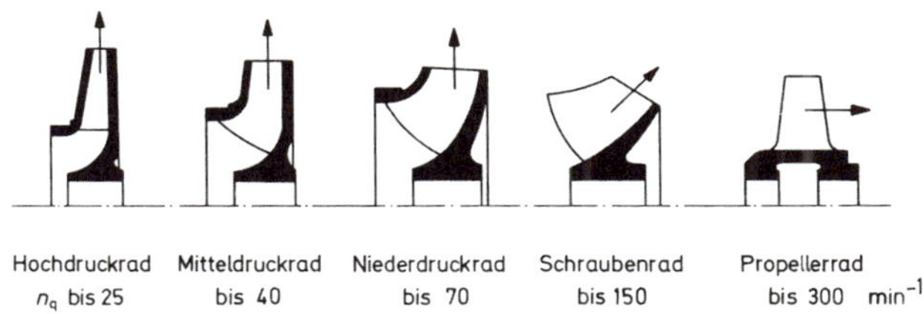

Abb. 78: Laufradformen von Kreiselpumpen[3]

Energieumsetzung gemäß Abschnitt 1.7.1/1.7.2

a) Radialpumpe

$$M = \dot{m}(c_{2u} \cdot r_2 - c_{1u} \cdot r_1)$$

$$P_{th} = M \cdot \omega = \dot{m}(c_{2u} \cdot u_2 - c_{1u} \cdot u_1) = \dot{V} \cdot \Delta p_t = \dot{m} \cdot Y_{th} = \dot{m} \cdot w_t$$

$$= \dot{m}\left[\left(\frac{p_2}{\varrho} + \frac{c_2^2}{2}\right) - \left(\frac{p_1}{\varrho} + \frac{c_1^2}{2}\right)\right]$$

b) Axialpumpe

$$P_{th} = \dot{m}(c_{2u} - c_{1u}) \cdot u = \dot{V} \cdot \Delta p_t = \dot{m} \cdot Y_{th}$$

Anmerkung: Die v.g. Drücke p_1 und p_2 sind an den Saug- und Druckstutzen der Pumpe gemessen, während bei der Gleichung:

$$Y_{th} = w_t = \frac{p_2 - p_1}{\varrho} + \frac{c_2^2 - c_1^2}{2} + g(z_2 - z_1)$$

diese Drücke p_1 und p_2 (siehe Abb. 79) Vordrücke vom Anlagensystem sind.

Die *effektive Antriebsleistung*:

$$P_e = \frac{P_{th}}{\eta_e} = Y \cdot \dot{m} = \frac{\dot{V} \cdot \Delta p_t}{\eta_e} = \frac{\dot{m} \cdot g \cdot H}{\eta_e} = \frac{\dot{V} \cdot \varrho \cdot g \cdot H}{\eta_e}$$

$\dot{m}$ = Massenstrom kg/s
$\dot{V}$ = Förderstrom m^3/s
Δp_t = $H \cdot \varrho \cdot g = P_a$
g = Erdbeschleunigung 9,81 m/s^2
H = Förderhöhe in m

Die spezifische Drehzahl $n_q = n \cdot \frac{\sqrt{\dot{V}}}{H^{\frac{3}{4}}}$ in min^{-1}

Die Kreiselpumpe im Anlagensystem[6)]

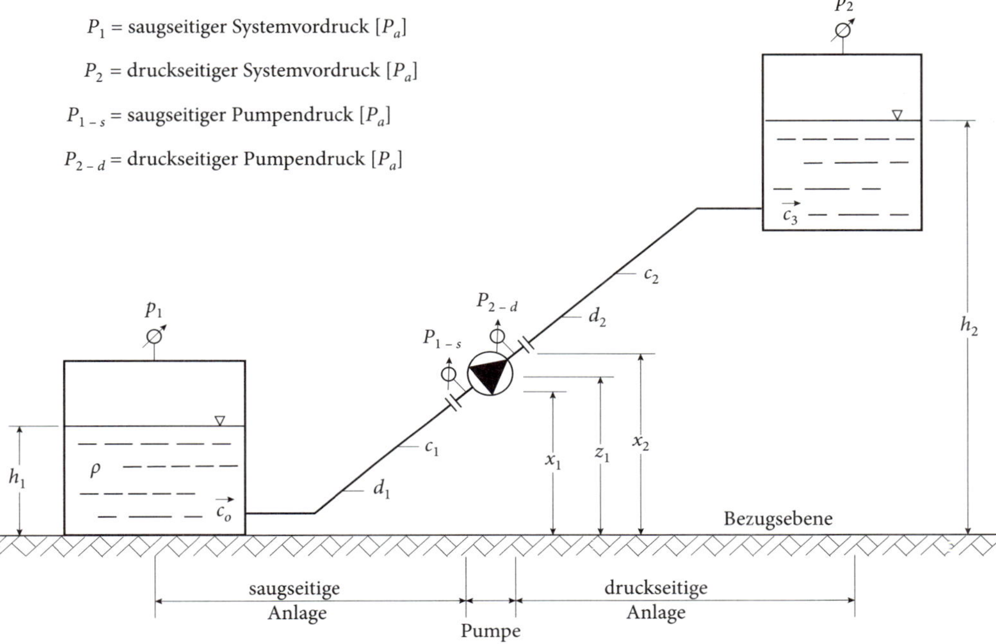

Abb. 79: Schema einer Pumpenanlage

d_1 = saugseitiger Rohrdurchmesser [m]
d_2 = druckseitiger Rohrdurchmesser [m]
$(h_2 - h_1)$ = geodätische Höhe [m] = h_{geo}
c_o, c_3 = Strömungsgeschwindigkeiten im z. B. Behälter (meist vernachlässigbar)
ϱ = Fluiddichte [kg/m³]
c_1 = Sauggeschwindigkeit [m/s]
c_2 = Druckgeschwindigkeit [m/s]
$(x_2 - x_1)$ = Manometerabstand [m] (meist vernachlässigbar)
z_1 = Pumpenhöhe [m]

Aufgabe einer Pumpe ist es unter Anderem eine Flüssigkeit innerhalb einer gegebenen Anlage von einem Eingangsniveau auf ein Ausgangsniveau zu fördern.

6) Weber G.: TAB 06/2012 – Bauverlag Gütersloh

In Anlehnung an die Bernoulli-Gleichung (44):

$$H_A = \frac{p_2 - p_1}{\varrho \cdot g} + \frac{c_3^2 - c_o^2}{2g} + (h_2 - h_1) + h_v \quad \textit{Förderhöhe der Anlage}$$

h_v = Saug- und Druckverluste [m] $= \left(\frac{\lambda}{d} \cdot l + \sum\zeta\right) \cdot \frac{c^2}{2g}$

λ = Rohrreibungszahl [%] (Tabellenwerte)

l = Rohrlänge [m]

d = Rohrleitungsdurchmesser [m]

ζ = Widerstandsbeiwerte von Formstücken und Einbauten [dimensionslos] (Tabellenwerte)

c = Strömungsgeschwindigkeit [m/s]

Vorgenannte Gleichung ist identisch mit der Förderhöhe der Pumpe H:

$$H = H_A = \frac{p_{2-d} - p_{1-s}}{\varrho \cdot g} + \frac{c_2^2 - c_1^2}{2g} + \underbrace{(x_2 - x_1)}_{\text{vernachlässigbar}}$$

Leistungsbedarf an der Welle:

$$P_e = H \cdot \varrho \cdot g \cdot \frac{\dot{V}}{\eta_e} \text{ [Pa]}$$

Vernachlässigt man c_o, c_3, $(x_2 - x_1)$ und betrachtet ein offenes System ($p_1 = 0$, $p_2 = 0$) so wird:

$$H = H_A = \frac{p_{2-d} - p_{1-s}}{\varrho \cdot g} + \frac{c_2^2 - c_1^2}{2g} = h_{\text{geo}} + h_v$$

und bei einem geschlossenen System (Abb. 81) wird $H = H_A = h_v$

Die *Anlagenkennlinie* (Abb. 80) zeigt den für den Pumpenbetrieb wichtigen Zusammenhang $H = f(\dot{V})$.

Mit der o. g. Druckverlustgleichung h_v: $\left(c = \frac{\dot{V}}{A}\right)$

$$h_v = \underbrace{\text{konstante}}_{\lambda,\, d,\, l,\, \zeta,\, g} \cdot c^2 \quad \text{bzw.} \quad h_v = \underbrace{\text{konstante}}_{\lambda,\, d,\, l,\, \zeta,\, g,\, A} \cdot \dot{V}^2$$

A = durchströmter Querschnitt

und für die Abb. 79:

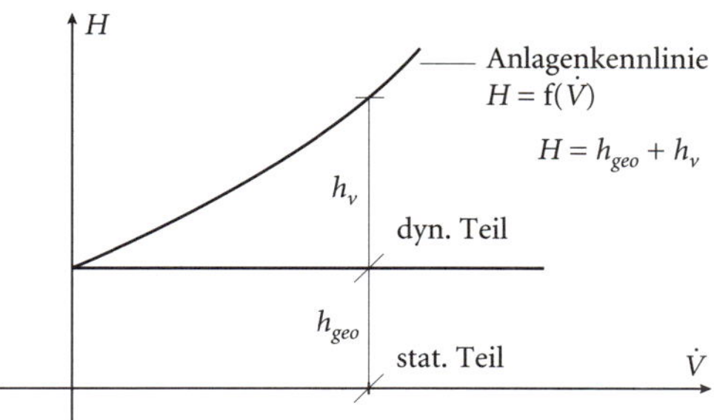

Abb. 80: Anlagenkennlinie gemäß Abb. 79

Ein weiteres Anlagensystem ist der *Umwälzbetrieb* (siehe auch Abb. 35)

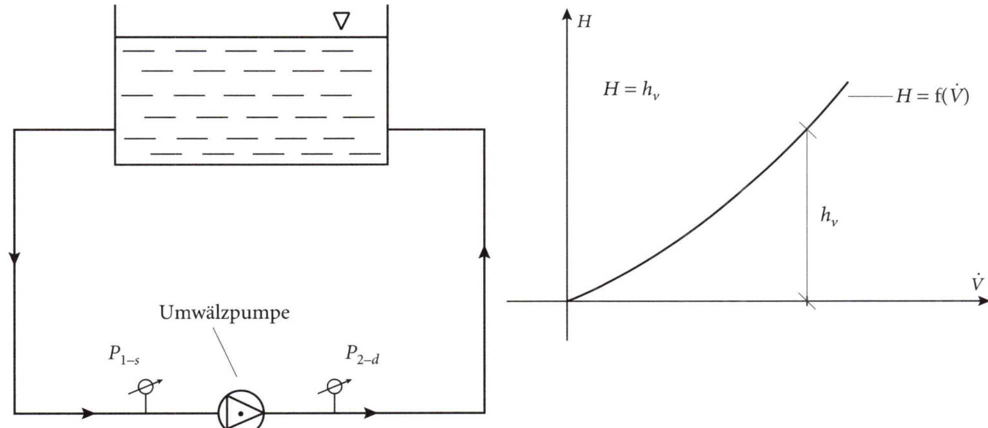

Abb. 81: Anlagenkennlinie für Umwälzbetrieb

So wie die Anlage eine Kennlinie hat, so hat die Kreiselpumpe ebenfalls eine Kennlinie (siehe Seite 81)

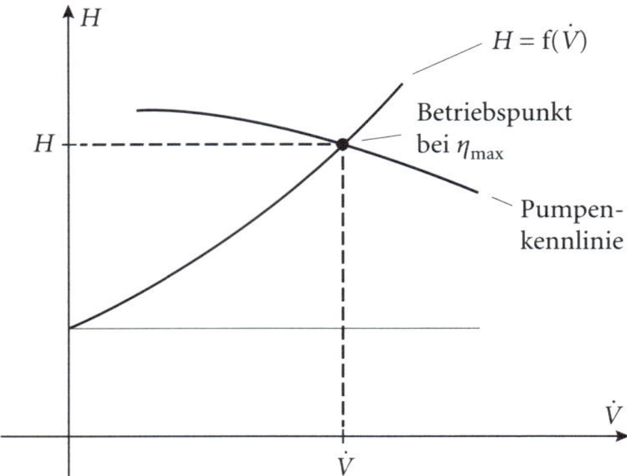

Abb. 82: Zusammenarbeit von Anlage und Pumpe gemäß Abb. 79

Somit ist die *Anlagenförderhöhe* H_A im Betriebspunkt identisch mit der *Pumpenförderhöhe H*. Abb. 83 a) zeigt die Pumpenkennlinie bei Drehzahländerung. Grundlage ist das *Affinitätsgesetz*, das allgemein für Strömungsmaschinen gilt:

$$\frac{\dot{V}_1}{\dot{V}} = \frac{n_1}{n}; \quad \frac{H_1}{H} = \frac{n_1^2}{n^2}; \quad \frac{P_1}{P} = \frac{n_1^3}{n^3} \tag{60}$$

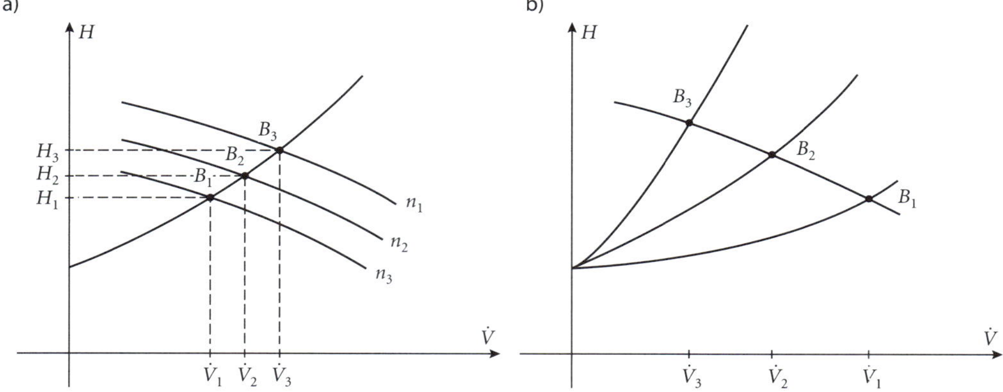

Abb. 83: a) Änderung der Drehzahl mit Betriebspunkt-Änderung
b) Änderung der Anlagenkennlinie z. B. durch Regelventile

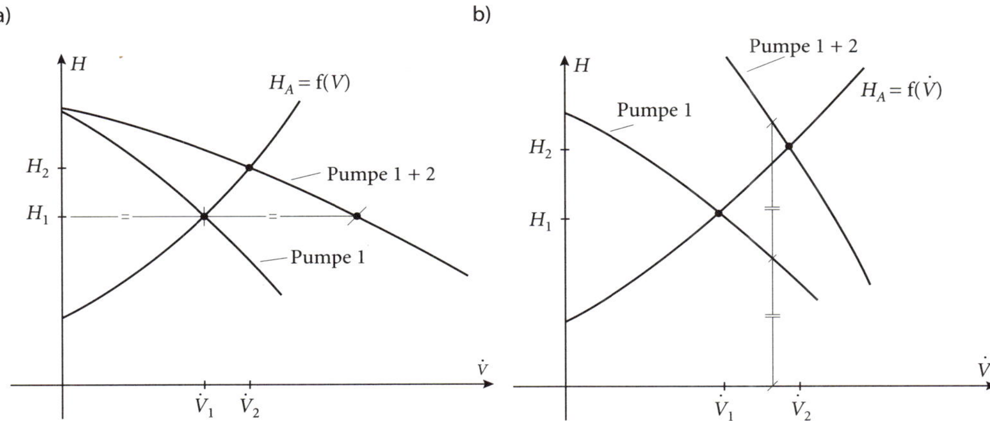

Abb. 84: a) Parallelschaltung zweier, gleichgroßer Kreiselpumpen auf das gleiche Rohrnetz
b) Hintereinanderschaltung zweier, gleichgroßer Kreiselpumpen. (Analog mehrstufiger Pumpen)

Parallelschaltung: Je nach Verlauf der Anlagenkennlinie und der gemeinsamen Pumpenkennlinie nimmt $\dot{V}$ bzw. H mehr oder weniger zu. Für Serienschaltung gilt Ähnliches.

Saugverhalten – Haltedruckhöhe[7)]

Um Zerstörungen am Laufrad und seiner Umgebung sowie Betriebsstörungen durch *Kavitationserscheinungen* zu vermeiden, dürfen Grenzwerte der Ansaugbedingungen von Kreiselpumpen nicht unterschritten werden.

Hierfür sind die *Haltedruckhöhe* H_{HA} oder der *NPSH*-Wert wichtige Begriffe.

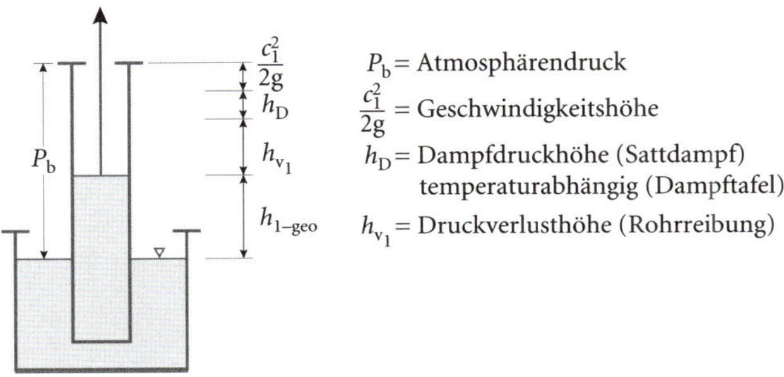

Abb. 85: Saugverhalten

Das *Saugverhalten* soll anschaulich an einer Kolbenpumpe erläutert werden: Eine Kolbenpumpe kann bekanntlich Wasser aus Tiefen bis ca. 9 m ansaugen, wenn auf dem Saugspiegel ein Atmosphärendruck von 1 bar (ca. 10 mWS) liegt.

7) TAB 06/2012

Wird in Abb. 85 der Kolben nach oben bewegt, dann entsteht im Rohr unterhalb des Kolbens ein luftleerer Raum (Vakuum oder Unterdruck) und der Atmosphärendruck drückt das Wasser im Rohr hinauf. Je langsamer der Kolben bewegt wird, umso höher steigt die Wassersäule h_{1-geo}.

Der Atmosphärendruck p_b hat aber nicht nur h_{1-geo} das Gleichgewicht zu halten, er muss auch alle bei der Bewegung des Wassers auftretenden Widerstände h_{v_1} (Rohrreibungsverlust) überwinden. Außerdem ist der Druck unter dem Kolben nicht Null, weil das Wasser bei jeder Temperatur gesättigten Dampf ausscheidet, dessen Druck p_D gemäß Dampfdruckkurve temperaturabhängig ist. Wasser von 15 °C hat z. B. einen $p_D = 0{,}017$ bar

$$h_D = \frac{0{,}017 \cdot 10^5}{\varrho \cdot g} = 0{,}17\,\text{m}.$$

Da dem Wasser im Rohr die Geschwindigkeit c_1 erteilt wurde, ist die dafür erforderliche spezifische Geschwindigkeitsenergie $\frac{c_1^2}{2}$ vom Atmosphärendruck aufzubringen, sodass die Bilanz:

$$h_{1-geo}^{max} = \frac{p_b}{\varrho \cdot g} - h_{v_1} - h_D - \frac{c_1^2}{2g} \qquad (61)$$

ist. (Die nachstehend aufgeführte Kreiselpumpe ist in der Regel nicht selbstansaugend).

Grundsätzlich gelten für Kreiselpumpen die gleichen Überlegungen. Hier sind jedoch die Verhältnisse schwieriger, einmal weil es den *dichten Kolben* nicht gibt, außerdem, weil größere, vom Förderstrom abhängige Strömungsgeschwindigkeiten in den verschiedenen Querschnitten der Anlage und der Pumpe herrschen.

Das Saugverhalten einer Kreiselpumpe wird durch die sogenannte *Kavitation* in der saugseitigen Pumpenanlage und in der Pumpe selbst bestimmt. Als Kavitation bezeichnet man die Bildung und das Zusammenfallen von Dampfblasen in strömenden Flüssigkeiten.

Die Dampfblasen bilden sich an Stellen, an denen der Druck auf den zu der Temperatur der Flüssigkeit gehörenden Dampfdruck sinkt. Kavitation kann nur in beschränktem Ausmaß zugelassen werden, denn ihre Folge sind Abfall der Förderhöhe und des Wirkungsgrades bis zum Abreißen der Förderung, Geräusche, Laufunruhe und Anfressungen am Laufrad und anderen Pumpeninnenteilen.

Bezeichnet man in der Gleichung (61) h_{1-geo}^{max} als z_1^{max} so ist dies die maximal zulässige Aufstellungshöhe der Pumpe:

$$z_1^{max} = \frac{p_b - p_D}{\varrho \cdot g} - \left(h_{v_1} + \frac{c_1^2}{2g}\right) = H_{HA}^{max} \qquad (62)$$

p_b = atmosphärischer Luftdruck [Pa]

p_D = Flüssigkeitsdampfdruck bei der Temperatur [Pa]

h_{v_1} = saugseitige Druckverlusthöhe [m]

c_1 = Sauggeschwindigkeit [m/s]

g = 9,81 m/s^2
ϱ = Flüssigkeitsdichte [kg/m^3]

Bei gegebener Aufstellungshöhe z_1 (siehe Abb. 77) ergibt sich die *vorhandene Haltedruckhöhe* $H_{HA}^{\text{vorh.}}$:

$$H_{HA}^{\text{vorh.}} = z_1^{\max} - z_1 = \text{NPSH}_{\text{vorh.}} \text{ (NPSH – Net Positiv Suction Head)} \tag{63}$$

oder

$$H_{HA}^{\text{vorh.}} = \text{NPSH}_{\text{vorh.}} = \frac{p_b - p_D}{\varrho \cdot g} - \left(h_{v_1} + \frac{c_1^2}{2g} + z_1\right) \tag{63a}$$

Nun hat die Kreiselpumpe ihren eigenen NPSH-Wert der NPSH-*erforderlich* genannt wird:
$\text{NPSH}_{\text{erf}} = (0{,}3\ldots0{,}5) \cdot n\sqrt{\dot{V}}$ in m, wenn $n = 10\ldots50\,\text{s}^{-1}$ und $\dot{V} = 0{,}1\ldots1\,\text{m}^3/\text{s}$ sind.
Der NPSH_{erf} wird in der Regel vom Pumpenhersteller angegeben.
Nun gilt:

$$\text{NPSH}_{\text{vorh}} \geqq \text{NPSH}_{\text{erf}} \tag{64}$$

Beispiel:

a) Aus einem Brunnen wird Wasser über eine Kreiselpumpe angesaugt.
Aufstellungshöhe der Pumpe $z_1 = 3$ m über dem Wasserspiegel ($\varrho = 1000\,\text{kg/m}^3$).
$p_b = 1$ bar, $h_D = 0{,}23$ m, $h_{v_1} = 0{,}95$ m, $c_1 = 2$ m/s.
Gesucht ist die Haltedruckhöhe H_{HA}^{vorh}.

$$H_{HA}^{\text{vorh}} = \text{NPSH}_{\text{vorh}} = \frac{p_b}{\varrho \cdot g} - \left(h_D + z_1 + h_{v_1} + \frac{c_1^2}{2g}\right) = 10{,}20 - (0{,}23 + 3 + 0{,}95 + 0{,}2) = 5{,}62\,\text{m}$$

b) Wie groß ist H_{HA}^{vorh}, wenn anstelle des Brunnens aus einem höher liegenden Behälter mit $z_1 = 3$ m Zulaufhöhe angesaugt wird?

$$H_{HA}^{\text{vorh}} = \text{NPSH}_{\text{vorh}} = \frac{p_b}{\varrho \cdot g} + z_1 - \left(h_D + h_{v-1} + \frac{c_1^2}{2g}\right)$$

$$= 10{,}20 + 3 - (0{,}23 + 0{,}95 + 0{,}2) = 11{,}65\,\text{m}$$

Bei Zulaufhöhen von $+\,z_1$ wird Gleichung 62/63 zu:

$$H_{HA}^{\text{vorh}} = \text{NPSH}_{\text{vorh}} = \frac{p_b - p_D}{\varrho \cdot g} + z_1 - \left(h_{v_1} + \frac{c_1^2}{2g}\right) \tag{63b}$$

Bei geschlossenen Heiz- und Kühlanlagen sind Ausdehnungsgefäße (AG) erforderlich. Der Anlagendruck muss bei allen Betriebszuständen an jeder Stelle der Anlage größer sein als der

Sättigungsdruck des Fluids. Bei der NPSH-Betrachtung tritt anstelle des Atmosphärendruckes p_b der Druck des Ausdehnungsgefäßes zur Verhinderung der Kavitation:

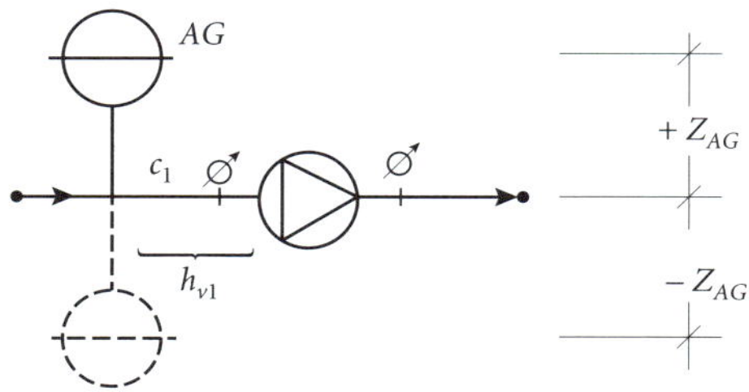

$$\mathrm{NPSH_{vorh}} = H_{HA}^{\mathrm{vorh}} = \frac{p_{AG} - p_D}{\varrho \cdot g} \pm z_{AG} - \left(h_{v_1} + \frac{c_1^2}{2g}\right) \tag{63c}$$

Für den $\mathrm{NPSH_{erf}}$ addiert man in der Regel einen Sicherheitszuschlag von ca. 0,5 m zu den Katalogwerten der Hersteller.

Beispiel:

a) Eine Heizungsanlage mit 75 °C ($\varrho = 975\,\mathrm{kg/m^3}$, $p_D = 0{,}386$ bar), $P_{AG} = 1{,}5$ bar, $h_{v_1} = 1{,}56$ m, $Z_{AG} = 1{,}5$ m (c_1 vernachlässigt).

Gesucht: $\mathrm{NPSH_{vorh}}$

$$\mathrm{NPSH_{vorh}} = \frac{(1{,}5 - 0{,}386) \cdot 10^5}{975 \cdot 9{,}81} + 1{,}5 - 1{,}56 = 11{,}59\,\mathrm{m}$$

b) dito, jedoch 110 °C ($p_D = 1{,}43$ bar, $\varrho = 951\,\mathrm{kg/m^3}$)

$h_{v_1} = 1{,}56$ m, $Z_{AG} = -1{,}5$ m.

$$\mathrm{NPSH_{vorh}} = \frac{(1{,}5 - 1{,}43) \cdot 10^5}{951 \cdot 9{,}81} - 1{,}5 - 1{,}56 = 0{,}69\,\mathrm{m}$$

Hier findet man in den Katalogen keine Pumpe, folglich muss man den Druck p_{AG} erhöhen auf z. B. 2,0 bar:

$$\mathrm{NPSH_{vorh}} = \frac{(2 - 1{,}43) \cdot 10^5}{951 \cdot 9{,}81} - 1{,}5 - 1{,}56 = 3{,}05\,\mathrm{m}$$

Anmerkung: Aus den v. g. Gleichungen erkennt man: je kleiner der $\mathrm{NPSH_{erf}}$, desto geringer ist die Gefahr der Kavitation. Nun können Pumpen nicht nur nach dem Gesichtspunkt eines möglichst kleinen $\mathrm{NPSH_{erf}}$ konstruiert werden. Zwei verschiedene Pumpen können also sehr verschiedene $\mathrm{NPSH_{erf}}$ haben, auch wenn Förderstrom, Förderhöhe und Drehzahl gleich sind.[8)]

[8)] Literatur: KSB – Kreiselpumpen-Lexikon Frankenthal

Wie bereits erwähnt: Wenn die Förderhöhe über 100 m liegt und eine bestimmte Drehzahl vorgesehen werden soll – wie es beim Antrieb durch den Elektromotor der Fall ist – dann sollten mehrere Stufen vorgesehen werden.

Aus Abb. 78 ersieht man die Laufradformen mit den spezifischen Drehzahlen η_q. Die üblichen Laufräder im Anlagenbau sind Hochdruckräder mit η_q bis ca. 25 min^{-1}.

Beispiel:

Für einen Förderstrom $\dot{V} = 108\ \text{m}^3/\text{h}$ und eine Förderhöhe $H_A = 280\ \text{m}$ sollen Laufräder mit etwa gleicher spezifischen Drehzahl $n_q = 20\ \text{min}^{-1}$ verwendet werden. Die notwendige Stufenzahl für $n = 1450$ Upm und $n = 2900$ Upm.

- $H^{\frac{3}{4}} = \frac{n}{n_q} \cdot \sqrt{\dot{V}} = \frac{1450}{20} \cdot \sqrt{0{,}03} = 12{,}56$

  $H = 29\ \text{m}$

  Stufenanzahl $\frac{H_A}{H} = \frac{280}{29} = 9{,}6$ gewählt 10 Stufen

- $H^{\frac{3}{4}} = \frac{2900}{20} \cdot \sqrt{0{,}03} = 25{,}11$

  $H = 73{,}5\ \text{m}$

  Stufenanzahl $\frac{H_A}{H} = \frac{280}{73{,}5} = 3{,}8$ gewählt 4 Stufen

Einfluss der Viskosität auf die Pumpenförderung[9)]

Beim Fördern viskoser Flüssigkeiten ändern sich Kennlinie, Wirkungsgrad und Antriebsleistung einer Kreiselpumpe. Mit steigender Viskosität verkleinern sich Förderstrom, Förderhöhe und Wirkungsgrad, die Antriebsleistung erhöht sich, falls nicht die Dichte stark abnimmt. Für einstufige Pumpen werden z. B. von Herstellern folgende Grenzen für die maximal zulässige kinematische Viskosität bei Radialrädern ca. $\nu = 500 \cdot 10^{-6}\ \text{m}^2/\text{s}$ angegeben, für Kanal- und Freistromrädern $\nu = 1000 \cdot 10^{-6}\ \text{m}^2/\text{s}$.

9) KSB-Lexikon, KSB-Frankenthal

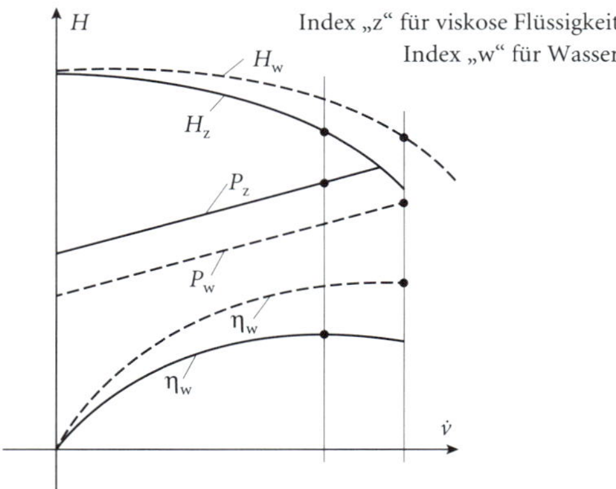

Abb. 86: Pumpenkennlinie bei erhöhter Viskosität

Eine genaue Berechnung der Kennlinienänderung ist nicht möglich.

Sind die Kennlinien $H_w(\dot{V})$, $P_w(\dot{V})$ und $\eta_w(\dot{V})$ einer Kreiselpumpe mit radialem Laufrad bekannt, so kann ihr geänderter Verlauf für zähe Flüssigkeiten gemäß Abb. 87 ermittelt werden. Dieses Diagramm gibt für die Stelle des Wirkungsgradmaximums Korrekturfaktoren K_H, K_Q und K_η an ($\dot{Q}$ anstelle von $\dot{V}$), mit denen die Werte von H_w, V_w und η_w zu multiplizieren sind, um den entsprechenden Wert für zähe Flüssigkeiten H_z, $\dot{V}_z$ und η_z zu ermitteln:

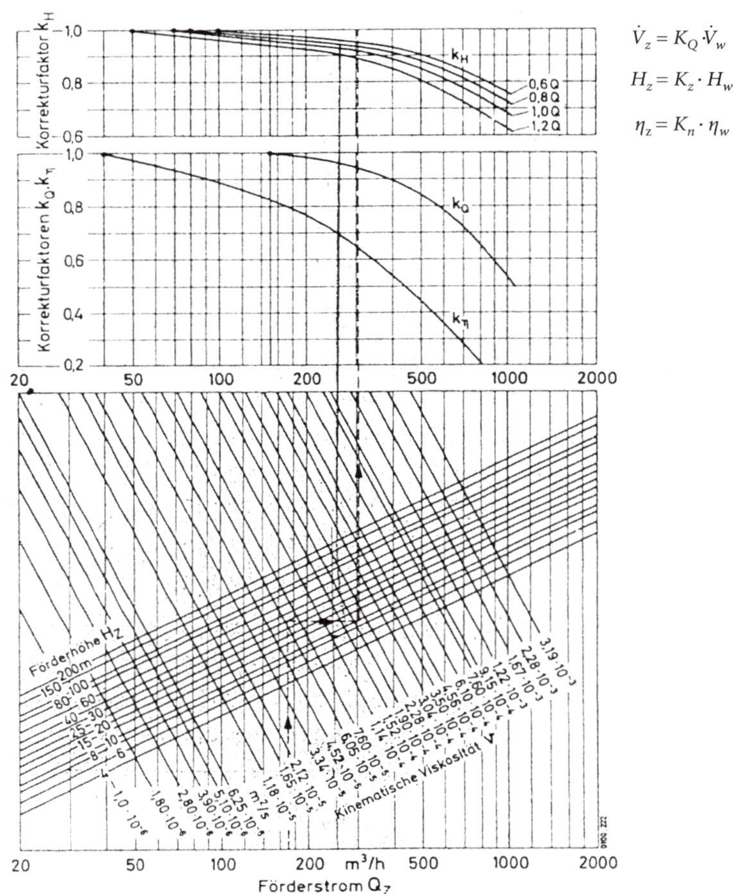

Abb. 87: Korrekturwerte K_Q, K_H, K_η.

Beispiele zu Abschnitt 2.2

Beispiel 25

Eine isolierte Umwälzpumpe ($dq = 0$), fördert Wasser mit $\Delta p = 100\,\text{bar}$ (mehrstufig), Eintrittstemperatur $t_1 = 20\,°\text{C}$, Austrittstemperatur $t_2 = 22\,°\text{C}$, $c_F = 4{,}19\,\text{kJ/kg K}$, $\varrho = 1000\,\text{kg/m}^3$.

Wie groß ist die Stutzenarbeit Y, die erzeugte spezifische Entropie und der Wirkungsgrad?

Nach Abschnitt 1.2:

Gleichung (4):

$$\dot{W}_{t-12} = \dot{m} \cdot (h_2 - h_1) \quad (e_{\text{kin}}, e_{\text{pot}} \text{ vernachlässigt})$$

$$w_{t-12} = h_2 - h_1 = (u_2 - u_1) + \underbrace{v(p_2 - p_1)}_{Y} = c_F \cdot (t_2 - t_1) + \frac{1}{\varrho}(p_2 - p_1)$$

$$= 4{,}19 \cdot 10^3 \cdot 2 + 10^{-3} \cdot 100 \cdot 10^5 = 18{,}38\,\text{kJ/kg}$$

$$Y = 10\,\text{kJ/kg}$$

Bei diesen Druckerhöhungen kann man die Temperaturerhöhungen nicht vernachlässigen.

$$s_{12} = c_F \cdot ln\frac{295}{293} = 28{,}5\,\text{J/kg K}$$

Dissipationsenergie $j_{12} = T_m \cdot s_{12} = \dfrac{2}{ln\dfrac{295}{293}} \cdot 28{,}5 = 8{,}38\,\text{kJ/kg K}$

$$w_{t-12} = v(p_2 - p_1) + j_{12} = 18{,}38\,\text{kJ/kg}$$

Die Pumpe wird in der Regel nicht isoliert, sodass die erzeugte innere Energie u_{12} an die Umgebung abgeführt wird und die spezifische Stutzenarbeit $Y = v(p_2 - p_1)$ wird.

Wirkungsgrad η_e:

$$\eta_e = \frac{Y}{h_2 - h_1} = \frac{10}{18{,}38} = \text{ca. } 55\,\%$$

Beispiel 26

Betriebsdaten einer Kreiselpumpe:

Wasservolumenstrom (20 °C) $\dot{V} = 160\ \text{m}^3/\text{h}$, $p_1 = 0{,}8\,\text{bar}$, $p_2 = 8\,\text{bar}$.

Gesucht

a) die Stutzenarbeit Y,

b) die Wellenleistung P bei $\eta_e = 0{,}8$.

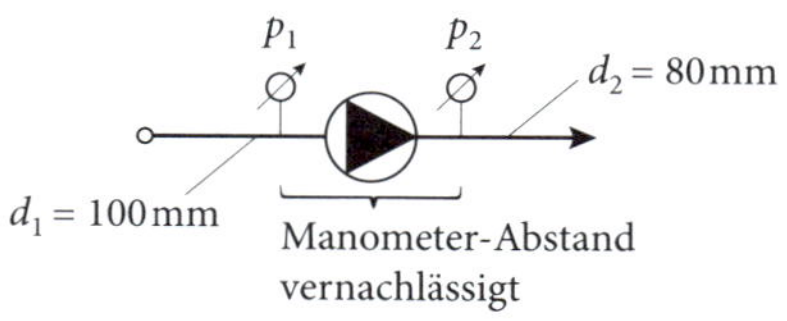

Zu a) $Y = \dfrac{p_2 - p_1}{\varrho} + \dfrac{c_2^2 - c_1^2}{2} + \underbrace{e_{pot}}_{\%}$

$$c_1 = \frac{\dot{V}}{A_1} = \frac{160}{3600 \cdot 0{,}1^2 \cdot \frac{\pi}{4}} = 5{,}66\,\text{m/s}$$

$$c_2 = \frac{160}{3600 \cdot 0{,}08^2 \cdot \frac{\pi}{4}} = 8{,}85\,\mathrm{m/s}$$

$$Y = \frac{(8 - 0{,}8) \cdot 10^5}{1000} + \frac{8{,}85^2 - 5{,}66^2}{2} = 743{,}14\,\mathrm{J/kg}$$

Zu b) $P = \frac{\dot{m} \cdot Y}{\eta_e} = \frac{160 \cdot 743{,}14}{3600 \cdot 0{,}8} = 41{,}29\,\mathrm{kW}$

Beispiel 27

Gegeben sind $\dot{V}_z = 170\ \mathrm{m^3/h}$, $H_z = 30\,\mathrm{m}$, kinematische Viskosität $\nu = 206 \cdot 10^{-6}\,\mathrm{m^2/s}$; $\varrho = 900\,\mathrm{kg/m^3}$.

Aus Abb. 87 entnimmt man:

$K_Q = 0{,}94$

$K_H = 0{,}92$

$K_\eta = 0{,}64$

Daraus ergeben sich die Werte für die Förderung von Wasser:

$$\dot{V}_w = \frac{\dot{V}_z}{K_Q} = \frac{170}{0{,}94} = 181\,\mathrm{m^3/h}$$

$$H_w = \frac{H_z}{K_H} = \frac{30}{0{,}92} = 32{,}6\,\mathrm{m}$$

nach denen die entsprechende Pumpengröße auszuwählen ist.

Hat die Pumpe bei Wasser $\eta_w = 0{,}8$, so wird $\eta_z = K_\eta \cdot \eta_w = 0{,}8 \cdot 0{,}64 = 51\,\%$

Antriebsleistung

$$P_e = \frac{\dot{V}_z \cdot \varrho \cdot g \cdot H_z}{\eta_z} = \frac{170 \cdot 900 \cdot 9{,}81 \cdot 30}{3600 \cdot 0{,}51} = 24{,}53\,\mathrm{kW}$$

Der Transport von zähen Flüssigkeiten in Rohrleitungen bedeutet einen höheren Druckabfall bei gleichem Durchmesser im Vergleich zu Wasser:

$$\frac{\Delta p_z}{\Delta p_w} = \left(\frac{c_w}{c_z}\right)^{1{,}75} \cdot \left(\frac{\varrho_w}{\varrho_z}\right)^{0{,}75} \cdot \left(\frac{\nu_w}{\nu_z}\right)^{0{,}25}$$

c = spezifische Wärmekapazität

2.3 Wärmeübertrager

Die Wärmeübertrager oder Wärmetauscher in den Kälteanlagen beeinflussen die wirtschaftlichen und funktionellen Betriebsweisen in entscheidendem Maß. Bei der Projektierung und Auslegung kann der COP-Wert (Coeffizient OF Performance Leistungszahl ε) des Verdichters nachhaltig beeinflusst werden.

$$\text{COP} = \frac{\text{Kälteleistung}}{\text{Antriebsleistung}}$$

Bauarten:

- Bündelrohr- und Plattenwärmeübertrager für Verdampfer und Verflüssiger,
- Rohrschlangen-Wärmeübertrager für Rückkühlsysteme,
- Koaxialwärmeübertrager für Verdampfer und Verflüssiger,
- Lamellenwärmeübertrager für Verdampfer und Verflüssiger.

2.3.1 Verdampfer

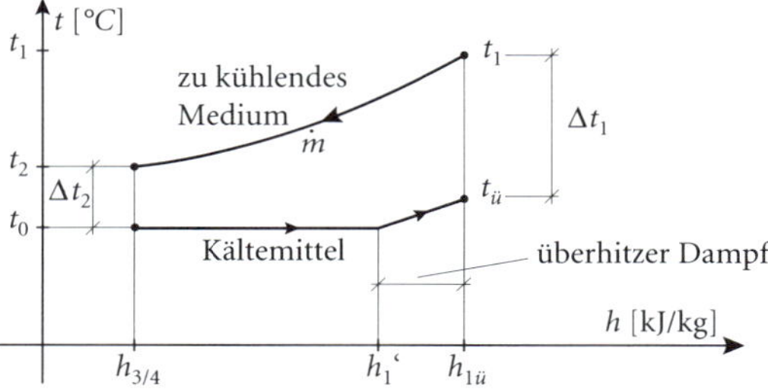

Abb. 88: Temperaturverlauf im Gegenstromverdampfer

$$\dot{Q}_o = \dot{m}_K\left[\left(h_1^{'} - h_{\frac{3}{4}}\right) + (h_{1ü} - h_1^{'})\right] = k \cdot A \cdot \Delta\vartheta m = \dot{m} \cdot c \cdot (t_2 - t_1)$$

$\dot{m}_K$ = Kältemittelstrom, c = spezifische Wärmekapazität kJ/kg K

$$\Delta\vartheta m = \frac{\Delta t_1 - \Delta t_2}{ln\frac{\Delta t_1}{\Delta t_2}}$$

Bauarten:

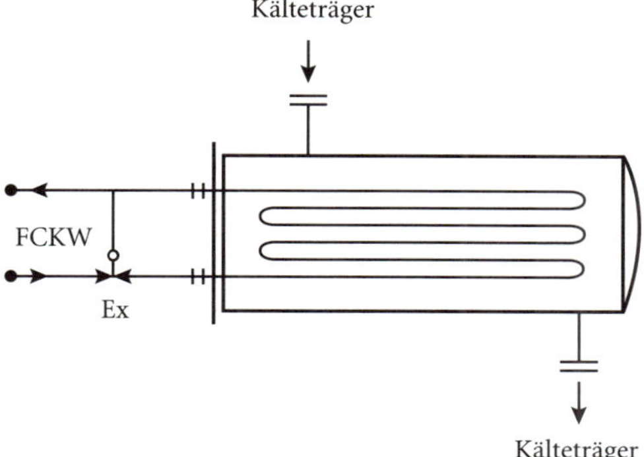

Abb. 89: Trockene Verdampfung (Durchlaufkühler) zur Kühlung eines flüssigen Kälteträgers

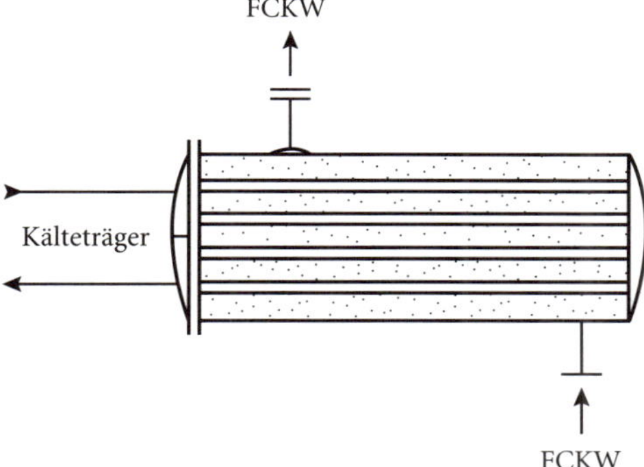

Abb. 90: Überfluteter Rohrbündel-Verdampfer zur Kühlung eines flüssigen Kälteträgers

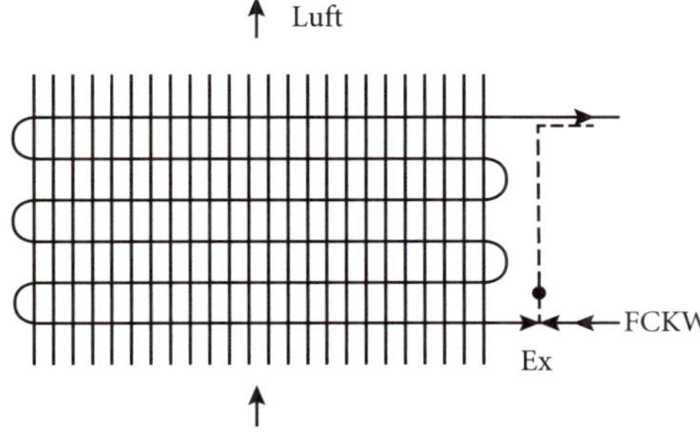

Abb. 91: Trockenverdampfer (Lamellenverdampfer) zur direkten Kühlung von Luft bzw. Gasen

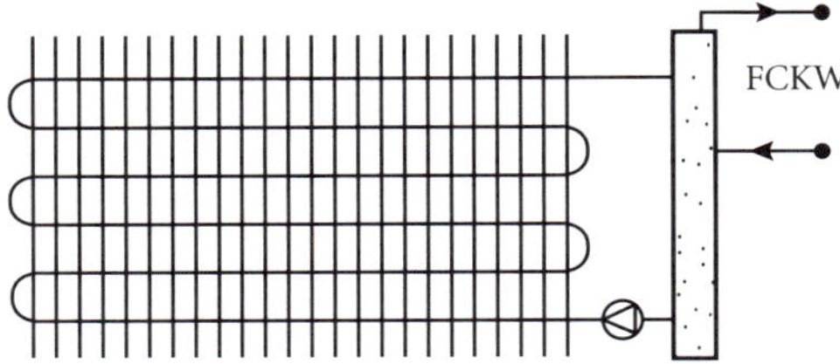

Abb. 92: Überfluteter Verdampfer mit Zwangsumlauf (Pumpen-Anlage) zur direkten Kühlung von Luft bzw. Gasen

α-Werte bzw. k-Werte nach Abschnitt 1.6:

$$\frac{1}{k \cdot A} = \frac{1}{(\alpha \cdot A)i} + \underbrace{\frac{\delta}{\lambda \cdot A_m}}_{\text{vernachlässigbar}} + \frac{1}{(\alpha \cdot A)a} \quad \text{ohne Verschmutzung}$$

Bei Luftkühlung ist $\frac{1}{\alpha_i}$ gegenüber $\frac{1}{\alpha_a}$ sehr klein, und man kann $k \approx \alpha_a$ ansetzen; bei Kälteträgern:

$$k = \frac{1}{\frac{1}{\alpha_i} \cdot \frac{A_a}{A_i} + \frac{1}{\alpha_a}}$$

Der überflutete Lamellenverdampfer zur Kühlung von Luft hat einen besseren k-Wert (ca. $\frac{1}{3}$) als der Lamellen-Trockenverdampfer, bedingt durch die weitgehend einheitliche Lufttemperatur auf der Austrittsseite.

2.3.2 Verflüssiger (Kondensator)

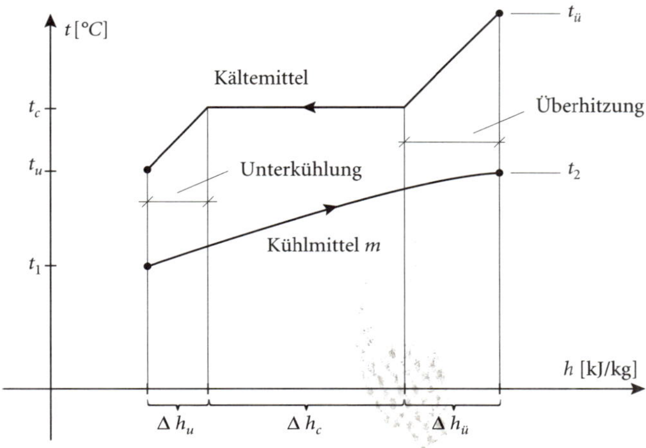

Abb. 93: Temperaturverlauf im Gegenstromverflüssiger

$$\dot{Q}_c = \dot{m}_K(\Delta h_u + \Delta h_c + \Delta h_ü) = k \cdot A \cdot \Delta\vartheta m = \dot{m} \cdot c \cdot (t_2 - t_1)$$

Bauarten

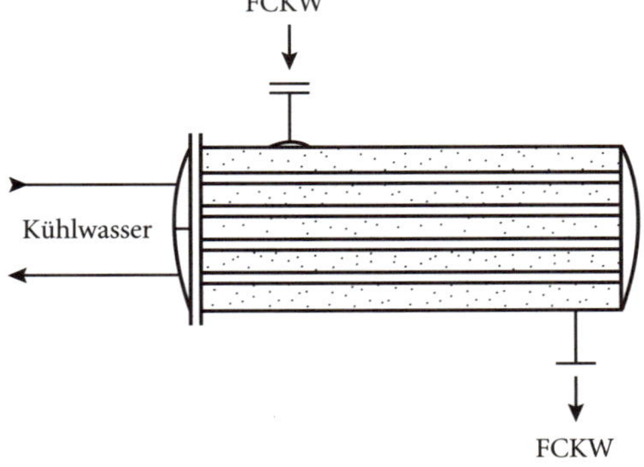

Rohrbündel-Verflüssiger mit Kühlwasser

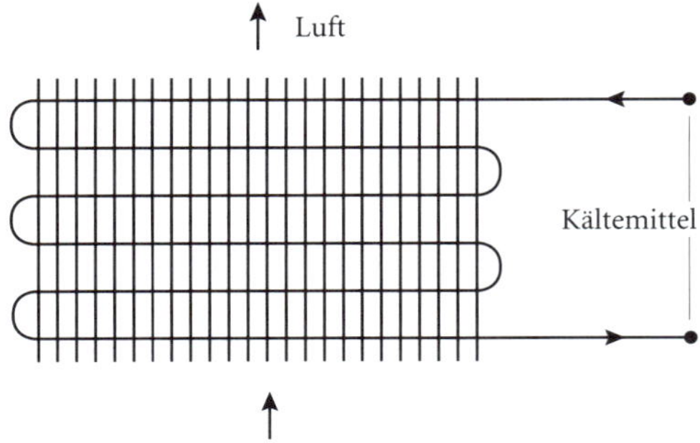

Luftgekühlter Kondensator analog dem Lamellenverdampfer

Abb. 94: Bauarten von Kondensatoren

2.4 Bemessung der Rohrnetze

Für die hydraulische Dimensionierung sind

- Druckverlust
- Strömungsgeschwindigkeit und
- Ölrückführung

von grundlegender Bedeutung.

Druckverlust der *Kompakt-Kältemaschine*:

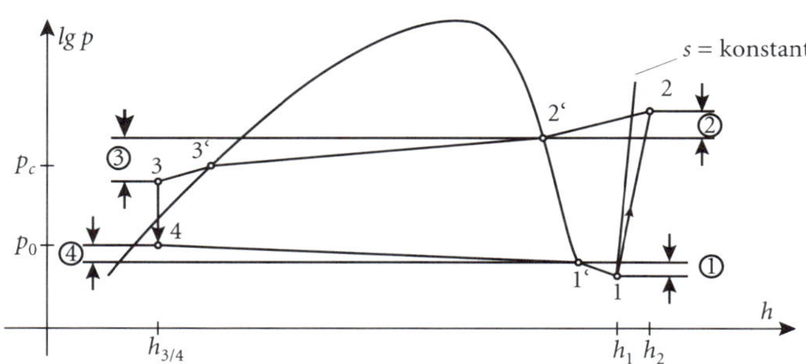

1 Druckverlust der Saugleitung,
2 Druckverlust der Druckleitung (Heißgas),
3 Druckverlust im Kondensator plus Flüssigkeitsleitung
4 Druckverlust im Verdampfer
Richtwert $1 + 4 \approx 2 + 3 =$ ca. 0,2…0,5 bar

Abb. 95: Realprozess der Kältemaschine

Bei Splitanlagen sind die Druckverluste der Flüssigkeitsleitung, Saug- und Heißgasleitungen mittels einer Rohrnetzberechnung zu ermitteln. Die Rückführung kältemittellöslicher Schmiermittel in Rohrleitungen ist ein Kriterium der Strömungsgeschwindigkeit. Hier sei auf die spezielle Literatur verwiesen. Wichtig ist die Flüssigkeitsunterkühlung – zur Vermeidung der Dampfbildung (Flashgas) bis zum Expansionsventil – für die Flüssigkeitsleitung und die Beachtung von zusätzlichen statistischen (geodätische) Höhen bei den Druckverlustberechnungen.

Empfohlene Geschwindigkeiten in m/s

	Sole	Wasser	Kältemittel	
	1…1,5	1…2,0	NH_3	FKW
Saugleitung			6…35	2…25
Druckleitung			8…28	2…18
Flüssigkeitsleitung			0,7	0,5
Verdampfereinspritzleitung (bezogen auf den Dampfanteil)			9…18	6…12
RL Verflüssiger/Sammler-Exventil			0,5	0,5
Pumpenansaugleitung			0,3	0,3
Pumpenvorlaufleitung			1,5	1,5
Pumpenrücklaufleitung			1,5	1,5

Bei Überschlagsrechnungen für Saug-Druck-Flüssigkeitsleitungen: 100 Pa/m.

Man kann auch, wie in der Kältetechnik üblich, den vorgegebenen Druckverlust als Temperaturgradient entlang der Dampfdruckkurve des jeweiligen Kältemittels ausdrücken. Z. B. R134a bei $t_c = 40\,°C$.

Unterkühlung 5 K ergibt ca. 1 bar zur Verfügung stehende Druckdifferenz zur Dampflinie.

Der gesamte Druckabfall eines Kältekreises gemäß Gleichung 44/45:

$$\Delta p_{\text{ges}} = \left(\frac{\lambda}{d} \cdot l + \sum\zeta\right) \cdot \frac{\varrho}{2} \cdot c^2 + \Delta P_{\text{Bauteile}} + h_{\text{geo}} \cdot \varrho \cdot g$$

k_v-Werte, λ-Werte (siehe Seite 72)

ζ-Werte aus Tabellenbücher (siehe Literaturhinweise)

Wirksamer Druckabfall am Expansionsventil:

$$\Delta p_{ex} = p_a - p_0 - \Delta p_{\text{ges}}$$

3 Einige Verfahren der Kälteerzeugung

3.1 Mechanische Kälteerzeugung

3.1.1 Kaltdampfkältemaschine

Die Kaltdampf-Kompressionskältemaschine hat die größte Bedeutung in der

- Lebensmittelversorgung,
- chemischen Verfahrenstechnik,
- Klimakälte
- etc.

Diese Kältemaschinen (bzw. Wärmepumpen) enthalten als Energieträger umlaufende Fluide, die *Kältemittel* genannt werden. Die thermodynamischen Eigenschaften des eingesetzten Kältemittels beeinflussen Konstruktion, Funktion und Energieverbrauch einer Kältemaschine.

Die wichtigste thermodynamische Forderung richtet sich an die *Dampfdruckkurve*:

- bei Verdampfungstemperaturen sollte der Dampfdruck über dem atmosphärischen Druck liegen (wegen Leckagen),
- die kritische Temperatur sollte weit über der Umgebungstemperatur liegen, damit der Druck bei der Kondensation nicht zu hoch liegt ($\approx$ 20 bar),
- hohe Verdampfungsenthalpie,
- hohe volumetrische Kälteleistung,
- hohe ideale Leistungszahl (COP),
- niedrige isentrope Verdichtungsendtemperatur,
- niedrige dynamische Viskosität,
- hohe Wärmeleitfähigkeit.

Weitere Forderungen an das Kältemittel:

- ungiftig,
- nicht brennbar,
- thermisch und chemisch stabil,
- umweltverträglich.

Kein Kältemittel erfüllt all diese Forderungen.

Einteilung von Kältemitteln:

- Fluorchlorkohlenwasserstoffe **FCKW** z. B. R11, R12, (verboten)
- teilhalogenierte Fluorchlorkohlenwasserstoffe **H-FCKW** z. B. R22, R123, (verboten)
- Fluorkohlenwasserstoffe **FKW** z. B. R14, R116,

- teilhalogenierte Fluorkohlenwasserstoffe **H-FKW** z. B. R134a, R227,
- Kohlenwasserstoffe **KW**, z. B. R290, R600a.

Natürliche Kältemittel:

- Ammoniak (R717) **NH_3**, eingesetzt in Brauereien, Milchwirtschaft, chemischer Industrie etc. Anwendung auch in der Klimakälte für *Kaltwassersätze* mit 200 kW bis 2 MW Kälteleistung. Nachteilig ist der hohe Isentropenkoeffizient ($\kappa = 1{,}31$ im Vergleich $\kappa = 1{,}18$ bei R22), was zu höheren Verdichtungsendtemperaturen führt.
- Kohlendioxid (R744) **CO_2** hat eine hohe volumetrische Kälteleistung mit kleinem umlaufenden Massenstrom. Nachteilig ist die sehr hohe Dampfdrucklage, die eine Prozessführung im transkritischen Bereich bedingt, das heißt die isobare Wärmeabgabe erfolgt *überkritisch*, was einen *Gasrückkühler* erfordert. Anwendung zunehmend bei der Lebensmittelkühlung.
- Wasser **H_2O** ist ein ideales Kältemittel, dessen Anwendungsbereich sich auf die Klimakälte beschränkt, da die Verdampfungstemperaturen oberhalb von 0 °C liegen. Nachteilig ist das hohe spezifische Dampfvolumen und die daraus resultierende geringe volumetrische Kälteleistung, was den Einsatz von Strömungsmaschinen (Turboverdichtern) als Verdichter erfordert (sinnvoll erst bei großen Kälteleistungen).

Der Realprozess

Der Prozess einer realen Kaltdampfmaschine weicht in folgenden Punkten vom Idealprozess ab:

- Überhitzung des trocken gesättigten Dampfes (Sattdampf) 1' → 1 um Dampf- bzw. Flüssigkeitsschläge zu vermeiden.

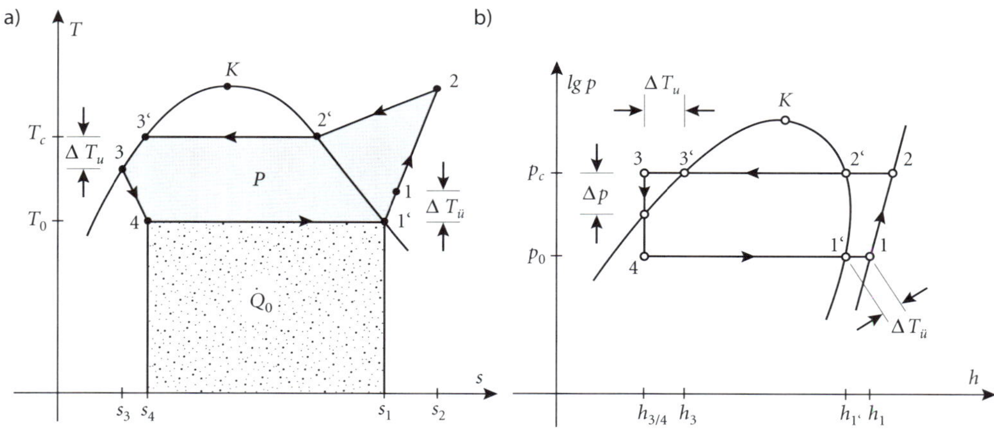

Abb. 96: Realprozess im a) *T,s*-Diagramm b) *lg p,h*-Diagramm

- Unterkühlung des Kältemittels auf eine Temperatur unterhalb der Verflüssigungstemperatur bei Sättigungsdruck 3' → 3 um sicherzustellen, dass die Kondensation vollständig ist, um unerwünschtes Vorverdampfen infolge Druckabfall zu vermeiden.

- polytropische Verdichtung 1 → 2 (Überhitzung des Sattdampfes) von p_o auf p_c ($T_2 > T_2'$),
- Wärmeabfuhr des Heißdampfes mit Temperaturabsenkung von der Verdichtungsendtemperatur auf die Kondensationstemperatur (Verflüssigungstemperatur Punkt 2' = Sattdampftemperatur).
- Nach der Unterkühlung 3' → 3, isenthalpe Entspannung anstelle der isentropen Expansion (die sehr schwer zu verwirklichen ist).

Weiterhin treten beim Realprozess Irreversibilitäten auf, die den Prozessverlauf verändern: Die *Druckverluste* gemäß Abb. 95.

Zusammenfassung der wichtigsten Gleichungen für den Kaltdampf-Kälteprozess (Abb. 96)

$$\dot{Q}_c = \dot{m}_K(h_2 - h_3);$$

$$\dot{Q}_o = \dot{m}_k(h_1 - h_4) = \dot{V} \cdot q_{ov} = \dot{V} \cdot \varrho_1(h_1 - h_4);$$

q_{ov} = volumetrische Kältearbeit kJ/m³

$$P \;= \dot{Q}_c - \dot{Q}_o = \dot{m}_K(h_2 - h_1);$$

$$\varepsilon_o \;= COP = \frac{\dot{Q}_o}{P};$$

Der Verdichtungsvorgang des realen Prozesses in Abweichung vom idealen Prozess (mit isentropischer Verdichtung) berücksichtigt der innere Gütegrad η_i (analog Gleichung 53):

$$\eta_i = \frac{h_2^s - h_1}{h_2 - h_1} = \frac{\varepsilon_o}{\varepsilon_{c-o}}; \quad h_2^s = \text{spezifische Enthalpie bei } s = \text{konstant}$$

$$\pi = \frac{p_c}{p_o} \text{ Druckverhältnis}$$

Effektive Verdichterleistung P_e:

$$P_e = \frac{\dot{m}_K \cdot W_t}{\eta_m} = \frac{\dot{m} \cdot w_t^{\text{rev}}}{\eta_i \cdot \eta_m} \text{ in kW}$$

η_m = mechanischer Wirkungsgrad (ca. 0,85…0,92)

Effektive Leistungszahl $\varepsilon_{o-e} = \dfrac{\dot{Q}_o}{P_e}$

Effektiver Gütegrad $\eta_e = \dfrac{\varepsilon_{o-e}}{\varepsilon_{c-o}}$ (ca. 0,5…0,6)

Klemmenleistung des Antriebsmotors P_{KL}:

$$P_{KL} = \frac{P_e}{\eta_{\text{el}}} = \frac{\dot{m} \cdot w_t^{\text{rev}}}{\eta_i \cdot \eta_m \cdot \eta_{\text{el}}}$$

η_{el} = elektrischer Wirkungsgrad (ca. 0,75…0,9)

Gemäß Abb. 40/63:
Volumenstrom im Ansaugzustand

$$\dot{V} = \frac{\dot{Q}_o}{q_{o-v}}$$

$$\dot{V}_{\text{geo}} = \frac{\dot{V}}{\lambda} \quad (\lambda \approx 0{,}93 - 0{,}06(\pi - 1))$$

$$(\dot{V}_{\text{geo}} \text{ oder } \dot{V}_h \text{ oder } \dot{V}_g),\ \pi = \frac{p_2}{p_1},$$

Exergiebilanzgleichung der Kältemaschine:

$$\dot{E}_v = \dot{W}_t - \dot{E}_{Q_o} - \dot{E}_{RK},$$

$$\dot{W}_t = P_e$$

$$\dot{E}_{Q_o} = \frac{T_u - T_o}{T_o} \cdot \dot{Q}_o,$$

$$\dot{E}_{RK} = \dot{m} \cdot c\left(T_{RK} - T_u - T_u \cdot ln\frac{T_{RK}}{T_u}\right),$$ = nutzlos abfließender Exergiestrom der Rückkühlung am Kondensator (z. B. in der Außenluft oder Wasser)

T_{RK} = Austrittstemperatur des Rückkühlmediums

Exergetischer Wirkungsgrad ξ_o:

$$\xi_o = \frac{\dot{E}_{Q_o}}{P_{\text{el}}} = 1 - \frac{\dot{E}_v}{P_{\text{el}}}$$

Anmerkung: Das Äquivalent des Druckverlustes in den Leitungsabschnitten *Sauggas, Druckgas, Flüssigkeit* soll jeweils nicht mehr als 1 K einer Kältemaschinen-Einheit betragen (siehe Seite 150)

Das Druckverhältnis $\pi = \frac{p_c}{p_o}$ kann nicht beliebig gesteigert werden, weil die Eigenschaften des Kältemittels eine Grenze setzen. Man geht dann zur *Kaskadenschaltung* Abb. 97 über, bei der zwei Kreisläufe mit verschiedenen Kältemitteln miteinander gekoppelt werden.

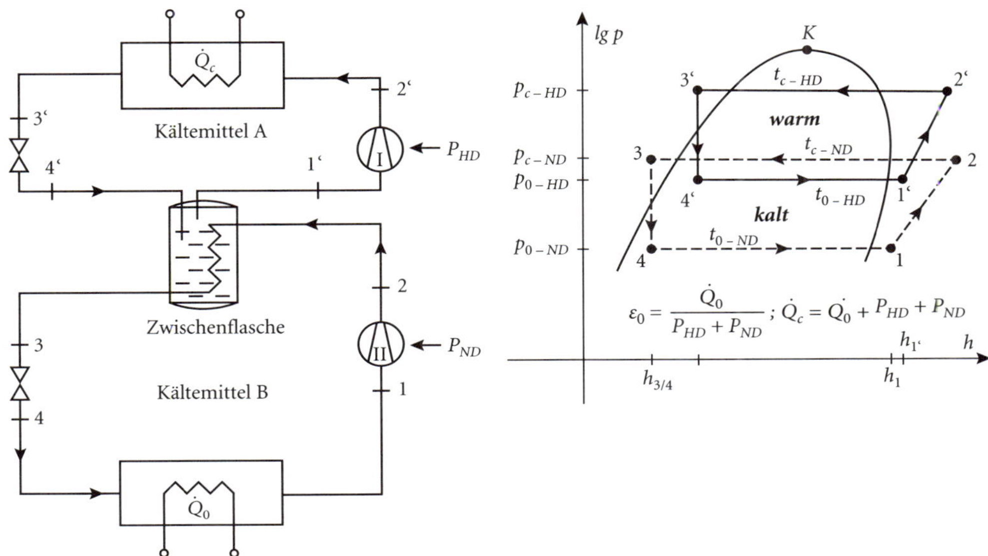

Abb. 97: zweistufige Kälteanlage in Kaskadenschaltung

Anwendung bei tiefen Verdampfungstemperaturen, da der abzusaugende und zu verdichtende Volumenstrom bei tiefen Temperaturen viel größer ist als bei höheren, um eine bestimmte Kälteleistung zu erzeugen.

Kälteanlagen für Pumpenbetrieb

Wird angewendet wenn:

- mehrere, weit entfernte Verdampfer mit Kältemittel zu versorgen sind (z. B. Supermarkt),
- bei großen Strömungswiderständen,
- gleichmäßige Verdampfung gefordert wird.

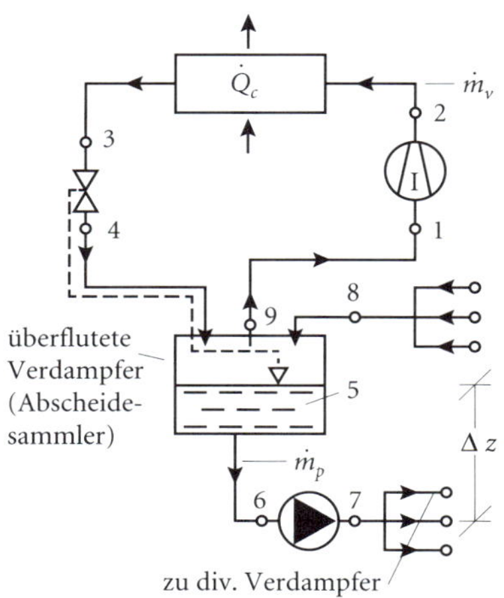

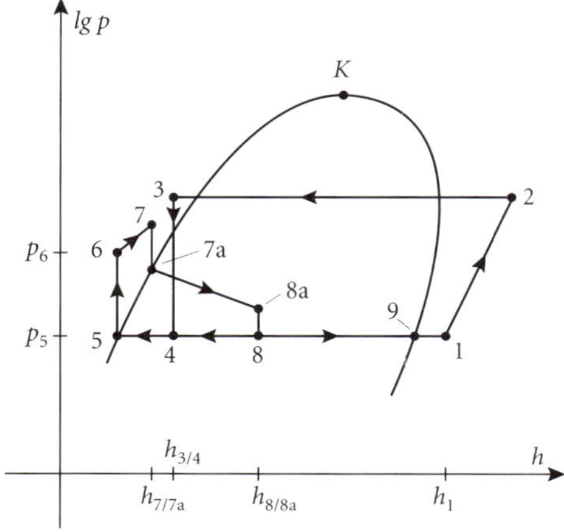

Abb. 98: einstufige Kälteanlage für Pumpenbetrieb

Zu Abb. 98: 5 – 6 statische Druckhöhe des flüssigen Kältemittels,
6 – 7 Pumpenförderhöhe,
7 – 7a Druckverlust Δp_v ($\Delta h = 0$) zu den einzelnen Verdampfern,
7a – 8a Druckabfall bei Verdampfung der einzelnen Verbraucher bei Wärmeaufnahme,
8a – 8 Druckabfall Δp_v ($\Delta h = 0$) in der Rücklaufleitung

Da die Enthalpieänderung $h_7 - h_6$ der Pumpe klein ist im Vergleich zu $h_8 - h_6 = h_8 - h_5$, kann $h_8 - h_7 \approx h_8 - h_6$ gesetzt werden.
Kälteleistung:

$$\dot{Q}_o = \dot{m}_p(h_8 - h_7) \approx \dot{m}_p(h_8 - h_6) = \dot{m}_v(h_1 - h_4)$$

$\dot{m}_p$ = Massenstrom (Fördermenge) der Pumpe
$\dot{m}_v$ = Massenstrom des Verdichters

Die Pumpe ist energetisch günstiger als der Verdichter.

Umwälzverhältnis $\frac{\dot{m}_p}{\dot{m}_v}$ ca. 2…4…8

Sie ist möglichst tief zu setzen, um Vorverdampfung und Kavitation zu vermeiden:

$$p_6 - p_5 \triangleq \varrho \cdot g \cdot \Delta z$$

Es ist ein verstärkter Trend zu *natürlichen Kältemitteln* (vor allem in Supermärkten) festzustellen, wie zu Ammoniak und zu Kohlendioxid (R744).

Vorteile von CO_2:

- thermisch stabil,
- hohe spezifische volumetrische Kältearbeit q_{o-v}
- geringer umlaufender Massenstrom (als Folge von q_{o-v}) und niedrige Viskosität, dadurch Reduzierung des Rohrleitungsdruckgefälles als *Kälteträger* mit geringen Pumpleistungen,
- Einsatzgebiet im Tiefkühlbereich (– 10 °C…– 55 °C).

Nachteilig ist bei konventioneller Rückkühlung (vorwiegend Luftkühlung) die sehr hohe Dampfdrucklage bei Umgebungstemperatur, die eine *transkritische* Prozessführung erfordert.

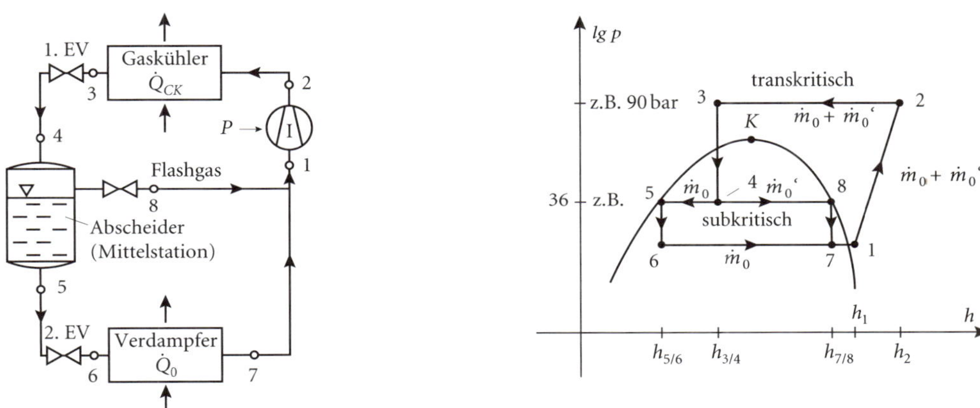

Abb. 99: CO_2-Kälteanlage im *transkritischen* und *subkritischen* Bereich für tiefe Temperaturen

Im transkritischen Bereich tritt anstelle des Verflüssigers ein *Gaskühler*. Um z. B. nicht mit einem Druck von ca. 90 bar aus dem Gaskühler in die Anlage zu gehen, (aus Sicherheitsgründen) wird in einer sogenannten *Mittelstation* z. B. auf 36 bar entspannt. Deshalb werden die transkritischen Kälteanlagen in zweistufiger Entspannung ausgeführt. Der bei der ersten Expansion im Abscheider sich einstellende Dampfanteil wird als *Flashgas* ($\dot{m}_o'$) bezeichnet. Der geringere Massenstrom $\dot{m}_o$ über den oder die Verdampfer ermöglicht kleinere Dimensionen bei den Anlagen (Rohrleitungen und Armaturen) sowie kleinere Verdichter.

Beispiele zu Abschnitt 3.1.1

Beispiel 28

Gesucht:

a) Kreisprozess im *lg p,h*-Diagramm,

b) spezifische Enthalpien in Punkt 1, 2, 3…10 in Tabellenform

c) Kältemittelströme $\dot{m}_{o_1}$ und $\dot{m}_{o_2}$ und $\dot{\varepsilon}_o$

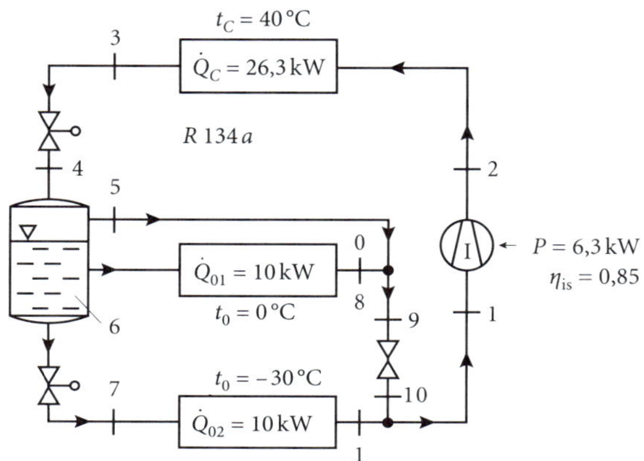

Lösung:

a)

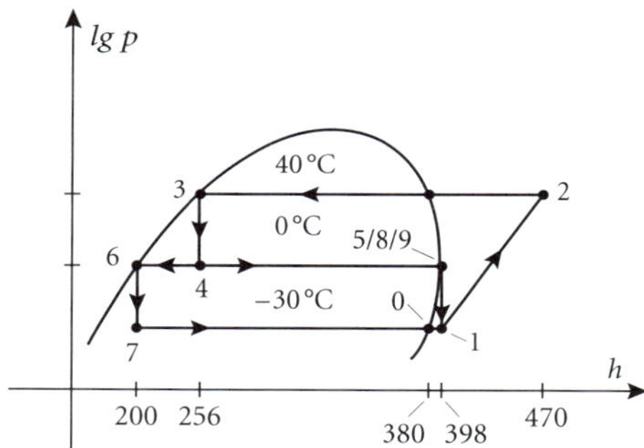

b)

	0	1	2
h kJ/kg	380	398	470

	3/4	5/8/9	6/7
h kJ/kg	256	398	200

c) $\dot{m}_{o_1} = \dfrac{10}{398 - 256} = \quad 0{,}07\,\text{kg/s}$

$$\dot{m}_{o_2} = \frac{10}{398 - 200} = \quad \underline{0{,}05\,\text{kg/s}}$$

$$\underline{\underline{0{,}12\,\text{kg/s}}}$$

$$\varepsilon_o = \frac{20}{0{,}12 \cdot 72} = 2{,}32$$

Beispiel 29

Eine zweistufige Kälteanlage gemäß Abb. 61 mit R134a hat folgende Daten:

- $\dot{Q}_o = 100\,\text{kW}$, $t_o = -50\,°\text{C}$, $t_c = 30\,°\text{C}$ bei $t_u^{'} = 25\,°\text{C}$; isentroper Verdichterwirkungsgrad $\eta_{sv}^{HD} = \eta_{sv}^{ND} = 0{,}8$
- Raumtemperatur $t_R = -45\,°\text{C}$
  Umgebungstemperatur $t_u = 15\,°\text{C}$

Gesucht: (mit dem *lg p,h*-Diagramm)

a) Antriebsleistungen P_{ND} und P_{HD};

b) ε_o und exergetischer Wirkungsgrad ξ_o;

c) Antriebsleistung bei gleichen Parametern jedoch einstufig mit $\eta_{sv} = 0{,}73$.

Lösung:

a) $p_o = 0{,}3\,\text{bar}$, $p_c = 7{,}7\,\text{bar}$,

$$p_m = \sqrt{p_o \cdot p_c} = \sqrt{7{,}7 \cdot 0{,}3}\,\text{bar} = 1{,}52\,\text{bar}$$

spezifische Enthalpien aus dem *lg p,h*-Diagramm: (ca.)

$h_1 = 367\,\text{kJ/kg}$	
$h_2 = 408\,\text{kJ/kg}$	$s_{1'} = 1{,}78\,\text{kJ/kg K}$
$h_{3/4} = 177\,\text{kJ/kg}$	
$h_5 = 390\,\text{kJ/kg}$	
$h_6 = 430\,\text{kJ/kg}$	$s_{6'} = 1{,}74\,\text{kJ/kg K}$
$h_{7/8} = 234\,\text{kJ/kg}$	

$$P_{ND} = \frac{\dot{m}_{ND}}{\eta_{sv}}(h_2^{'} - h_1) = \dot{m}_{ND}(h_2 - h_1)$$

$$\dot{m}_{ND} = \frac{\dot{Q}_o}{(h_1 - h_{3/4}} = \frac{100}{(367 - 177)}\text{kg/s} = 0{,}53\,\text{kg/s}$$

$$P_{ND} = 0{,}53(408 - 367)kW = 21{,}73\,\text{kW}$$

$$\dot{m}_{HD} = \dot{m}_{ND} \cdot \frac{h_2 - h_3}{h_5 - h_{7/8}} = 0{,}53 \cdot \frac{408 - 177}{390 - 234}\text{kg/s} = 0{,}79\,\text{kg/s}$$

$$P_{HD} = \dot{m}_{HD}(h_6 - h_5) = 0{,}79 \cdot (430 - 390)\text{kW} = 31{,}6\,\text{kW}$$

$$P = P_{HD} + P_{ND} = 21{,}73\,\text{kW} + 31{,}6\,\text{kW} = 53{,}33\,\text{kW}$$

b) $\varepsilon_o = \frac{\dot{Q}_o}{P} = 1\frac{100}{53{,}33} = 1{,}88$

$$\xi_o = \frac{\eta_c \cdot \dot{Q}_o}{P}; \quad \varepsilon_o = \frac{\dot{Q}_o}{P}$$

$$\eta_c = \left(\frac{T_u}{T_o} - 1\right) = \left(\frac{288}{223} - 1\right) = 0{,}29$$

$$\dot{\xi}_o = 0{,}29 \cdot 1{,}88 = 0{,}55$$

c) $\dot{m}_o = \frac{\dot{Q}_o}{h_1 - h_{7/8}} = \frac{100}{367 - 234}\text{kg/s} = 0{,}75\,\text{kg/s}$

$$\text{P} = \frac{\dot{m}_o}{\eta_{sv}}(435 - 367)\text{kW} = \frac{0{,}75}{0{,}73}(435 - 367)\text{kW} = 70\,\text{kW}$$

$$h_2' = 435 \text{ bei } s_2' = 1{,}78\,\text{kJ/kg K}$$

$$\left(\varepsilon_o = \frac{100}{70} = 1{,}43 \curvearrowright \xi_o = 0{,}29 \cdot 1{,}43 = 0{,}41\right)$$

Beispiel 30

Gewerbliche Kälteanlage mit R134a, $t_o = -10\,°\text{C}$, $\dot{Q}_o = 8\,\text{kW}$; Kondensatorwassergekühlt $t_c = 25\,°\text{C}$

Gesucht: $\dot{m}_K$, P (isentrope Verdichterleistung)
$\dot{Q}_c$, $\dot{V}_o''$, ε_K,
Wie ändern sich die v. g. ermittelten Größen, wenn $\Delta t_u = 5\,\text{K}$, $\Delta t_u'' = 10\text{k}$, $t_1' = 15\,°\text{C}$?

Lösung:

$$\dot{m}_K = \frac{8}{(392 - 234{,}5)} = 0{,}051\,\text{kg/s}$$

$$P = \dot{m}_K(h_2 - h_1) = 0{,}051 \cdot (417 - 392) = 1{,}3\,\text{kW}$$

$$\dot{Q}_c = \dot{m}_K \cdot (h_2 - h_3) = 0{,}051(417 - 235) = 9{,}28\,\text{kW}$$

$$\dot{V}_1'' = \dot{m}_K \cdot v_1'' = 0{,}051 \cdot 0{,}1 = 0{,}0051\ \text{m}^3/\text{s}$$

$$\varepsilon_K = \frac{h_1 - h_4}{h_2 - h_1} = \frac{392 - 235}{417 - 392} = 6{,}3$$

$$\dot{m}_K' = \frac{8}{h_1' - h_3'} = \frac{8}{405 - 228} = 0{,}045\,\text{kg/s}$$

$$P' = \dot{m}_K'(h_2' - h_1') = 0{,}045(442 - 405) = 1{,}66\,\text{kW}$$

$$\dot{Q}_c' = \dot{m}_K'(h_2' - h_3' = 0{,}045(442 - 228) = 9{,}63\,\text{kW}$$

$$\dot{V}_{1'}'' = \dot{m}_K \cdot \dot{v}_{1'}'' = 0{,}045 \cdot 0{,}042 = 0{,}0019\ \text{m}^3/\text{s}$$

$$\varepsilon_K' = \frac{\dot{Q}_o}{P} = \frac{8}{1{,}66} = 4{,}8$$

Beispiel 31

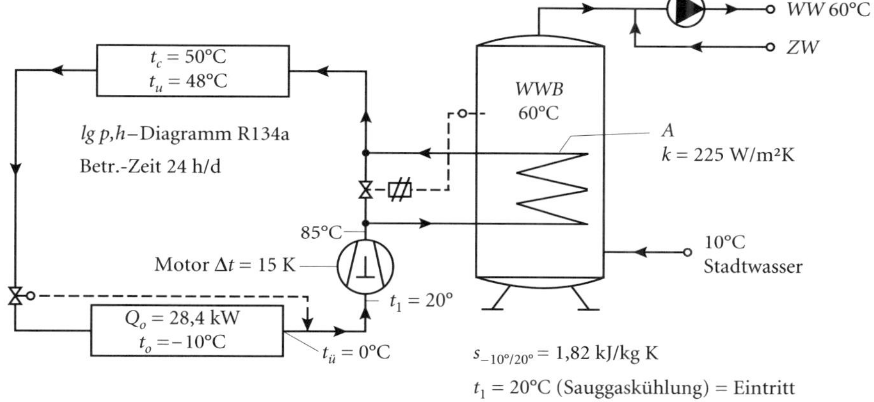

Gesucht ist die Enthitzungsleistung, die Rohrerhitzerfläche und die Warmwassermenge pro Tag.

Lösung:
gemäß *lg p,h*-Diagramm: $h_{-10°/0°C} = 400\,\text{kJ/kg}$

$$\dot{Q}_o = \dot{m}_K(h_{-10°/0°C} - h_{48°_{fl}}) \quad h_{48°C/FL} = 270\,\text{kJ/kg},\ h_{50°_{gas}} = 422\,\text{kJ/kg}$$

$$\dot{Q}_E = \dot{m}_K(h_{2/s\,=\,1{,}82} - h_{50°_{gas}}) \quad h_2 = 463\,\text{kJ/kg}\ (s = \text{konstant}) \triangleq 85\,°\text{C}$$

$$\dot{m}_K = \frac{28{,}4}{400 - 270}\text{kg/s} = 0{,}22\,\text{kg/s}$$

mögliche Enthitzerleistung

$$\dot{Q}_E = \dot{m}_K\,(463 - 422) = 0{,}22 \cdot 41\,\text{kW} = 9{,}02\,\text{kW}$$

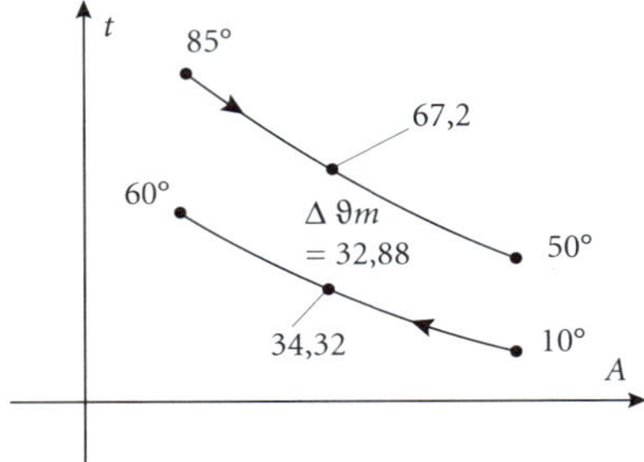

$$\dot{Q}_E = k \cdot A \cdot \Delta\vartheta m$$

$$A = \frac{9{,}02}{225 \cdot 32{,}88} \text{m} = 1{,}22\,\text{m}^2$$

$$\dot{Q} = \dot{m} \cdot c_w \cdot (60° - 10°)$$

$$\dot{m} = \frac{9{,}02}{4{,}2 \cdot 50} \text{kg/s} = 0{,}043\,\text{kg/s} \mathrel{\hat{=}} 3{,}71\,\text{m}^3/\text{d}$$

Beispiel 32

Kaltdampf-Kompressorkältemaschine mit adiabatem, reversibel arbeitendem Verdichter mit R134a:

$\dot{Q}_o = 10\,\text{kW}$, $t_o = -30\,°\text{C}$, $t_c = 27\,°\text{C}$, das Kondensat wird nicht unterkühlt und der Saugdampf nicht überhitzt. Raumtemperatur des Tiefkühlraumes –25 °C, Umgebungstemperatur $t_u = 20\,°\text{C}$. Druck und Wärmeverluste vernachlässigt.

Gesucht:

a) Verdicherleistung P

b) an die Umgebung abgegebene Wärme $\dot{Q}_c$

c) ε_K, ξ_{ex}, η_g.

Lösung:

a) $h_1 = 379\,\text{kJ/kg}$, $h_2 = 424\,\text{kJ/kg}$, $h_4 = 237\,\text{kJ/kg}$,

$$\dot{Q}_o = \dot{m}_K(h_1 - h_4),\ \dot{m}_k = \frac{10}{(379 - 237)} \text{kg/s} = 0{,}07\,\text{kg/s}$$

$$P = \dot{m}_K(h_2 - h_1) = 0{,}07(424 - 379)\text{kW} = 3{,}15\,\text{kW}$$

$$Q_c = \dot{m}_K(h_4 - h_2) = 0{,}07(237 - 424)\text{kW} = -13{,}17\,\text{kW}$$

b) $\varepsilon_K = \frac{(h_1 - h_4)}{(h_2 - h_1)} = \frac{(379 - 237)}{(424 - 379)} = 3{,}16$

oder:

$$\varepsilon_K = \frac{\dot{Q}_o}{P} = \frac{10}{3{,}15} \approx 3{,}16$$

$$\xi_{ex} = \frac{\dot{E}_1}{P} = \frac{T_u - T_{RT}}{T_{RT}} \cdot \varepsilon_K = \frac{293 - 248}{248} \cdot 3{,}16 = 0{,}57$$

$$\varepsilon_c = \frac{T_o}{T_c - T_o} = \frac{243}{300 - 243} = 4{,}27$$

$$\eta_g = \frac{\varepsilon_K}{\varepsilon_c} = \frac{3{,}16}{4{,}27} = 0{,}74$$

3.1.2 Kaltgaskältemaschine

Selbst bei mehrstufigen Anlagen erreicht die Kaltdampfmaschine bei etwa t_o = –100 °C die Grenze ihrer Anwendbarkeit.

Die *Tieftemperaturtechnik* umfasst den gesamten Temperaturbereich der Kälteerzeugung und der Kälteanwendung unterhalb konventioneller Kältetechnik, das heißt unterhalb von ca. 160 K (ca. –110 °C) bis zum thermodynamisch nicht erreichbaren *absoluten Nullpunkt* von Null Kelvin (–273,15 °C).

Die Tieftemperaturtechnik oder *Kryotechnik* nutzt vorrangig die Kälteerzeugung mit *Kaltgasmaschinen* oder *Gaskältemaschinen* mit gedrosselter (isenthalper) und adiabatischer (isentroper) Expansion.

Dabei wird das komprimierte Hochdruckgas durch Wärmeübertrager mit dem kalten Niederdruckgas gekühlt.

Die aufzuwendende Kompressionsarbeit kann durch:

- mechanische Verdichtung,
- thermische Verdichtung,
- sorptive Prozesse,

erfolgen.

Der thermodynamische Wirkungsgrad bei Tieftemperaturprozessen ist wesentlich kleiner als im konventionellen Bereich.

Nachstehend ist die mechanische Kaltgasmaschine mit idealem Gas als *linkslaufender Joule-Kreisprozess* (Abb. 100) mit isentroper Expansion dargestellt.

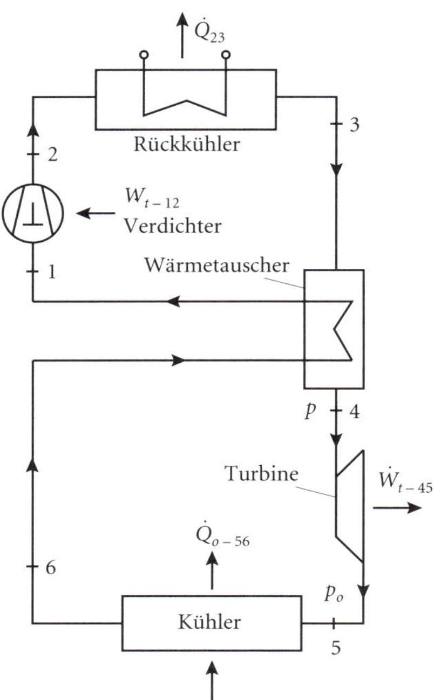

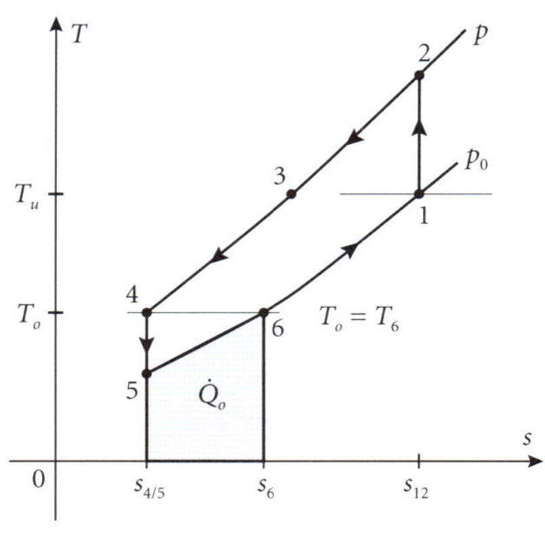

Abb. 100: Gaskältemaschine als idealer Joule-Kreisprozess im *T,s*-Diagramm

Die erzeugte Kälteleistung $\dot{Q}_o$:

$$\dot{Q}_o = \dot{m}(h_6 - h_5) = \dot{m} \cdot c_p(T_6 - T_5) = \dot{m} \cdot c_p \cdot (T_o - T_5) = \dot{m} \cdot (h_4 - h_5) = -\dot{W}_{t-45}$$

Die technische Leistung des Verdichters $\dot{W}_{t-12}$:

$$\dot{W}_{t-12} = \dot{m} \cdot (h_2 - h_1) = \dot{m} \cdot c_p(T_2 - T_1) = \dot{m} \cdot c_p(T_2 - T_u)$$

Die gesamte zuzuführende Leistung $\dot{W}_t$:

$$\dot{W}_t = \dot{W}_{t-12} - \eta_m(-\dot{W}_{t-45})$$

η_m = mechanischer Wirkungsgrad bei der Übertragung der Turbinenleistung auf den Verdichter (beide gekoppelt)

Der exergetische Wirkungsgrad $\xi = \dfrac{T_u - T_o}{T_o} \cdot \dfrac{\dot{Q}_o}{\dot{W}_t}$

Für die Temperaturen T_2 und T_5 gilt:

$$T_2 = T_u \left(\frac{p}{p_o} \right)^{\frac{\kappa - 1}{\kappa}}, \kappa = \frac{c_p}{c_v},$$

$$T_5 = T_o \left(\frac{p_o}{p} \right)^{\frac{\kappa - 1}{\kappa}}$$

Wie eingangs erwähnt, kann man die Entspannung isenthalp und isentrop gemäß Abb. 100 durchführen. Verzichtet man auf die Entspannungsturbine und deren spezifische Arbeit, dann würde der ideale Prozess gemäß Abb. 100 mit idealem Gas bei einer Drosselvorrichtung eine isenthalpe Expansion erfahren und die Kälteleistung $\dot{Q}_o$ wäre Null, da die Temperatur eines **idealen** Gases bei Drosselung (h = konstant) konstant bleibt.

Alle **realen** Gase kühlen sich aber in der Nähe ihres Zweiphasengebietes bei Drosselung ab und zwar umso stärker, je tiefer die Temperatur bei Beginn der Drosselung liegt. Geht man also zu höheren Drücken über (p ca. 200 bar, p_o ca. 50 bar), so erhält man eine merkliche Abkühlung bei der Drosselung und damit eine Kälteleistung. Dieser *Gaskälteprozess* mit isenthalper Expansion mit realen Gas hat zwar einen geringen exergetischen Wirkungsgrad ξ als der Kreisprozess gemäß Abb. 100 bietet aber betriebliche Vorteile. Diesen Effekt, sich abkühlender realer Gase bei isenthalper Entspannung, nennt man auch *Joule-Thompson-Effekt*. Diese Eigenschaft hat zuerst *C. v. Linde* bei seinem Verfahren zur *Luftverflüssigung* angewendet als *offenes System* (p_u = 1 bar, p = 200 bar, isenthalpe Abkühlung ca. 100 K).

Erwähnenswert ist die *Philips-Gaskältemaschine* mit dem linksläufigen *Stirling-Prinzip*. Mit zwei Isothermen und zwei Isobaren arbeitet sie im geschlossenen Kreisprozess zur Verflüssigung von Luft und anderen Gasen.

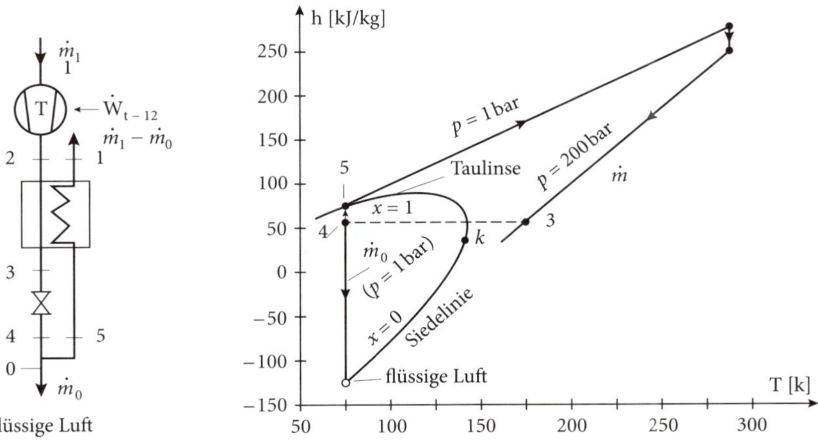

Abb. 101: Linde-Prozess zur Luftverflüssigung

Von den arbeitsverbrauchenden Maschinen war es die *Kaltluftmaschine*, die analog der Kaltgasmaschine Ende des 19. Jahrhunderts den ersten durchschlagenden Erfolg in der Kältetechnik gezeigt hat.

Wie bereits erwähnt wird der in Abschnitt 1.7.3.1 (Abb. 50) rechtsherumlaufende Kraftprozess

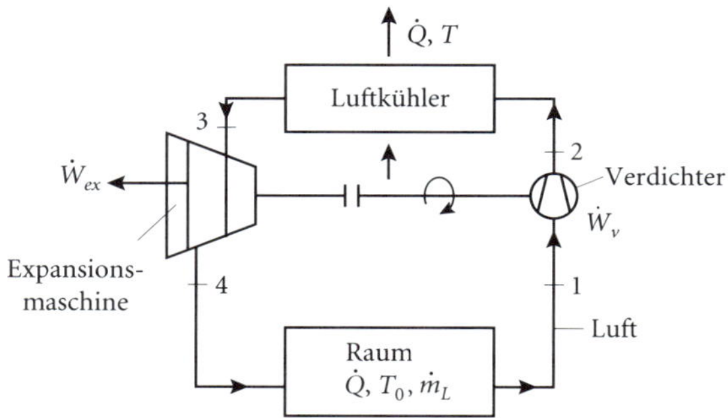

Abb. 102: linksherumlaufender Joule-Kaltluft-Kreisprozess mit *T,s*-Diagramm[10)] (s. Abb. 50)

hier linksherumlaufend genutzt als *Wärmeprozess* (Abb. 102)

Der ideale Kaltluft (Gas)-Prozess gemäß Abb. 102:

1 – 2 Isentrope Verdichtung von p_o auf p, Lufttemperatur von T_1 auf T_2 (s = konstant)

2 – 3 Isobare Wärmeabfuhr ($\dot{Q}$) von T_2 auf T_3 bei p = konstant;

3 – 4 Isentrope Expansion von p auf p_o, Lufttemperatur von T_3 auf T_4 (s_o = konstant)

4 – 1 Isobare Wärmeaufnahme (Kühlleistung) von T_4 auf T_1 bei p_o = konstant.

Verdichterleistung

$$\dot{W}_v = \dot{m}_L \cdot c_p \cdot (T_2 - T_1)\ [\text{kW}] = \dot{m}_L \cdot \frac{\kappa}{\kappa - 1} \cdot p \cdot \frac{1}{\varrho_L}\left[\left(\frac{p}{p_o}\right)^{\frac{\kappa-1}{\kappa}} - 1\right]$$

$\dot{m}_L$ = Luftmassenstrom [kg/s]

κ = Isentropen-Exponent (Kappa) von Luft = 1,4

p = Verdichtungsenddruck in Pa

p_o = Ansaugdruck in Pa (z. B. Atmosphärendruck)

ϱ_L = Luftdichte in kg/m³ (ca. 1,2 kg/m³)

10) TAB 11/2012

Expansionsleistung

$$\dot{W}_{ex} = \dot{m}_L \cdot c_p \cdot (T_3 - T_4)$$

c_p = spezifische Wärmekapazität der Luft ca. 1,01 kJ/kg K
T = absolute Temperatur in Kelvin

effektive Antriebsleistung

$$\dot{W}_t = \dot{W}_v - \dot{W}_{ex}$$

Luftkühlerleistung

$$\dot{Q} = \dot{m}_L \cdot c_p \cdot (T_2 - T_3) \text{ [kW]}$$

Kühlleistung

$$\dot{Q}_o = \dot{m}_L \cdot c_p \cdot (T_1 - T_4) \text{ [kW]}$$

Leistungsziffer (COP)

$$\varepsilon_o = \frac{\dot{Q}_o}{\dot{W}_t}$$

Verdichtungs-Endtemperatur

$$T_2 = T_1 \left(\frac{p}{p_o}\right)^{\frac{\kappa - 1}{\kappa}} \text{ [K]}$$

Expansionstemperatur

$$T_4 = T_3 \left(\frac{p_o}{p}\right)^{\frac{\kappa - 1}{\kappa}} \text{ [K]}$$

Anmerkung: Bei den Realprozessen erfolgt die Verdichtung und die Expansion *polytrop* mit dem Polytropenexponent n. Nimmt man anstelle der Expansionsmaschine (die schwer zu verwirklichen ist) eine *Drossel* zur Entspannung (Isenthalpe) z. B. ein Expansionsventil, so erhält man den Kälteprozess der *Kaltdampfmaschine* mit dem Arbeitsstoff Kältemittel anstelle von Luft. Nachteilig beim Entfall der Expansionsmaschine ist die jetzt erforderliche höhere Antriebsleistung $\dot{W}_t$, die der Verdichter aufbringen muss.

Anmerkung: Beim rechtslaufenden Kreisprozess (Kraftprozess) gemäß Abb. 50 *Gasturbinen-Heißluftprozess* tritt anstelle des Luftkühlers die Brennkammer und der Raum entfällt das heißt Atmosphären-Ansaug- und Ausblas.

Die Expansionsmaschine ist jetzt eine Turbine mit Generator zur Stromerzeugung. Ebenso wie der v. g. Kaltluftprozess funktioniert der Druckluftprozess:

Die Expansion der Druckluft (ca. 6 – 8 bar in der Regel) erfolgt in der Arbeitsvorrichtung oder ähnlichem auf T_4, p_o und es wird eine Arbeitsleistung ($\dot{W}_{ex}$) verrichtet mit Abkühlung der Druckluft.

Anwendungsbeispiel

In Anlehnung an die obigen Ausführungen wird nachfolgend eine Anwendungsmöglichkeit in der Lufttechnik aufgezeigt:

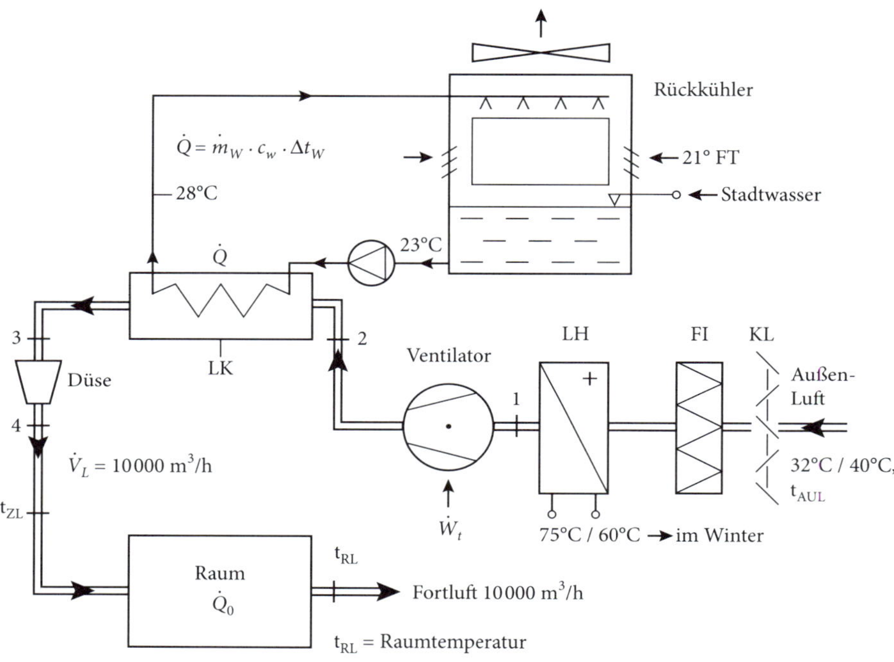

Abb. 103: Funktionsschema einer RLT-Anlage

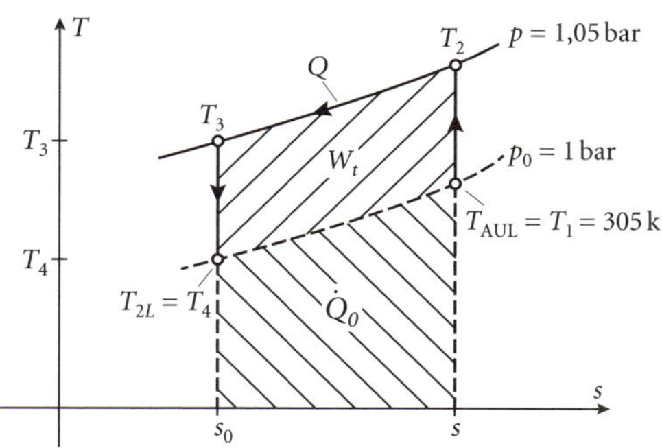

Abb. 104: *T,s*-Diagramm zu Abb. 103 (offener Kreisprozess)

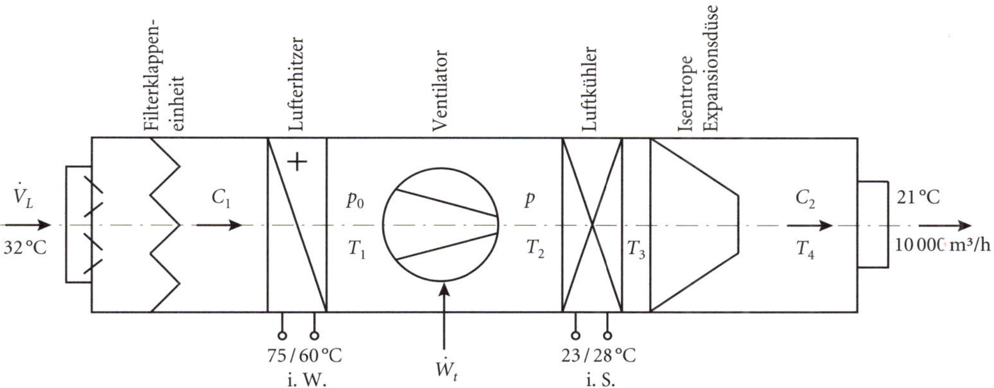

Abb. 105: Zuluftgerät zu Abb. 103

Parameter: $\dot{V}_L = 10000\ \text{m}^3/\text{h} = 2{,}78\ \text{m}^3/\text{s}$, $\varrho_L = 1{,}2\,\text{kg/m}^3$

$\dot{m}_L = 3{,}33\,\text{kg/s}$, $p_o = 10^5\,\text{Pa} = 1\,\text{bar}$, $p = 1{,}05\,\text{bar}$

$\Delta p = p - p_o = 5000\,\text{Pa}$

$c_1 = 3\,\text{m/s}$

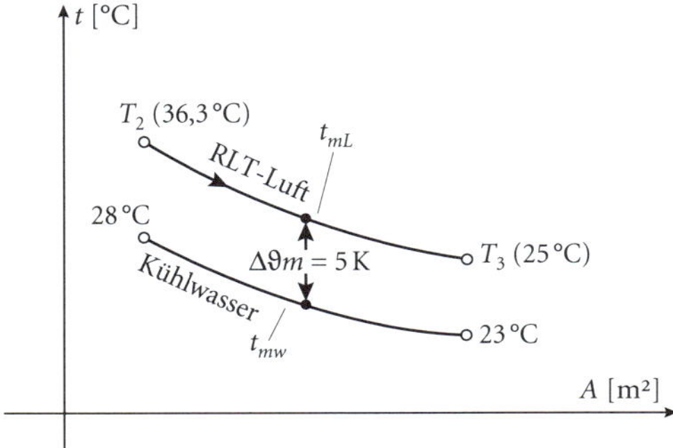

Abb. 106: Temperaturverlauf im Luftkühler

$$\dot{Q} = \dot{m}_L \cdot c_p \cdot (T_2 - T_1) = \dot{m}_w \cdot c_w\,(28° - 23\,°C)(= k \cdot A \cdot \Delta\vartheta m)$$

Auswertung

Bei den Parametern in Abb. 105 wird bei den Wärmedurchgangskoeffizienten k von Luftkühlern die Abkühlung von ca. 11k erreicht (hier ca. 5 Rohrreihen).

$$\dot{Q} = \dot{m}_L \cdot c_p \cdot \Delta t_L = 2{,}78 \cdot 1{,}2 \cdot 1{,}01 \cdot 11{,}3\,\text{kW} = 38\,\text{kW}$$

Verdichtungstemperatur

$$T_2 = T_1\left(\frac{p}{p_o}\right)^{\frac{\kappa-1}{\kappa}} = 305\left(\frac{1{,}05}{1.0}\right)^{0{,}286}\text{K} = 309{,}3\,\text{K}(= 36{,}3\,°C)$$

Expansionstemperatur T_4 (= Zulufttemperatur):

$$T_4 = T_3\left(\frac{p_o}{p}\right)^{\frac{\kappa-1}{\kappa}} = 298\left(\frac{1{,}0}{1{,}05}\right)^{0{,}286}\text{K} = 293{,}87\,\text{K}(\approx 21\,°C)$$

Kühlleistung

$$\dot{Q}_o = \dot{m}_L \cdot c_p \cdot \Delta t_L = \dot{m}_L \cdot c_p(T_1 - T_4) = 3{,}33 \cdot 1{,}01 \cdot (32° - 21)\text{kW} = 37\,\text{kW}$$

Ventilator-Antriebsleistung $\dot{W}_t$:

$$\dot{W}_t = \dot{m}_L \cdot c_p \cdot (T_2 - T_1) = 3{,}33 \cdot 1{,}01 \cdot (309{,}3 - 305)\text{kW} = 14{,}46\text{ kW}$$

$$(\text{oder: } \dot{W}_t = \dot{m}_L \cdot \frac{\kappa}{\kappa - 1} \cdot p \cdot \frac{1}{\varrho_L}\left[\left(\frac{p}{p_o}\right)^{\frac{\kappa-1}{\kappa}} - 1\right])$$

Leistungsziffer

$$\varepsilon_o = \frac{\dot{Q}_o}{\dot{W}_t} = \frac{37}{14{,}46} = 2{,}6$$

Vernachlässigt wurden:

- die Druckverluste des Gerätes und des Kanalnetzes,
- der Ventilatorwirkungsgrad,

sodass man letztlich eine Leistungsziffer ε_o gegebenenfalls von 2,0 erhält!

Ermittlung der Düsenaustrittsgeschwindigkeit c_2:

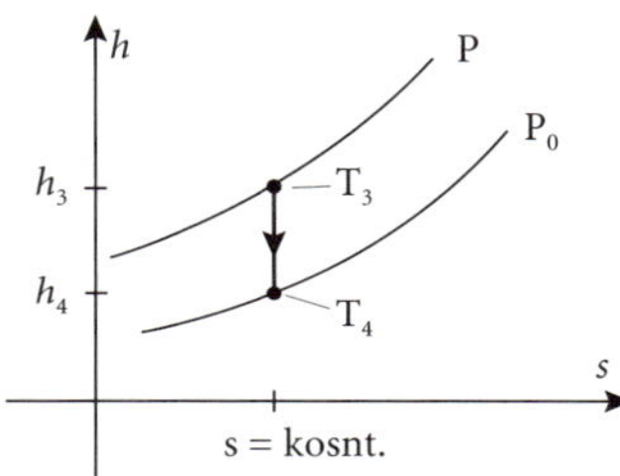

Abb. 107: Adiabate Düsenströmung

In der adiabaten Düse expandiert die Luft vom Eintrittszustand p auf den niedrigeren Druck p_o und die Totalenthalpie bleibt konstant:

$$h_3 - h_4 + \frac{1}{2}(c_2^2 - c_1^2) = 0$$

Es gilt nun: (Isentrope Düse)

$$h_3 - h_4 = -\Delta h_s = \frac{1}{2}(c_2^2 - c_1^2) = \int_1^2 v \cdot dp = w_{ex} = \frac{\kappa}{\kappa - 1} \cdot p \cdot \frac{1}{\varrho_L}\left[\left(\frac{p}{p_o}\right)^{\frac{\kappa-1}{\kappa}} - 1\right]$$

$$= \frac{1{,}4}{0{,}4} \cdot 1{,}05 \cdot 10^5 \cdot \frac{1}{1{,}2}\left[\left(\frac{1{,}05}{1{,}0}\right)^{0{,}286} - 1\right] = 4287{,}5\,\text{J/kg} \quad \text{(abgegeben)}$$

$$c_2 = \sqrt{4287{,}5 \cdot 2 + 3^2}\,\text{m/s} = 92{,}6\,\text{m/s}$$

Düsenaustritts-Durchmesser d: $\dot{V}_L = d^2 \cdot \frac{\pi}{4} \cdot c_2$

$$d = \sqrt{\frac{2{,}78}{0{,}785 \cdot 92{,}6}}\,\text{m}^{\varnothing} = 0{,}2\,\text{m}^{\varnothing} = 20\,\text{cm}^{\varnothing}$$

Zulufttemperatur-Regelung mittels Drehzahl-Regelung oder Kühlwasser-Regelung.

Fazit[11)]

Die Ventilatoren werden bis $\frac{p}{p_o} \leqq 1{,}3$ in Niederdruck-; Mitteldruck- und Hochdruckventilatoren eingeteilt und ab $\frac{p}{p_o} \geqq 1{,}3$ sind sie Gebläse und Kompressoren.

Das heißt für die Ventilatoren- bzw. Gerätebauer ist die v. g. Studie eine Herausforderung und Wert, über einen Versuch nachzudenken.

3.2 Thermische Kälteerzeugung

Anstatt eine Kältemaschine mit reiner Exergie in Form von mechanischer oder elektrischer Energie anzutreiben, kann man die Exergie auch als Wärme zuführen; sie ist dann mit Anergie gemischt.

Hier gibt es zwei Verfahren:

- Dampfstrahl-Kältemaschine (Wasserdampf) durch Vermischen von Impuls und Masse,
- Zufuhr eines Heizwärmestroms bei den Absorptions- bzw. Adsorptions-Kältemaschinen.

Die bedeutendste thermische Kälteerzeugung mittels Absorption (und Adsorption) basiert auf dem Sorptionsmechanismus.

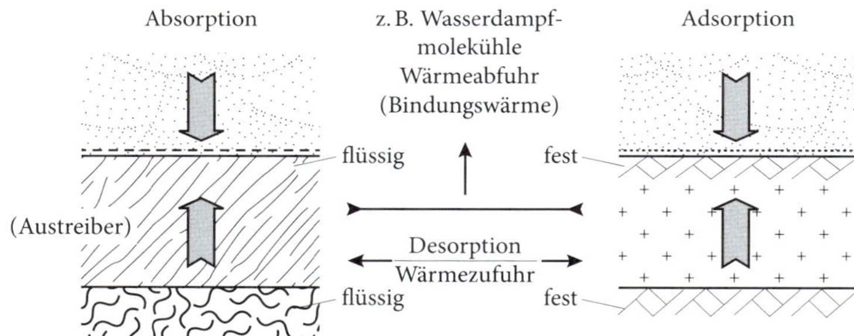

Abb. 108: Absorption und Adsorption

Sorption: Anreicherung von Molekülen aus der Gasphase an einer festen (Adsorption) oder flüssigen (Absorption) Phasengrenze. Das heißt die Aufnahme von Gasen und Dämpfen durch feste oder flüssige Stoffe, das *Sorptionsmittel.*

Absorption (Wärmeabfuhr): Das Gas (Sorptiv) durchdringt vollkommen die Flüssigkeit oder den festen Körper. Sie gehen eine homogene Mischphase ein.

11) G. Weber: Internationaler Gebäudekongress in Hamburg, G. Weber: CCI – 12/91, G. Weber: TAB 4/99 Druckluftprozess

Adsorption (Wärmeabfuhr): Hier findet eine Anreicherung von Molekülen eines Stoffes an einer Oberfläche statt.

Desorption (Wärmezufuhr): Regeneration des Sorptionsmittels, Austreiben des gebundenen Sorptivs, bei dem die umgekehrten Vorgänge wie bei der Sorption ablaufen.

Bei der Ab- und Adsorption entsteht Wärme, die Bindungswärme, die abgegeben wird. Bei der Desorption wird Wärme zugeführt um das Sorptiv wieder auszutreiben, wobei die Absorption in der Regel Heiztemperatur von 100 °C benötigt und die Adsorption mit Heiztemperaturen von 50 °C…80 °C auskommt. Dies ist ein Problem bei Kraft-Wärme-Kälte-Kopplung mit BHKW, die mit Verbrennungsmotoren arbeiten.

3.2.1 Absorptions-Kältemaschine (AKM)

a) **Kompressor-Kältemaschine**

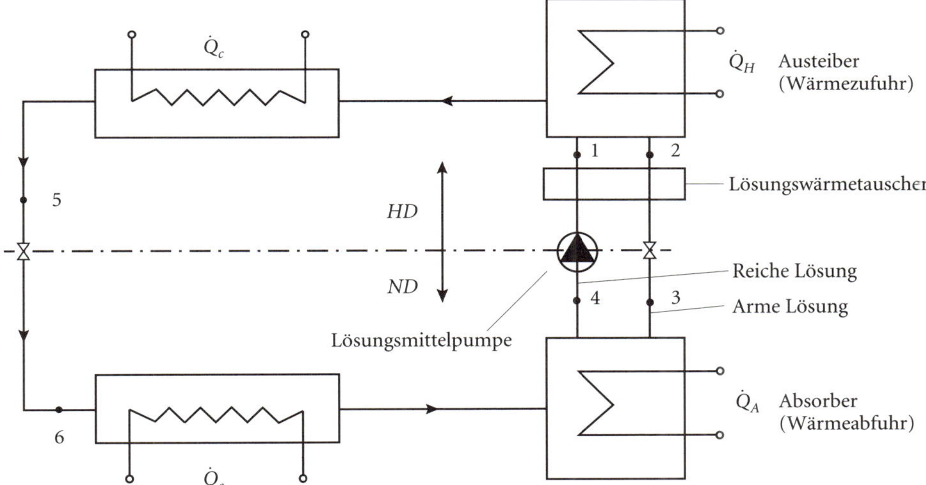

Abb. 109: Vergleich von Kompressions- und Absorptions-Kältemaschine

b) **Absorptions-Kältemaschine**

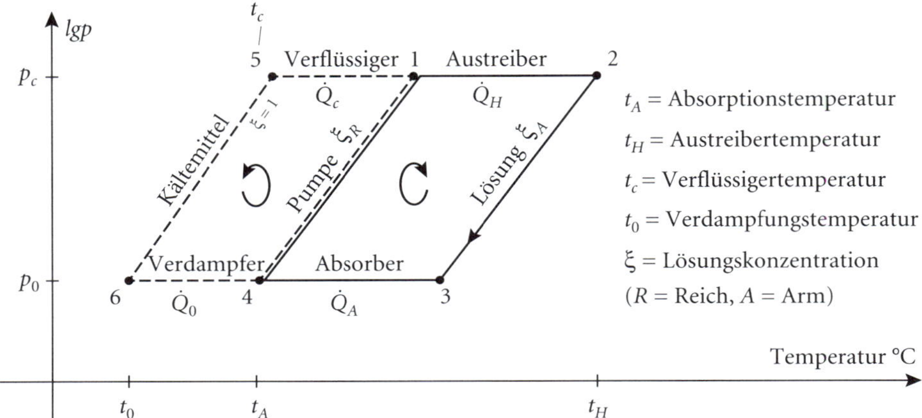

Abb. 110: Einstufiger Absorptions-Kälteprozess im *lg p/t*-Diagramm

Die Absorptions-Kältemaschine (AKM) verwendet als Arbeitsstoff *Zweistoffgemische* bestehend aus Kältemittel und Absorptionsmttel:

- Wasser/Lithiumbromid-Lösung, wobei Wasser das Kältemittel ist,

und

- Ammoniak/Wasser-Lösung, wobei Ammoniak das Kältemittel ist.

Der *thermische Verdichter* besteht gemäß Abb. 109 b) aus:

- Absorber,
- Lösungsmittelpumpe,
- Austreiber.

Energiebilanz einer einstufigen AKM gemäß Abb. 110:

$$\dot{Q}_o + \dot{Q}_H + (\dot{Q}_p) = \dot{Q}_c + \dot{Q}_A + (\dot{Q}_v) \qquad (64)$$

$\dot{Q}_o$ = Kälteleistung,

$\dot{Q}_H$ = zuzuführender Heizstrom,

$\dot{Q}_p$ = Wärmeäquivalent der Lösungsmittelpumpe,

$\dot{Q}_c$ = Verflüssigungsleistung,

$\dot{Q}_A$ = Absorberleistung ist abzuführen,

$\dot{Q}_v$ = Wärmeverlustleistung.

Man kann $\dot{Q}_p$ und $\dot{Q}_v$ vernachlässigen, sodass die Energiebilanz:

$$\dot{Q}_o + \dot{Q}_H = \dot{Q}_c + \dot{Q}_A$$

wird.

Das *Wärmeverhältnis* der Absorptionskältemaschine

$$\beta_{WV} = \frac{\dot{Q}_o}{\dot{Q}_H};$$

β_{WV}-Werte bei $t_o = -50\,°C$ liegen bei 0,3
bei $t_o > 0\,°C$ bei 0,6…0,7

Abzuführender Wärmestrom (Rückkühlleistung)

$$\dot{Q}_c + \dot{Q}_A = \dot{Q}_{RK}$$

Die Funktion der AKM beruht auf der Thermodynamik der Zweistoffgemische.

Gemäß Abb. 109/110 besteht der Kreisprozess aus zwei Kreisen:

- Kältemittelkreis zwischen Absorber und Austreiber, Verflüssiger und Verdampfer,
- für das Lösungsmittel zwischen Absorber und Austreiber. Um einen Druckunterschied zwischen Niederdruck (ND) – und Hochdruck (HD) – Seite zu erzeugen, muss der Absorber gekühlt und der Austreiber geheizt werden.

Die an Kältemitteln reiche Lösung (Konzentration ξ_R) tritt in Punkt 1 in den Austreiber ein. Erwärmung bis Punkt 2 mit der Prozesstemperatur t_H, wobei das Kältemittel ausgetrieben wird und die Lösungskonzentration auf ξ_A (arm) sinkt. Das ausgetriebene Kältemittel erreicht die Konzentration $\xi = 1$ und wird bei t_c verflüssigt (Punkt 5). Von $\frac{p_c}{p_o}$-Punkt 5 wird das Kältemittel über ein Expansionsorgan entspannt auf den Druck p_o und auf die Verdampfungstemperatur t_o gebracht (Punkt 6).

Die arme Lösung wird ebenfalls auf p_o entspannt und tritt bei Punkt 3 in den Absorber ein. Durch Aufnahme des Kältemitteldampfes in die arme Lösung wird Verflüssigungs- und Lösungswärme frei, die durch Kühlung bis t_A (Punkt 4) abgeführt wird.

Dadurch wird die Aufnahmefähigkeit der Lösung bis zur Konzentration ξ_R erhöht, sodass der aus dem Verdampfer (Punkt 6) kommende Kältemitteldampf voll absorbiert werden kann. Durch die Pumpe wird die reiche Lösung ξ_R wieder auf den Druck p_c (Punkt 1) gebracht. Die Differenz $\xi_R - \xi_A$ ist die *Entgasungsbreite* die festgelegt ist über t_H und t_A.

Die heute verwendeten Arbeitsstoffpaare sind:

a) **Wasser/Lithiumbromid (LiBr)-Lösung**

Wasser als Kältemittel (hohe Verdampfungsenthalpie, niedriger Dampfdruck). Der Gefrierpunkt ist nicht unterschreitbar. Beheizung mit Dampf oder Heißwasser oder mit Öl/Gas-direkt befeuert.

Gemäß Sattdampftafel arbeitet das Kältemittel-Wasser im Vakuumbereich z. B.:

- Druck im Austreiber/Verflüssiger ca. 93 mbar ≙ 45 °C
- Druck im Absorber/Verdampfer ca. 8 mbar ≙ 3 °C

Anwendung:

Kaltwassertemperaturen 6°/12 °C (begrenzt auf 4,5 °C) (für Klimakälte)

Kühlwassertemperaturen max. 35 °C/min. 7 °C

Heizmedium:

- Sattdampf 0,6..0,8 bar (ü), bei zweistufiger Ausführung 8..10 bar (ü), niedrigster Dampfdruck 0,1 bar (ü)
- Heizwasser min. 80 °C/max. 180 °C

β_{WV} ca. 0,6…0,7;

Gebaut in ein- und zweistufiger Ausführung als sogenannte *Kaltwassersätze* für Wasserabkühlung von 180 kW… 5300 kW Kälteleistung.

b) **Ammoniak/Wasser** ($NH_3 - H_2O$)**-Lösung**

Ammoniak als Kältemittel (große Verdampfungsenthalpie) kommt bis – 60 °C zum Einsatz, erfordert jedoch höhere Drücke. Nachteilig sind die toxischen Eigenschaften.

Beheizung mit Dampf oder Heißwasser oder heißen Gasen oder mit Öl/Gas-Direktfeuerung.

Druckbereich z. B. bei $\dot{Q}_o = 1160\,\text{kW}$:

- Druck im Austreiber/Verflüssiger ca. 12 bar,
- Druck im Absorber/Verdampfer ca. 1 bar.

Anwendung:

- z. B. Kälteträger bis – 60 °C
- Kühlwassertemperaturen von 15 °C…25 °C
- Heizmedium:
  - Dampf 100 °C…200 °C (einstufig) (bei zweistufig ca. 65 °C ab $\dot{Q}_o = 3000\,\text{kW}$)
  - Heißwasser 100 °C…180 °C
- Wärmeverhältnis:
  - Einstufig
    β_{WV} ca. 0,6 bei $t_o = 0\,°C \ldots -10\,°C$,
    β_{WV} ca. 0,45 bei $t_o = -20\,°C \ldots -30\,°C$,
    β_{WV} ca. 0,35 bei $t_o = -40\,°C \ldots -50\,°C$,
  - Zweistufig
    β_{WV} ca. 0,35 bei $t_o = -5\,°C$
    β_{WV} ca. 0,25 bei $t_o = -50\,°C$

Diese Kälteanlagen werden gebaut in ein- und zweistufiger Bauart von 100 kW bis 6000 kW Kälteleistung.

Die zweistufige Ausführung kommt zum Einsatz, wenn die Grenztemperaturen wie Kühlwasser zu warm und die Heizmitteltemperaturen zu niedrig sind für einen einstufigen Betrieb.

Exergetische Betrachtung:

Der Heizwärmestrom $\dot{Q}_H$ besteht aus Exergie und Anergie ($\dot{Q}_H = \dot{E}_H + \dot{B}_H$).

Exergiestrom:

$$\dot{E}_H = \left(1 - \frac{T_u}{T_H}\right)\dot{Q}_H = \dot{E}_{Q_o} + \dot{E}_v$$

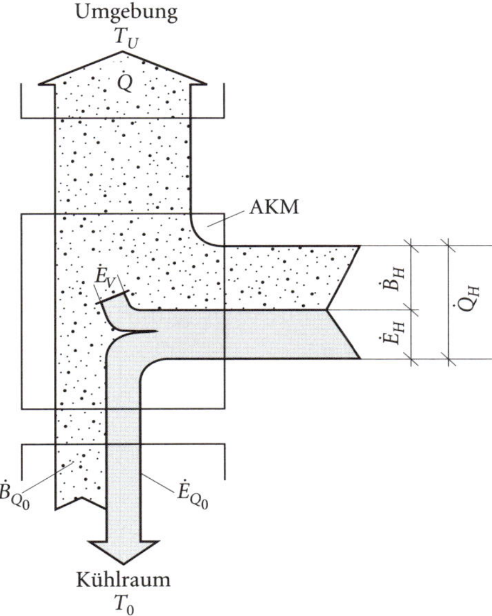

Abb. 111: Exergie-Anergie-Fluss einer Absorptionskältemaschine

Wie Abb. 111 zeigt (im Vergleich zu Abb. 55) durchläuft ein Anergiestrom die AKM, der wesentlich größer ist als bei der Kaltdampf-Kältemaschine mit mechanischem oder elektrischem Antrieb. Dieser Nachteil der AKM und der Dampfstrahl-Kältemaschine der sich in einem größeren Anlagenaufwand und auch in einem höheren Kühlwasserverbrauch. (Rückkühlwasser aus Kühltürmen etc.) bemerkbar macht, wird dadurch wieder ausgeglichen, dass die benötigte Exergie viel wirtschaftlicher der weniger wertvollen thermischen Energie entnommen werden kann.

Exergetischer Wirkungsgrad ξ:

$$\xi_{\text{AKM}} = \frac{\dot{E}_{Q_o}}{\dot{E}_H} = \frac{\dot{E}_{Q_o}}{\dot{E}_{Q_o} + \dot{E}_v} \leqq 1$$

Das *Wärmeverhältnis*

$$\beta_{WV} = \frac{\dot{Q}_o}{\dot{Q}_H}$$

das die AKM bewertet (analog der Leistungszahl ε_o bei der Kaltdampfkältemaschine) macht keine Aussage über die thermodynamische Wertigkeit der Energie:

$$\left[\dot{E}_{Q_o} = \left(\frac{T_u}{T_o} - 1\right)\dot{Q}_o\right] \text{(siehe Seite 96)}$$

$$\beta_{WV} = \frac{\dot{Q}_o}{\dot{Q}_H} = \frac{\dfrac{\dot{E}_{Q_o} \cdot T_o}{(T_u - T_o)}}{\dfrac{\dot{E}_H \cdot T_H}{(T_H - T_u)}} = \underbrace{\frac{\dot{E}_{Q_o}}{\dot{E}_H}}_{\xi} \cdot \frac{T_o}{T_u - T_o} \cdot \frac{T_H - T_u}{T_H}$$

$$= \frac{T_o}{T_u - T_o} \cdot \frac{T_H - T_u}{T_H} \cdot \xi_{\text{AKM}}$$

Beispiel einer Exergiebetrachtung (nach heutigem Standard) zwischen einer Kaltdampfmaschine und einer Absorptionskältemaschine bei folgenden Parametern:

- Verdampfungstemperatur $t_o = -15\,°C$,
- Umgebungstemperatur $t_u = 15\,°C$, Kühlwasser 25 °C
- $\varepsilon_o = 2{,}5$, $\beta_{WV} = 0{,}4$ bei $t_H = 100\,°C$

Auswertung:

a) Kaltdampf-Kältemaschine

$$\xi_{KKM} = \frac{\dot{E}_{Q_o}}{P}; \quad \dot{E}_{Q_o} = \left(\frac{T_u}{T_o} - 1\right) \cdot \dot{Q}_o; \quad \varepsilon_o = \frac{\dot{Q}_o}{P} = 2{,}5$$

$$\dot{E}_{Q_o} = \left(\frac{288}{258} - 1\right) \cdot Q_o; \quad P = \frac{\dot{Q}_o}{2{,}5};$$

$$\xi_{KKM} = \frac{0{,}116\dot{Q}_o}{\dfrac{\dot{Q}_o}{2{,}5}} = 0{,}29$$

b) Absorptionskältemaschine (AKM)

$$\xi_{\text{AKM}} = \frac{\dot{E}_{Q_o}}{\dot{E}_H}; \quad \dot{E}_{Q_o} = 0{,}116 \cdot \dot{Q}_o; \quad \beta_{WV} = \frac{\dot{Q}_o}{\dot{Q}_H} = 0{,}4;$$

$$\dot{E}_H = \left(1 - \frac{T_u}{T_H}\right) \cdot \dot{Q}_H; \quad \dot{Q}_H = \frac{\dot{Q}_o}{0{,}4};$$

$$\dot{E}_H = \left(1 - \frac{288}{373}\right) \cdot \frac{\dot{Q}_o}{0{,}4};$$

$$\xi_{\text{AKM}} = \frac{0{,}116 \cdot \dot{Q}_o}{0{,}23 \cdot \frac{\dot{Q}_o}{0{,}4}} = 0{,}2$$

Anmerkung: Vergleicht man die zu bezahlende Energie mit ca. 0,15 €/kWh$_{el}$ und die Wärme mit ca. 0,06 €/kWh$_{th}$, so ergibt sich für den Betrieb im v. g. Beispiel:

- für 1 kWh-Kälte $\frac{0{,}15}{2{,}5}$ = 0,60 €/kWh$_o$ mit KKM,

und

- für 1 kWh-Kälte $\frac{0{,}06}{0{,}4}$ = 0,15 €/kWh$_o$ mit AKM,

Fazit: Berücksichtigt man den Kraftwerkwirkungsgrad in Deutschland mit η_{KW} = 0,38 dann kostet 1 kWh-Kälte $\frac{0{,}06}{0{,}38}$ = 0,16 €/kWh$_o$, hinsichtlich Primärenergieverbrauch sind also beide Systeme gleichwertig.

Steht jedoch zum Betreiben der AKM z. B. Abwärme (Abdampf oder Ähnliches) zur Verfügung, dann ist die AKM der KKM überlegen.

Beispiel 33

Ein Absorptions-Kältemaschine (NH_3/H_2O-Lösung) mit einer Verdampfungstemperatur t_o = – 15 °C bei einer Kälteleistung $\dot{Q}_o$ = 365 kW wird mittels kondensierendem Wasserdampf von t_H = 100 °C ausgetrieben.

Das *Wärmeverhältnis* β = 0,395, die Umgebungstemperatur t_u = 15 °C.

Gesucht:

a) der Heizstrom $\dot{Q}_H$ für den Austreiber, sein Exergiegehalt und der exergetische Wirkungsgrad ξ_{AKM}

b) den Exergieverluststrom $\dot{E}_v$, sowie die an die Umgebung abzuführender Wärmestrom bzw. die Rückkühlleistung $\dot{Q}_{RK}$.

Lösung:

a) $\dot{Q}_H = \frac{\dot{Q}_o}{\beta} = \frac{365}{0{,}395} = 924{,}1\,\text{kW}$

$$\dot{E}_{Q_H} = \left(1 - \frac{T_u}{T_H}\right) \cdot \dot{Q}_H = \left(1 - \frac{288}{373}\right) \cdot 924{,}1 = 210{,}6\,\text{kW}$$

$$\dot{E}_{Q_H} = \left(\frac{T_u}{T_o} - 1\right) \cdot \dot{Q}_o = \left(\frac{288}{258} - 1\right) \cdot 365 = 42{,}44\,\text{kW}$$

$$\xi = \frac{\dot{E}_{Q_o}}{E_{Q_H}} = \frac{42{,}44}{210{,}6} = 0{,}20$$

b) 80 % der mit dem Heizstrom $\dot{Q}_H$ zugeführten Exergie:

$$\dot{E}_v = \dot{E}_{Q_H} - \dot{E}_{Q_o} = 210{,}6 - 42{,}44 = 168{,}17\,\text{kW}$$

werden in der irreversiblen arbeitenden Anlage verwandelt.

Der abzuführende Wärmestrom (Gleichung 64)

$$\dot{Q}_{RK} = \dot{Q}_c + \dot{Q}_A = \dot{Q}_o + \dot{Q}_H = 924{,}1 + 365 = 1289{,}1\,\text{kW}$$

Der reversibel abzuführende Wärmestrom $\dot{Q}_{RK}^{rev}$ wäre:

$$\dot{Q}_{RK}^{rev} = \dot{Q}_o + \dot{E}_{Q_o} + \dot{Q}_H - \dot{E}_{Q_H} = 365 + 42{,}44 + 924{,}1 - 210{,}6 = 1121\,\text{kW}$$

oder: $\dot{B}_Q = \dot{B}_{Q_o} + \dot{B}_{Q_H} = \dot{Q}_{RK}^{rev} = \frac{T_u}{T_o} \cdot \dot{Q}_o + \frac{T_u}{T_H} \cdot \dot{Q}_H$

$$\dot{Q}_{RK} = \dot{Q}_{RK}^{rev} + \dot{E}_v = 1121 + 168{,}17 = 1289{,}17\,\text{kW}$$

3.2.2 Adsorptions-Kältemaschine

Wie eingangs aufgezeigt, wird der Adsorption das verdampfende Kältemittel nicht in einer Lösung absorbiert, sondern an die Oberfläche eines festen Stoffes (Adsorber) durch physikalische Kräfte (Physiksorption) oder durch chemische Bindung (Chemiesorption) angelagert (adsorbiert). Im Gegensatz zur Absorptions-Kältemaschine zirkuliert nur das Kältemittel (z. B. Wasser) und nicht das Arbeitsstoffgemisch. Bei der Adsorptions-Kältemaschine wird das Adsorptionsmittel (z. B. Silikagel) fest in den Wärmetauscher eingebracht.

Der Adsorptionsprozess arbeitet diskontinuierlich im periodischen Wechsel zwischen Adsorptions- und Austreibervorgang.

Der große Vorteil der Adsorptions-Kältemaschine liegt im thermischen Antrieb mit Niedertemperaturwärme im Bereich 50 °C…90 °C (ist also für BHKW-Betrieb mit Verbrennungsmotoren leicht zu verwirklichen).

Die Energiebilanz analog bei der Absorptions-Kältemaschine:

$$\dot{Q}_o + \dot{Q}_{\text{des}} + (P) = \dot{Q}_{\text{kond}} + \dot{Q}_{\text{ads}} + \dot{Q}_v$$

$\dot{Q}_o$ = Kälteleistung in kW,
$\dot{Q}_{\text{des}}$ = Wärmezufuhr im Adsorberbetrieb in kW,
P = Pumpenantrieb im internen Wärmeaustausch in kW,
$\dot{Q}_{\text{kond}}$ = Wärmeabgabe am Verflüssiger in kW,
$\dot{Q}_{\text{ads}}$ = Wärmeabgabe am Adsorber in kW,
$\dot{Q}_v$ = Wärmeverluste in kW.
(Analog zur AKM: $\dot{Q}_{\text{des}} \triangleq \dot{Q}_H$; $\dot{Q}_{\text{kond}} \triangleq \dot{Q}_c$; $\dot{Q}_{\text{ads}} \triangleq \dot{Q}_A$)

Bei Vernachlässigung von P und $\dot{Q}_v$ vereinfacht sich die Energiebilanz:

$$\dot{Q}_o + \dot{Q}_{\text{des}} = \dot{Q}_{\text{kond}} + \dot{Q}_{\text{ads}} = \dot{Q}_{RK} \quad \text{(z. B. bei Kühlturmleistung)}$$

Für Temperaturdifferenzen, Massenströme der Wärmeträgermedien und Austauschflächen gelten die bei der Absorptionsmaschine gemachten Aussagen.
Das Wärmeverhältnis:

$$\beta_{WV} = \frac{\dot{Q}_o}{\dot{Q}_H} \quad \text{oder} \quad \frac{\dot{Q}_o}{\dot{Q}_{\text{des}}} \quad \text{(ca. 0,6)}$$

Die Austrittstemperaturen schwanken aufgrund des diskontinuierlichen Sättigungsvorgangs sehr stark und damit auch die momentane Kälteleistung.

3.2.3 Dampfstrahl-Kältemaschine (Wasserdampf)

In einem Strahlapparat oder Dampfstrahlverdichter wird die Energie eines höher gespannten Dampfes genutzt, um niedrig gespannten Dampf auf ein mittleres Druckniveau zu verdichten. In der Treibdüse wird der Treibdampf (höher gespannter Dampf) entspannt und seine Druckenergie in Geschwindigkeitsenergie umgesetzt. Es handelt sich meist um eine Lavaldüse, mit sich zunächst verengenden und dann erweiterndem Querschnitt, in der bei überkritischen Druckverhältnissen Überschallgeschwindigkeit erzeugt wird. An der engsten Stelle herrscht gerade Schallgeschwindigkeit. Der Treibstrahl reißt den angesaugten Dampf mit sich, vermischt sich mit ihm im Einlaufkonus, gibt seine Energie durch Impulstausch teilweise an ihn ab und beschleunigt dabei den Saugdampf. Es entsteht ein Gemischstrom, der bei überkritischem Druckgefälle zwischen Saug- und Gegendruck mit Überschallgeschwindigkeit in den Hals eintritt und dessen Geschwindigkeitsenergie durch einen Drucksprung oder Verdichtungsstoß und durch Verzögerung im Diffusor wieder teilweise in Druckenergie umgesetzt wird.

Grundsätzlich können Strahlverdichter mit beliebigen Dämpfen betrieben werden. Hauptsächlich werden sie mit Wasserdampf betrieben. Das Treibmedium können auch Gase und Flüssigkeiten sein zum Fördern von Gasen bzw. Flüssigkeiten (Venturi). Es gelten die thermodynamischen Grundlagen gemäß Abschnitten 1.2/1.4/1.7.

Gleichung (44) *Bernoulli'sche*, Düsen, Diffusoren etc.

Anwendung in der Kältetechnik zur Erzeugung von Kaltwasser:

Der Dampfstrahlverdichter (z. B. mit Abdampf) hat dabei die gleiche Funktion wie der Kältekompressor einer Kältemaschine. Er saugt den Kältemitteldampf (Wasserdampf) aus dem Verdampfer ab und verdichtet ihn auf Kondensationsdruck.

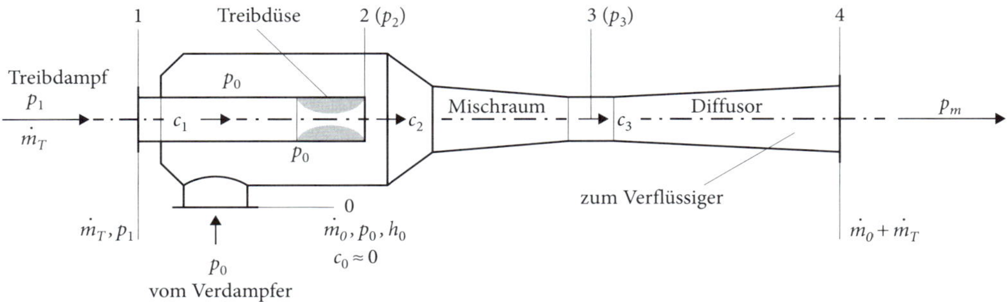

Abb. 112: Schema eines Dampfstrahlverdichters (als Kälteverdichter für Wasserdampf)

Gemäß Abb. 112/113: Der Treibdampf ($\dot{m}_T$, p_1) trifft nach der Expansion in der Düse auf den praktisch ruhenden Niederdruckdampf ($\dot{m}_o$, p_o), mit dem er sich vermischt und den er in den Diffusor mitreißt. Hier wird das Gemisch ($\dot{m}_T + \dot{m}_o$) verzögert und auf den Druck $p_m > p_o$ verdichtet.

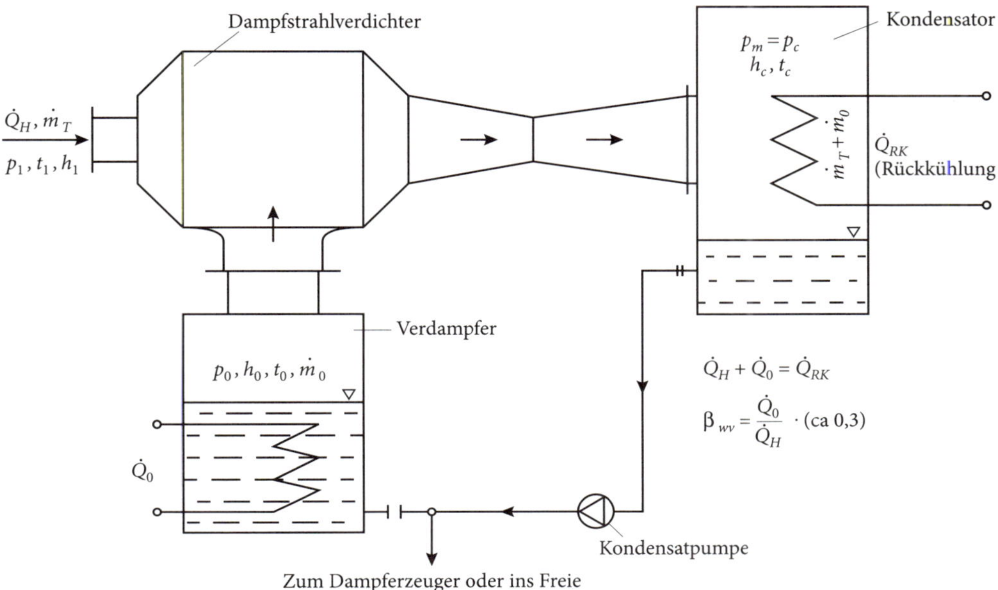

Abb. 113: Wasserdampf-Kältemaschine (schematisch)

Der mit dem Treibdampf beaufschlagte Strahlverdichter erzeugt also im Verdampfer ein Vakuum (0,69…2,45 mbar; 10 mbar ≙ ca. 7 °C Kaltwasser) bei dem ein Teil des Wassers $\dot{m}_o$ verdampft und die restliche Wassermenge die Verdampfungsenthalpie liefert und sich dabei abkühlt.

Der Treibdampf $\dot{m}_1$ mit dem abgesaugten Wasserdampf $\dot{m}_o$ wird im Verflüssiger $(\dot{m}_T + \dot{m}_o)$ bei einem Druck $p_m \triangleq p_c$ kondensiert, der von der Kühlwassertemperatur abhängt.

Die Düse ist so zu bemessen, dass der Düsenausgangsdruck p_2 etwas niedriger ist als der Wasserdampfsättigungsdruck p_a im Verdampfer $(p_o - p_2 = \Delta p_v)$ um den Druckverlust Δp_v zu überwinden damit aus dem Verdampfer dauernd Sattdampf angesaugt wird und in den Verflüssiger mitgerissen wird nach der Mischregel:

$$\dot{m}_T \cdot h_1 + \dot{m}_o \cdot h_o = (\dot{m}_T + \dot{m}_o) \cdot h_c$$

Ein Teil des Kondensats ($\triangleq \dot{m}_o$) wird dem Verdampfer wieder zugeführt, der Rest ($\triangleq \dot{m}_T$) zum gegebenenfalls Speiswassersammler oder, bei Abdampf, ins Freie geführt.

Um komplizierte, theoretische Berechnungen in Dampfstrahlverdichtern (wie überkritische, gasdynamische Strömungsvorgänge, Dichteänderungen etc.) zu umgehen, werden vereinfachte Methoden angewendet:

Impulssatz $(\dot{m}_o + \dot{m}_T) \cdot c_3 = \dot{m}_o c_o + \cdot \dot{m}_T \cdot c_2$

Nun ist $c_2 \gg c_o$ und es wird $(\dot{m}_o + \dot{m}_T) \cdot c_3 = \dot{m}_T \cdot c_2$ und $\frac{\dot{m}_o}{\dot{m}_T} = \left(\frac{c_2}{c_3}\right) - 1$

Im Idealfall des reversiblen Dampfstrahlapparates kann man in den Querschnitten Abb. 112: 0,1,4 die kinetischen Energien gegenüber den Enthalpien der Stoffströme vernachlässigen (siehe Abschnitt 1.7.1/1.7.2) das heißt $c_o = c_1 = c_4 = 0$ gesetzt.

Sodass die Mischregel (reversibel) siehe Abb. 70 lautet:

$$(\dot{m}_T^{\text{rev}} + \dot{m}_o) \cdot h_4^{'} = (\dot{m}_T^{\text{rev}} \cdot h_1 + \dot{m}_o \cdot h_o)$$

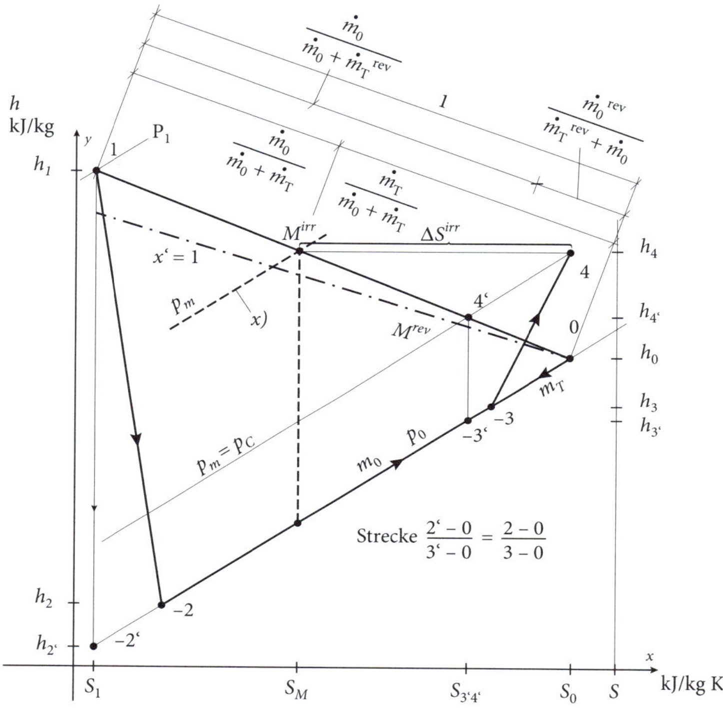

Abb. 114: Zustandsänderungen des Dampfstrahlverdichters im *h,s*-Wasserdampfdiagramm

und das reversible Massenverhältnis:

$$\mu^{\text{rev}} = \frac{\dot{m}_o}{\dot{m}_T^{\text{rev}}} = \frac{h_1 - h_4^{'}}{h_4^{'} - h_o}$$

Für einen reversiblen Fall würde (z. B. bei $p_1 = 3\,\text{bar}$, $\dot{m}_o = 1\,\text{kg/s}$ Sattdampf, $p_o = 0{,}015\,\text{bar} \triangleq t_o = 13\,°\text{C}$, $t_1 = 150\,°\text{C}$) das Massenstromverhältnis μ^{rev} ca. 3,6 betragen (zugehörige Enthalpien bei den Temperaturen aus dem *h,s*-Diagramm oder Dampftafel, $p_m = 0{,}05\,\text{bar} = p_c$)

Will man im wirklichen, reversibel arbeitenden Dampfstrahlverdichter denselben Enddruck p_m (p_c) erreichen so muss man einen wesentlich größeren Treibdampfmassenstrom $\dot{m}_T > \dot{m}_T^{\text{rev}}$ zuführen.

Er expandiert in der Treibdüse auf p_o und gemäß Abschnitt 1.7.1, Abb. 36: $c_2 = 2(h_1 - h_2) = \sqrt{\eta_{\text{Dü}}(h_1 - h_2')}$
und nach dem o. g. Impulssatz wird c_3:

$$c_3 = \frac{\dot{m}_o \cdot c_o + \dot{m}_T \cdot c_2}{\dot{m}_o + \dot{m}_T}$$

und mit Abb. 37:

$$c_3 = \sqrt{\frac{2}{\eta_{di}}(h_4^{'} - h_3)}$$

setzt man $h_4^{'} - h_3 \approx h_4^{'} - h_3^{'}$ dann wird

$$\mu = \sqrt{\eta_{Dü} \cdot \eta_{Di} \frac{h_1 - h_o}{h_4^{'} - h_o}} - 1 \quad \text{und mit z. B.} \quad \eta_{Dü} = 0{,}9; \quad \eta_{Di} = 0{,}7 \text{ wird } \frac{\dot{m}_o}{\dot{m}_T} \text{ ca. } 0{,}7$$

im Vergleich $\frac{\dot{m}_o}{\dot{m}_T^{rev}}$ ca. 3,6 (fünfmal mehr Treibdampf)

Der irreversibel arbeitende Dampfstrahlkälteprozess hat einen wesentlich höheren Treibdampfverbrauch gegenüber dem reversiblen Grenzfall. Wirtschaftlich ist dies nur zu vertreten, wenn billiger Abdampf vorhanden ist.

Kraft-Wärme-Kälte-Kopplung (KWKK)

Eine besonderes interessante Energieverwertung ist die sogenannte *Kraft-Wärme-Kälte-Kopplung*. Ihre wirtschaftlichen und ökologischen Vorteile sind unbestritten. Diese auch *Total-Energie-Verbund* genannten Anlagen übernehmen die *Wärme-Strom- und Kälteversorgung* eines Verbrauchers, sodass nur **eine** Energieart (Primärenergie) gebraucht wird (*Einschienige Energieversorgung*).

Als Antrieb dienen Verbrennungsmotore (BHKW) oder thermische Turbinen. Die Abwärme aus den Kreisprozessen dieser Antriebe dient einmal zur Wärmeversorgung und zum anderen zum Betreiben einer *thermischen Kältemaschine* (Absorption- oder Adsorption-Kältemaschinen) für die Kälteversorgung.

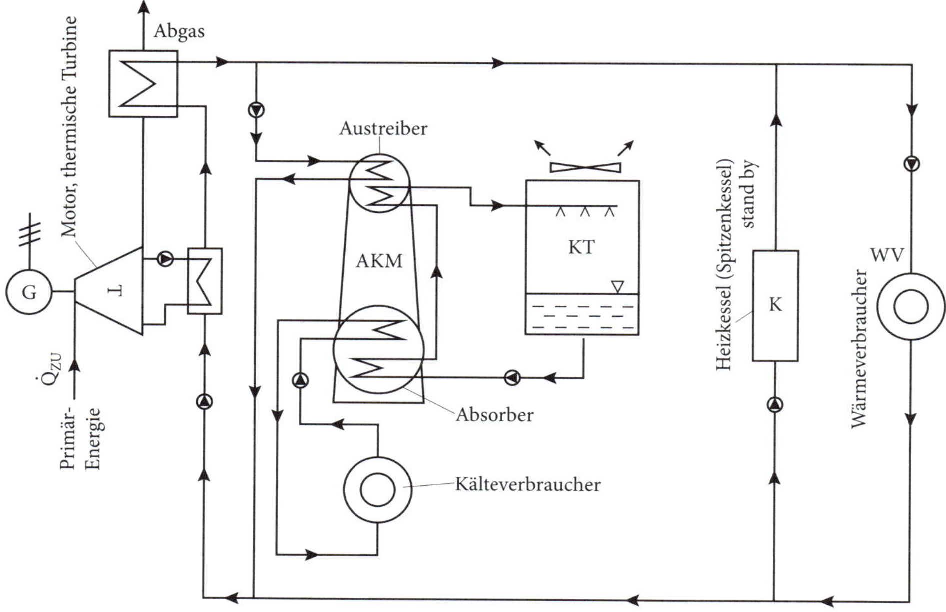

Abb. 115: Anlagenschema *Kraft-Wärme-Kälte-Kopplung*

Der Bau derartiger *Total-Energieanlagen* hat nur Sinn, wenn Energie eingespart wird im Vergleich zu getrennter Strom-Wärme- und Kälteversorgung.

a) Primärenergie-Aufwand bei getrennter Erzeugung: (siehe Seite 94) elektrisch betriebene Kältemaschinen

$$\dot{Q}_{zu} = \underbrace{\frac{P_{el}}{\eta_{KW}}}_{\text{Strom}} + \underbrace{\frac{\dot{Q}_o}{\eta_{KW} \cdot \varepsilon_o}}_{\text{Strom für } KM}$$

η_{KW} = Kraftwerkswirkungsgrad

b) Primärenergie-Aufwand bei gemeinsamer Erzeugung:

$$\dot{Q}_{zu}^{KWKK} = \frac{p_{el} + \frac{\dot{Q}_o}{\beta}}{\eta_{nutz}};$$

$$\beta = \frac{\dot{Q}_o}{\dot{Q}_H};$$

$\dot{Q}_o$ = Kälteleistung der AKM

$\dot{Q}_H$ = Heizleistung aus dem KWK-Prozess

c) Primärenergie-Einsparung

$$\Delta\dot{Q}_{zu} = \dot{Q}_{zu} - \dot{Q}_{zu}^{KWKK}$$

Mit den heute üblichen Parametern wie Kraftwerkwirkungsgrad $\eta_{KW} = 0{,}38$, Kesselwirkungsgrade $\eta_K = 0{,}9$, $\varepsilon \approx 3{,}0$, $\eta_{nutz} = 0{,}85$ etc. wird die relative Primärenergie-Ersparung bis zu 15 % im Vergleich zur getrennten Erzeugung betragen.

3.3 Verdunstungskühlung

Die Erzeugung von Kühlwasser für industrielle Prozesse und für Klimaanlagen erfolgt fast ausschließlich über elektrisch und zum Teil thermisch angetriebene Kältemaschinen.

Aufbauend auf Abschnitt 1.5: *Wärme- und Stoffaustausch*

Das energetisch günstigste System zur Herstellung von Kühlwasser bis zu Temperaturen (theoretisch) in die Nähe der Feuchtkugeltemperatur der Umgebungsluft ist die *Verdunstungskühlung.*

Es handelt sich um Zustandsänderungen von Luft und Wasser im *Wärme- und Stoffaustausch* und um *stationäre Fließprozesse.* Bei unendlich großer Zeit gleichen sich die Temperaturen von Luft und Flüssigkeit aneinander an.

Der Vorgang der Verdunstung ist thermodynamisch dem der Verdampfung gleichwertig.

Die Theorie der Verdunstungskühlung

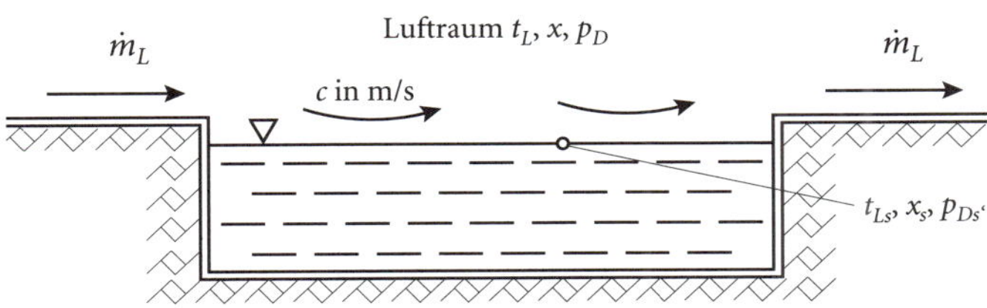

Die für den Stoffübergang antreibende Kraft ist das Dampfdruckgefälle vom Sättigungszustand (p_{D_s}) **unmittelbar** über der Flüssigkeitsoberfläche zum darüber liegenden Luftraum (p_D).

Nun gehört zu jedem Dampfdruck ein zugehöriger Feuchtegehalt x_s und x.

Verdunstungsmassenstrom $\dot{m}_v$:

$$\dot{m}_v = \sigma_v \cdot A(p_{D_s} - p_D)$$

σ_v = Verdunstungskoeffizient bezogen auf Δp

und

$$\dot{m}_v = \sigma \cdot A \cdot (x_s - x) \text{ in kg/s}$$

σ = Verdunstungskoeffizient in kg/s und abhängig c in m/s, x und t_L,

A = Oberfläche in m^2

x_s = Feuchtegehalt gesättigter Luft bei der Temperatur der Wasseroberfläche $kg/kg_{tr.\,Luft}$

x = Mittlerer Feuchtegehalt im Luftraum

$$\sigma \approx \frac{\alpha}{c_{pf}} \quad \textit{Gesetz von Lewis}$$

α = Wärmeübergangskoeffizient in W/m^2K

c_{pf} = spezifische Wärmekapazität feuchter Luft kJ/kg K

$= c_{p_L} + x \cdot c_{p_D} \approx (1{,}0 + x \cdot 1{,}86)$ kJ/kg K

Übertragung des Wärmestromes:

- *sensibler* Wärmestrom (Konvektion)

$$\dot{Q}_K = \alpha \cdot (t_{LS} - t_L) \cdot A \text{ in W}$$

- *latenter* Wärmestrom (Verdampfung)

$$\dot{Q}_v = \sigma \cdot (x_s - x) \cdot r_o \cdot A \text{ in W}$$

r_o = Verdampfungsenthalpie ca. 2500 kJ/kg

- gesamter Wärmestrom

$$\dot{Q} = \dot{Q}_K + \dot{Q}_v \tag{65}$$

$$= \underbrace{\alpha \cdot A \cdot (t_{LS} - t_L)}_{\text{ca. } \frac{1}{3}} + \underbrace{\sigma \cdot A \cdot (x_s - x) \cdot r_o}_{\text{ca. } \frac{2}{3}}$$

$\dot{Q}$ ist die der Luft mitgeteilte Wärmemenge bzw. dem Wasser entzogener Wärmestrom. Bei der Verdunstungskühlung werden ca. $\frac{2}{3}$ des Wärmestromes durch Verdunstung (Stoffübertragung) und ca. $\frac{1}{3}$ des Wärmestromes durch Konvektion(Wärmeübertragung) an die Umgebungsluft übertragen.

Für den Energieaustausch gilt der 1. Hauptsatz *Strömungsprozesse ohne Wärmezu- und abfuhr* und bei Vernachlässigung von E_{kin} und E_{pot} (Abschnitt 1.7.1):

$$\dot{Q}_{12} + \dot{W}_{t-12} = H_2 - H_1; \quad \dot{Q}_{12} = 0,\ W_{t-12} = 0,$$

wird

$$H_1 = H_2$$

und gemäß Abschnitt 1.5 *Feuchte Luft* (Seite 30)

$$\dot{H} = \dot{m}_L \cdot h_L + m_D \cdot h_D \quad \text{(gerechnet ab 0 °C)}$$

H = Enthalpie der feuchten Luft

$$h_L = \frac{\dot{H}_L}{\dot{m}_L} = c_p \cdot t = 1{,}005 \cdot t \,\text{kJ/kg}$$

$$h_D = \frac{H_D}{\dot{m}_D} = r_o + c_{p_D} \cdot t = (2500 + 1{,}86 \cdot t)\text{kJ/kg}$$

r_o = Verdampfungsenthalpie 2500 kJ/kg

spezifische Enthalpie feuchter Luft:

$$h_{(1+x)} = h_L + \underbrace{\frac{m_D}{m_L}}_{x} \cdot h_D = h_L + x \cdot h_D \;[\text{kJ/kg}_{\text{tr. Luft}}]$$

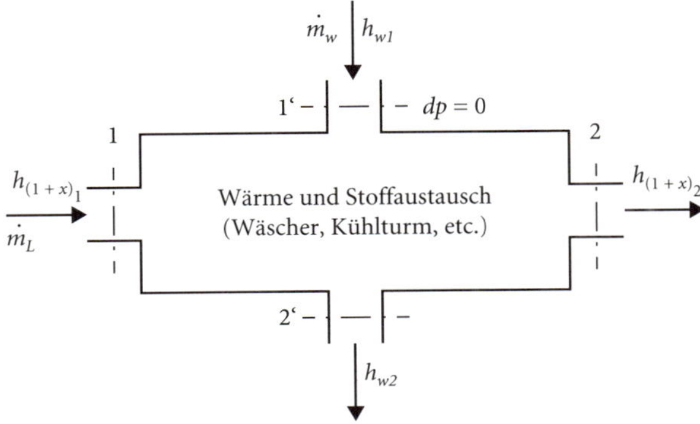

Abb. 116: Luft-Wasserdampfgemisch

Energiebilanz gemäß Abb. 116:

$$\dot{m}_L(h_{(1+x)_2} - h_{(1+x)_1}) = \dot{m}_w(h_{w_2} - h_{w_1})$$

$\dot{m}_w$ = Wasserstrom in kg/s,
h_{w_1} = spezifische Enthalpie Wassereintritt kJ/kg,
h_{w_2} = spezifische Enthalpie Wasseraustritt kJ/kg,

$$\dot{m}_L[\Delta h_L + \Delta x(r_o + c_{p_D} \cdot \Delta t_L) = \dot{m}_w \cdot \Delta h_w = \dot{Q} \tag{66}$$

$\dot{Q}$ = Kühlleistung wird als Energiestrom an die Luft abgegeben

Gemäß Abb. 116 wird je nach Zustand der Luft (t_{fL}) bzw. des Wassers (t_W) die Verdampfungsenthalpie entweder von der Luft oder vom Wasser geliefert. Die Wassertemperatur verläuft immer in Richtung Feuchtkugeltemperatur = Kühlgrenze!

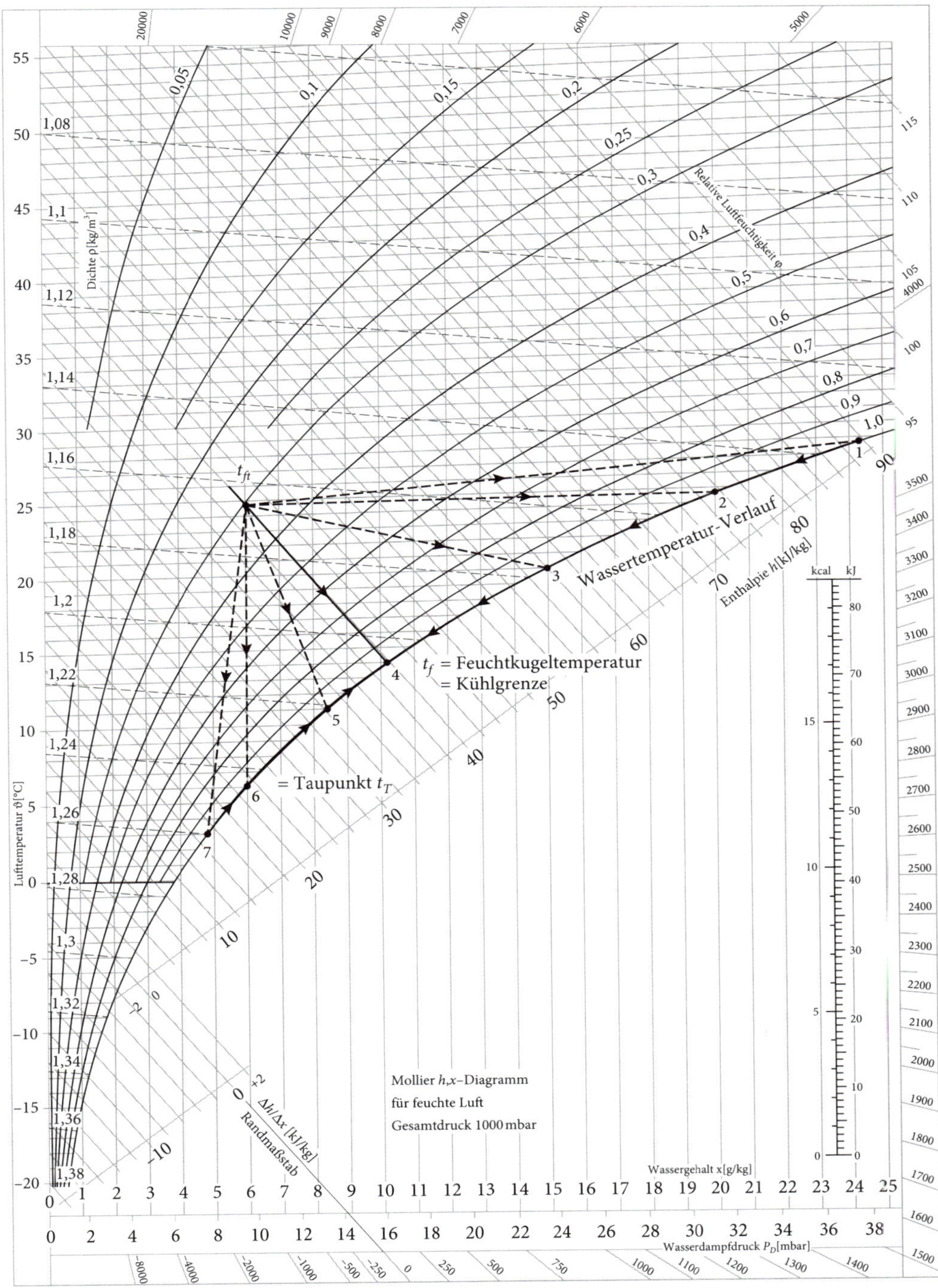

Abb. 117: Zustandsänderung feuchter Luft t_{fL} bei verschiedenen Wassertemperaturen im h,x-Diagramm

Gemäß Abb. 117 z. B.:

- Zustandsänderung $t_{fL} \rightarrow$ (2): Wasseroberflächentemperatur und Lufttemperatur sind gleich. Eine Wärmeübertragung durch Konvektion erfolgt nicht ($\Delta t = 0$). Die zur Verdunstung notwendige Wärme wird allein dem Wasser entzogen und kühlt sich ab ($p_{Ds} > p_D$);
- Zustandsänderung $t_{fL} \rightarrow$ (4): (adiabatisch) Die von der Luft konvektiv an die Wasseroberfläche übertragene Wärme ($t_{fL} > t_W$) lässt das Wasser verdunsten und kühlt die Luft ab. Das heißt, die Verdampfungsenthalpie liefert die Luft und die Wassertemperatur bleibt konstant (diese Zustandsänderung wird auch adiabatisch genannt h = konstant).
- Zustandsänderung $t_{fL} \rightarrow 6$: ($p_{Ds} = p_D$) Es findet keine Verdunstung statt. Die konvektiv von der Luft an das Wasser übertragene Wärme ($t_{fL} > t_w$) heizt das Wasser auf.
- Zustandsänderung $t_{fL} \rightarrow 7$: ($p_{Ds} < p_D$) Feuchte (Kondensation) wird aus der Luft an das Wasser übertragen (Entfeuchtung) und das Wasser heizt sich auf $t_{fL} > t_W$. Praktiziert im Kühlwäscher.

3.3.1 Rückkühlung (Kühlturm, Hybridkühler)

Die Hauptanwendung der Verdunstungskühlung ist das Rückkühlwerk in offener und geschlossener Ausführung um Wasser von t_{W_1} auf t_{W_2} abzukühlen. Erfolgt eine Rückkühlung ohne Verdunstung, so handelt es sich um eine *Trockenrückkühlung* wie z. B. bei Kältemaschinen mit luftgekühltem Kondensator.

Die Energiebilanz für den Kühlturm Gleichung 65/66:

$$\dot{Q} = \dot{m}_w \cdot c_w \cdot \Delta t_w = \dot{m}_L[\Delta h_L + \Delta x(\nu_o + c_{p_D} \cdot \Delta t_L)] = \alpha \cdot A(t_{L_s} - t_L) + \sigma \cdot A(x_s - x) \cdot r_o$$

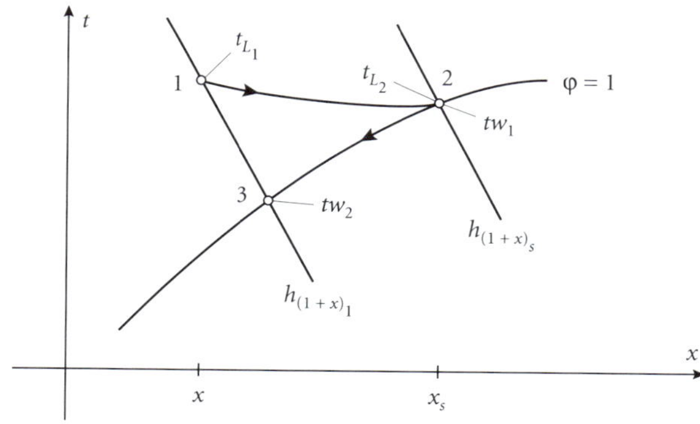

Abb. 118: *h,x*-Diagramm, offener *idealer* Kühlturm

Nach Abb. 118: (Bei Vernachlässigung von c_{p_D}):

$$\dot{Q} = \dot{m}_W \cdot c_W \cdot (t_{W_1} - t_{W_2}) = \dot{m}_L(\underbrace{h_{(1+x)_s}}_{c_{p_L} \cdot t_{L_s} + x_s \cdot r} - \underbrace{h_{(1+x)_1}}_{c_{p_L} \cdot t_{L_1} + x \cdot r})$$

$$t_{L_1} = \frac{h_{(1+x)_1} - x \cdot r}{c_{p_L}} \quad \text{und} \quad t_{L_s} = \frac{h_{(1+x)_s} - x_s \cdot r}{c_{p_L}};$$

sodass:

$$d\dot{Q} = \left[\alpha\left(\frac{h_{(1+x)_s} - x_s \cdot r_o}{c_{p_L}} - \frac{h_{(1+x)_1} - x \cdot \nu_o}{c_{p_L}}\right) + \sigma(x_s - x) \cdot r_o\right] \cdot dA$$

$$\alpha = \sigma \cdot c_{p_L};$$

$$d\dot{Q} = \left[\sigma \cdot c_{p_L}\left(\frac{h_{(1+x)_s} - x_s \cdot r_o}{c_{p_L}} - \frac{h_{(1+x)_1} - x \cdot r_o}{c_{p_L}}\right) + \sigma(x_s - x) \cdot r_o\right] \cdot dA$$

$$d\dot{Q} = \sigma \cdot (h_{(1+x)_s} - h_{(1+x)_1}) \cdot dA = \cdot m_W \cdot c_W \cdot dt_W$$

dies ergibt die Merkel'sche Hauptgleichung:

$$\underbrace{\int \frac{\sigma \cdot dA}{\dot{m}_W}}_{\substack{\text{Verdunstungs-}\\ \text{zahl } K_v}} = \underbrace{\int \frac{c_W \cdot dt_W}{h_{(1+x)_s} - h_{(1+x)_1}}}_{\text{Merkel-Zahl } M_e}$$

Die Merkel-Zahl wird mithilfe t_{L_1}, t_{L_2}, t_{W_1}, t_{W_2} und der Luftzahl $\lambda = \frac{\dot{m}_L}{\dot{m}_W}$ bei festen Kühlturm-Einbauten ermittelt. Aus der so ermittelten Merkel-Zahl lässt sich dann das Betriebsverhalten eines Kühlturms bestimmen.

Die Verdunstungszahl K_V beschreibt die Kühlturmcharakteristik.

Praktische Erfahrungen haben gezeigt, dass die von Merkel gemachten Vereinfachungen wenig Einfluss auf die Kühlwassertemperaturen haben.

Gemäß Abb. 120:

Energiebilanz des *idealen* Kühlturmes:

$$\underbrace{\dot{m}_{W_1} \cdot t_{W_1} \cdot c_W}_{\substack{\text{Wasserein-}\\ \text{trittsenergie}}} - \underbrace{\dot{m}_{W_2} \cdot t_{W_2} \cdot c_W}_{\substack{\text{Wasseraus-}\\ \text{trittsenergie}}} = \underbrace{\dot{m}_L(h_{(1+x)_2} - h_{(1+x)_1})}_{\substack{\text{Lufteintritts-}\\ \text{austrittsenergie}}}$$

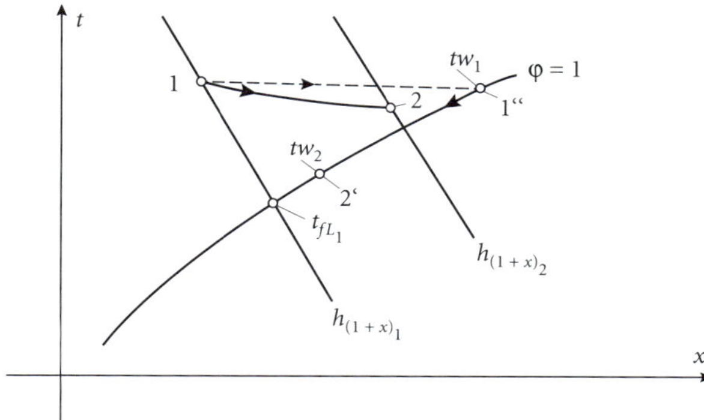

Abb. 119: *h,x*-Diagramm, offener *realer* Kühlturm

ideale Luftzahl

$$\lambda_{id} = \frac{\dot{m}_{L-min}}{\dot{m}_w} = \frac{c_w(t_{w_1} - t_{fL_1})}{(h_{(1+x)_s} - h_{(1+x)_1})};$$

reale Luftzahl

$$\lambda = \frac{\dot{m}_L}{\dot{m}_w} = \frac{c_w(t_{w_1} - t_{w_2})}{(h_{(1+x)_2} - h_{(1+x)_1})};$$

$$\Lambda = \frac{\lambda}{\lambda_{id}} \text{ Luftverhältnis}$$

Offenes Rückkühlwerk

Man unterscheidet:

- *Naturzugkühltürme* (für Kraftwerke)
- *Zwangsbelüftete Kühltürme* (Rückkühlwerke) die je nach Art der Luftführung mit saugenden oder drückenden Ventilatoren (Gegenstrom, Querstrom, Quer-Gegenstrom) ausgeführt werden.

Kenngrößen der Kühltürme:

- *Kühlgrenzabstand* $= t_{w_2} - t_{fL_1}$ (t_{fL_1} = Feuchtkugeltemperatur)
- *Kühlzonenbreite* $= \Delta t_w = t_{w_1} - t_{w_2}$;
- *Abkühlungsgrad* $\eta_A = \dfrac{t_{w_1} - t_{w_2}}{t_{w_1} - t_{fL_1}} = C_K(1 - e^{-\Lambda})$, C_K = Kühlturmkonstante
- *Luftzahl* $\lambda = \dfrac{\dot{m}_L}{\dot{m}_w}$; $\lambda_{id} = \dfrac{\dot{m}_{L-min}}{\dot{m}_w} = \dfrac{c_w \cdot (t_{w_1} - t_{w_2})}{h_{(1+x)_s} - h_{(1+x)_1}}$;

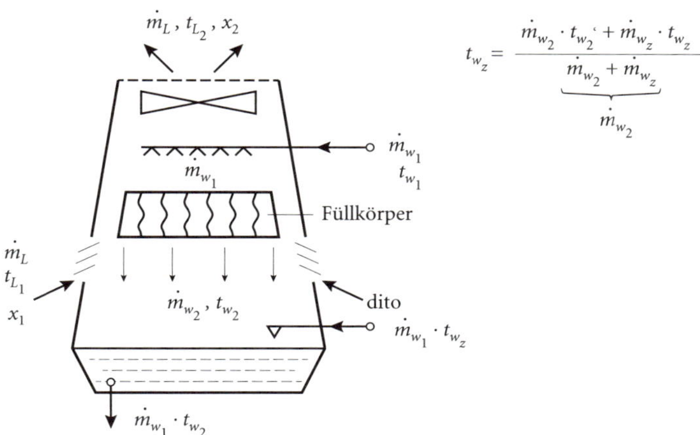

Abb. 120: offenes Rückkühlwerk (Kühlturm)

Energiebilanz eines Kühlturmes (Abb. 120):

$$\dot{m}_L \cdot \Delta h_{(1+x)} = \dot{m}_{w_1} \cdot c_w \cdot t_{w_1} - [(\dot{m}_{w_1} - \dot{m}_{w_z}) \cdot c_w \cdot t_{w_2}' + \dot{m}_{w_z} \cdot c_w \cdot t_{w_z}]$$

$$\Delta h_{(1+x)} = h_{(1+x)_2} - h_{(1+x)_1} = [c_p \cdot t_{L_1} + x_1(2500 + c_{p_D} \cdot t_{L_1})] - [c_p \cdot t_{L_2} + x_2(2500 + c_{p_D} \cdot t_{L_2})]$$

und die Kühlturmleistung $\dot{Q}_{KT}$:

$$\dot{Q}_{KT} = \dot{m}_{w_1} \cdot c_w \cdot t_{w_1} - [(\dot{m}_{w_1} - \dot{m}_{w_z}) \cdot c_w \cdot t_{w_2'} + \dot{m}_{w_z} \cdot c_w \cdot t_{w_z}]$$

oder:

$$\dot{Q}_{KT} = \dot{m}_{w_1} \cdot c_w(t_{w_1} - t_{w_2}) = \dot{m}_L \cdot \Delta h_{(1+x)} \tag{67}$$

$$\uparrow \dot{Q}_L \quad \leftarrow \dot{Q}_{w_1} \quad \downarrow \dot{Q}_{w_2'} \quad \leftarrow \dot{Q}_{w_z} \quad \downarrow \dot{Q}_{w_2}$$

Praktisch ausgeführte Kühltürme:

- Luftgeschwindigkeit bezogen auf den Querschnitt 2…4 m/s,
- Luftmenge $\dot{m}_L = 130 \ldots 170\,\mathrm{m^3/hkW}$,
- Ventilatorantriebe (Axial) 6…10W/kW
  (Radial) 10…20W/kW
- Abkühlung $\Delta t_w = 4 \ldots 8\,\mathrm{K}$ (Naturzugkühltürme, Kraftwerk > 12 K) ≙ Kühlzonenbreite
- Kühlungsgrenzabstand $(t_{w_2} - t_{fL}) = 2\,\mathrm{K}$

- Zusatzwasser $\dot{m}_z$ pro kW:
  Verdunstung $\dot{m}_v$ ca. 2 kg/h,
  Spritzverluste $\dot{m}_{sp}$ ca. 1 kg/h,
  Wasseraufbereitung $\dot{m}_{\mathrm{WAB}}$ ca. 3 kg/h (Abschlämmung)
  $\dot{m}_z$ ca. 6 kg/h pro kW

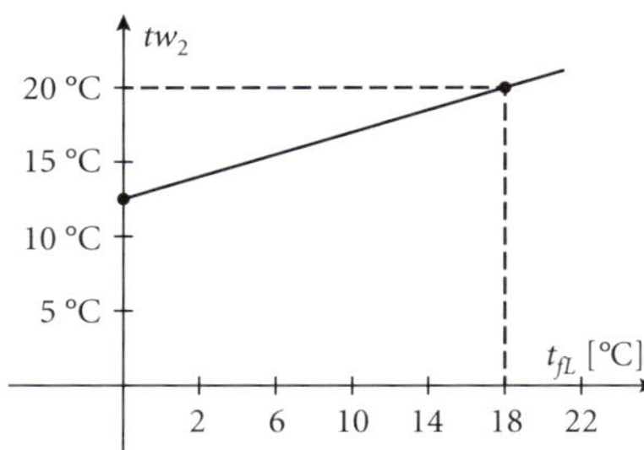

Abb. 121: Abkühlkurve offene Kühltürme

Geschlossene Rückkühlwerke (Hybridkühlung)

Anstelle der Füllkörper kommen *Wärmeübertrager* aus berippten oder glatten Rohren zum Einsatz. Das rückzukühlende Wasser fließt im *geschlossenen System* durch die Rohre. Dieses Wärmetauscher-Rohrsystem wird mit Wasser besprüht. Dieses Sprühwasser zirkuliert in einem eigenen Kreislauf mit verschiedenen Ventilatoranordnungen.

Vorteile:

- Kühlwasser im geschlossenen Kreislauf, keine Salzanreicherung oder Verschmutzung, nicht aggressiv, (als Kältemittel-Kondensator nutzbar)

Nachteil:

- Wasserausstrittstemperaturen höher als beim offenen System
- Bei gleichem Kühlgrenzabstand wesentlich höherer (teurer) Bauaufwand.

Ein betriebstechnischer Vorteil ist, dass bei niedrigen Außentemperaturen das Sprühwasser stillgelegt wird und es kann mit *trockener Kühlung* als *freie Kühlung* gefahren werden (Glycolgemisch erforderlich).

Praktisch erreichbare Kühlwassertemperaturen:

- Trockener Rückkühler
  $t_{w_2} \geq t_{L_1}$ (theoretisch),
  $t_{w_2} \geq t_{L_1} + 5\,\mathrm{K}$ (real) (mit Kältemitteln $t_{L_z} \geq t_c + 2\,\mathrm{K}$)
  $t_{w_2} \geq t_{L_1} + 8\,\mathrm{K}$ (wirtschaftlich),
- Nass- und Hybrid-Rückkühler (offen oder geschlossen)
  $t_{w_2} \geq t_{fL}$ (theoretisch),
  $t_{w_2} \geq t_{fL} + 2\,\mathrm{K}$ (offen, real),
  $t_{w_2} \geq t_{fL} + 4\,\mathrm{K}$ (geschlossen, real).

Beispiele zu Abschnitt 3.3.1

Beispiel 34

Ein offener Kühlturm mit folgenden Daten:

Wassereintritt $t_{W_1} = 30\,°C$, $c_W = 4{,}20\,kJ/kg\,K$

Wasseraustritt $t_{W_2} = 25\,°C$,

Lufteintritt $t_{L_1} = 23\,°C/50\,\%$ r. F.

Luftaustritt $t_{L_2} = 26\,°C/100\,\%$ r. F.

Wasserdurchsatz $= \dot{m}_{W_1} = 6{,}67\,kg/s = \dot{m}_{W_2}$

Gesucht:

a) Zusatzwassermenge $\dot{m}_{W_z}$ (ohne Abschlämmung und ohne Sprühverlust) $t_{W_z} = 10\,°C$,

b) Luftmassenstrom $\dot{m}_L$; λ; η_A, $t_{\dot{W}_2}{}'$;

Lösung:

a) $x_1 = 8{,}83 g/kg$ (Tafel *feuchte Luft*)

$$x_2 = 21{,}6 g/kg,\ \Delta x = 12{,}8\,g/kg_{\text{trockene Luft}};$$

Gleichung (67): $\dot{Q}_{KT} = \dot{m}_{W_1} \cdot c_W \cdot t_{W_1} - [(\dot{m}_{W_1} - \dot{m}_{W_z}) \cdot c_W \cdot t_{W_2}{}' + \dot{m}_{W_z} \cdot c_W \cdot t_{W_z}]$ (nicht lösbar ohne $\dot{m}_L$)

$$\dot{Q}_{KT} = \dot{m}_L \cdot \Delta h_{(1+x)} = \dot{m}_{W_1} \cdot c_W \cdot (t_{W_1} - t_{W_2}) = 140\,kW$$

$$h_{(1+x)_1} = [1{,}0 \cdot 23 + 0{,}00883(2500 + 1{,}86 \cdot 23)kJ/kg = 45{,}45\,kJ/kg]$$

$$h_{(1+x)_2} = [1{,}0 \cdot 26 + 0{,}0216(2500 + 1{,}86 \cdot 26)kJ/kg = 81{,}05\,kJ/kg]$$

$$\dot{m}_L = \frac{\dot{Q}_{KT}}{\Delta h_{(1+x)}} = \frac{140}{35{,}6} kg/s = 3{,}93\,kg/s$$

$$\dot{m}_{W_z} = \Delta x \cdot \dot{m}_L = 0{,}0128 \cdot 3{,}93\,kg/s = 0{,}05\,kg/s$$

b) $\dot{m}_L = 3{,}93\,kg/s$, $\lambda = \dfrac{\dot{m}_L}{\dot{m}_{W_1}} = \dfrac{3{,}93}{6{,}67} = 0{,}59$

$$\eta_A = \frac{t_{W_1} - t_{W_2}}{t_{W_1} - t_{fL_1}} = \frac{30 - 25}{30 - 16} = 0{,}36$$

$$t_{W_2'} = 25{,}12\,°C$$

Beispiel 35

Ein offener Kühlturm mit folgenden Daten:

- $t_{W_1} = 30\,°C$, $t_{W_2} = 25\,°C$, $t_{fL_1} = 18\,°C$, $\dot{m}_{W_1} = 15\,kg/s$, $c_W = 4{,}20\,kJ/kg\,K$, $t_{W_z} = 10\,°C$,
- $\dot{m}_L = 7\,kg/s$, $t_{L_1} = 30\,°C/30\,\%$ r. F.,

Gesucht gemäßt Abb. 120 und mit h,x-Diagramm:

a) Die Kühlturmkonstante C_K, bei einer Kühlturmleistung $Q_{KT} = 15 \cdot 4{,}2 \cdot 5\,kW = 315\,kW$,

b) Luftaustrittstemperatur t_{L_2} und $t_{W_2'}$,

c) Wasseraustrittstemperatur t_{W_2} bei $0{,}5\dot{m}_{W_1}$ und $\dot{Q}_{KT}$,

d) t_{fL_1} von 18 °C auf $t_{fL_1} = 24\,°C$, welche $\dot{Q}_{KT}$?

Lösung:

a) $$\lambda_{id} = \frac{c_W(t_{W_1} - t_{fL_1})}{h_{(1+x)_s} - h_{(1+x)_1}} = \frac{4{,}20(30-18)}{100-50} = 1{,}0,\ \lambda = \frac{\dot{m}_L}{\dot{m}_{W_1}} = \frac{7}{15} = 0{,}47,$$

$$\Lambda = \frac{\lambda}{\lambda_{id}} = \frac{0{,}47}{1{,}0} = 0{,}47,$$

$$\eta_A = \frac{t_{W_1} - t_{W_2}}{t_{W_1} - t_{fL_1}} = \frac{5}{30-18} = 0{,}42$$

$$C_K = \frac{0{,}42}{1 - e^{-0{,}47}} = 1{,}12$$

b) $$\dot{Q} = \dot{m}_{W_1} \cdot c_W \cdot t_{W_1} - [(\dot{m}_{W_1} - \Delta x \cdot \dot{m}_L) \cdot c_W \cdot t_{W_2'} - \Delta x \cdot m_L \cdot c_W \cdot t_{W_2}]$$

$$315 = 15 \cdot 4{,}2 \cdot 30\,kW - [(15 - 0{,}0175 \cdot 7) \cdot 4{,}2 \cdot t_{W_2'} + 5{,}15]$$

$$t_{W_2'} = 25{,}12\,°C$$

$$h_{(1+x)_2} = 95\,kJ/kg = 1{,}0 \cdot t_{L_2} + 0{,}0255(2500 + 1{,}86 \cdot t_{L_2})$$

$$t_{L_2} = 29{,}8\,°C$$

c) $$\lambda = \frac{7}{7{,}5} = 0{,}93 \rightarrow \Lambda = \frac{0{,}93}{1{,}0} = 0{,}93$$

$$\eta_A = 1{,}12(1 - e^{-0{,}93}) = 0{,}68$$

$$\Delta t_W = \eta_A(t_{W_1} - t_{fL_1}) = 0{,}68(30-18)K = 8{,}16\,K$$

$t_{W_2} = (30 - 8{,}16)\,°C = 21{,}84\,°C$

$\dot{Q}_{KT} = 7{,}5 \cdot 4{,}2 \cdot 8{,}16\,kW = 257\,kW$

d) $\lambda_{id} = \frac{4{,}20(30 - 24)}{100 - 75} = 1{,}0;\ \Lambda = \frac{0{,}47}{1{,}0} = 0{,}47;$

$\eta_A = 1{,}12(1 - e^{-0{,}47}) = 0{,}42$

$\dot{Q}_{KT} = \dot{m}_{W_1} \cdot c_W \cdot (t_{W_1} - t_{fL_1}) \cdot \eta_A = 15 \cdot 4{,}20(30 - 24) \cdot 0{,}42\,kW = 158{,}76\,kW$

3.4 Sorption

Wie bereits im Abschnitt 3.2 dargelegt, beruht der Sorptionsmechanismus auf Vorgängen bei denen ein Stoff von einem anderen Stoff selektiv aufgenommen wird; speziell *Absorption* und *Adsorption.*

Bei der Absorption ist der aufnehmende (absorbierende) Stoff *flüssig* (z. B. Wasser bei der Absorptionskältemaschine, NH_3 ist das Sorptiv).

Bei der Adsorption ist der aufnehmende Stoff an dem sich das Gas anlagert *fest* (z. B. Wasserdampf in der Luft bei der Entfeuchtung).

Bei den v. g. Vorgängen wird Wärme (Bindungs- und Kondensationswärme) frei, während bei der *Desorption* (Regenerierung) diese Wärme wieder aufgewendet werden muss.

Im Rahmen der Disziplin *Kältesystemtechnik* interessiert die Anwendung:

- Klimakühlung (sorptive Klimatisierung),

und

- die Luftentfeuchtung.

3.4.1 Sorptionsgestützte Klimatisierung

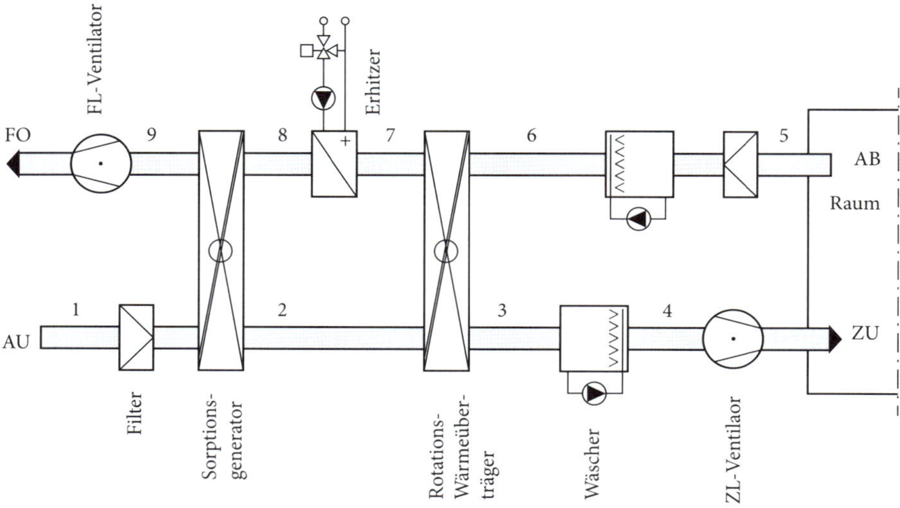

Abb. 122: Sorptionsgestützte Klimatisierung (Raumkühlung)

Die Abb. 122/123 stellen das Funktionsprinzip eines sorptionsgestützten Luftkühlsystems mit Entfeuchtung für den Sommerbetrieb dar. Dieses System wird auch als DEC-(Desiccant Cooling) System bezeichnet.

Als Antriebsenergie für den Kühlprozess wird nur Wärme (80° → 120 °C) benötigt.

AU = Außenluft 32 °C/40 % v. F.

ZU = Zuluft ca. 16 °C/70 % v. F.

AB = Abluft (= Raumluft) ca. 26 °C/50 % v. F.

FD = Fortluft ca. 50 °C/25 % v. F.

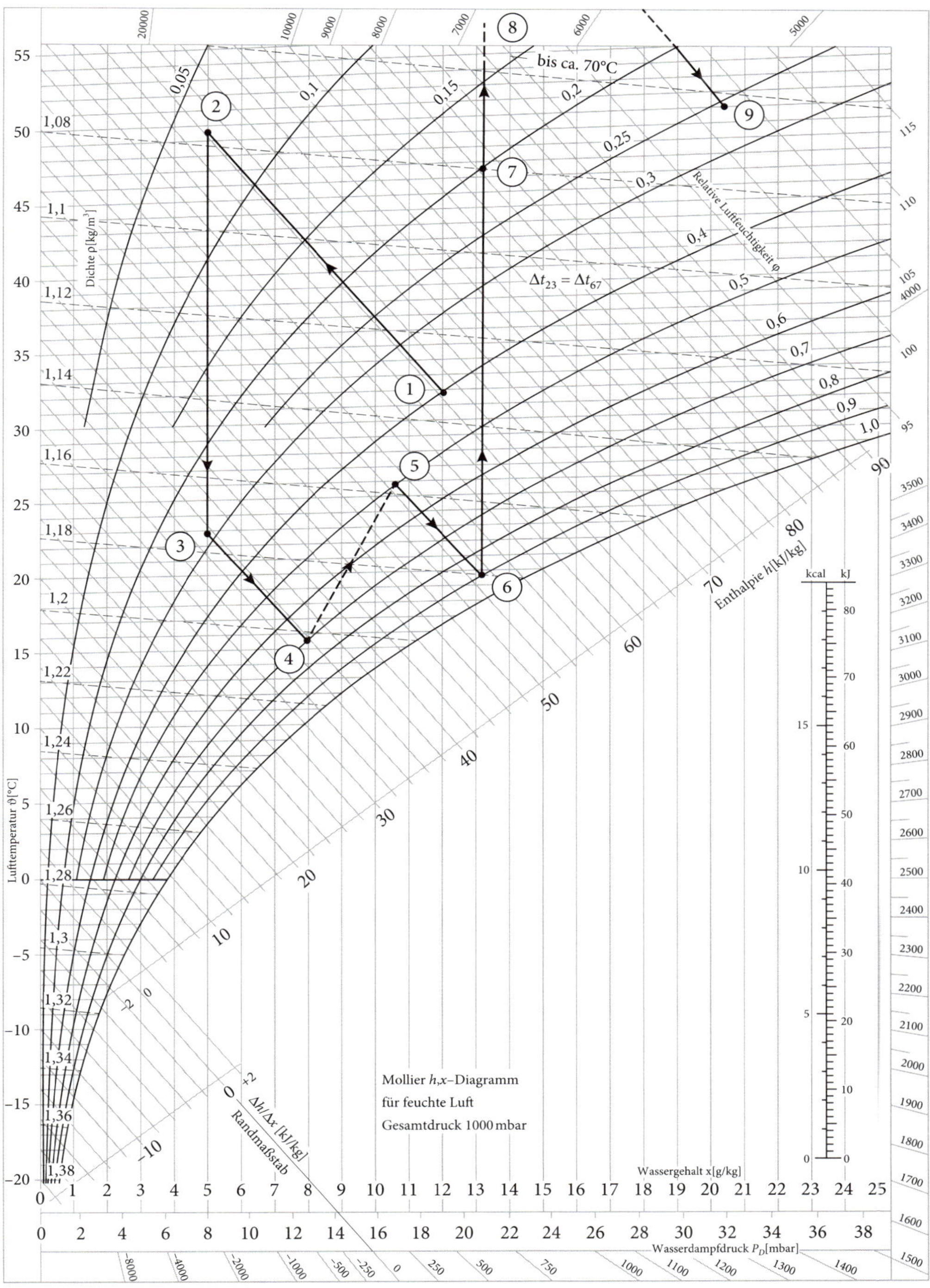

Abb. 123: *h,x*-Diagramm der Abb. 122

3.4.2 Luftentfeuchtung

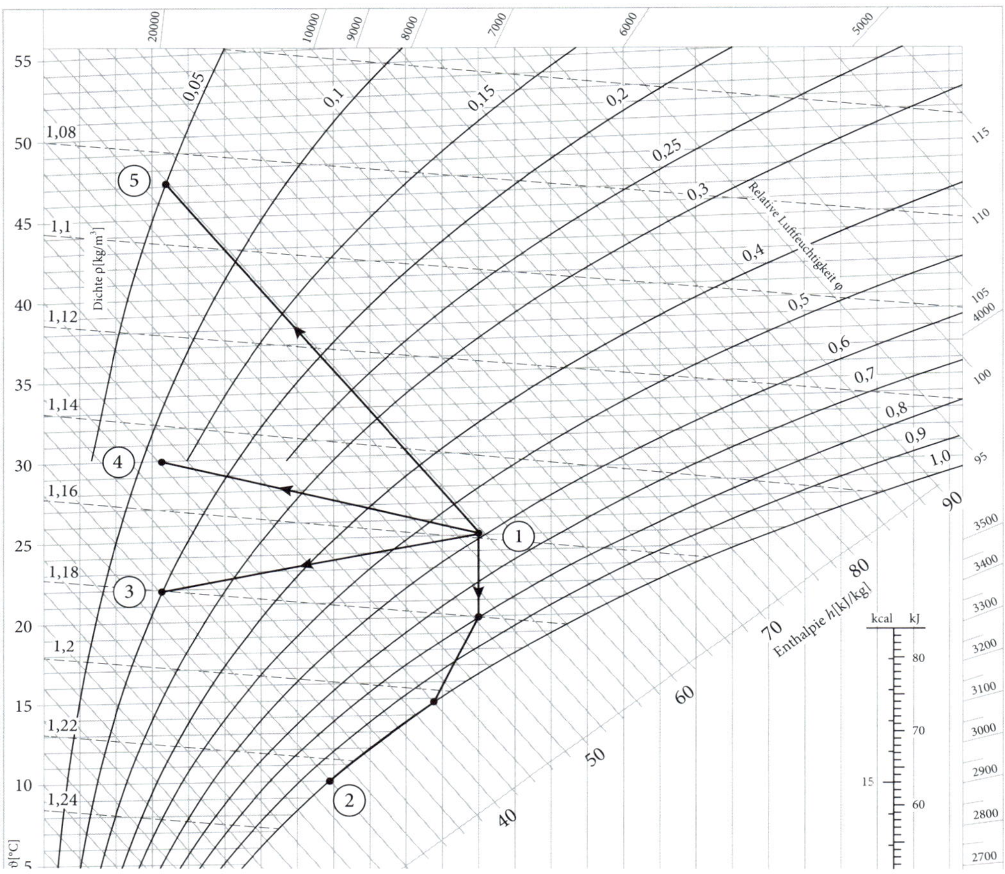

Abb. 124: Verfahren der Luftentfeuchtung

1 – 2 Oberflächenkühlung (Taupunktunterschreitung)

1 – 3 durch Absorption mit Kühlung

1 – 4 durch Absorption ohne Kühlung

1 – 5 durch Adsorption ohne Kühlung

Beispiel einer ausgeführten Anlage:

Für eine hochwertige Produktion war die Forderung an die RLT-Anlage:

- Zuluftkondition 15 °C/4 g/kg (≙ 40 % r. F.)
- reiner Außenluftbetrieb bedingt durch dezentrale Prozessabluftanlagen
- maximale Außenluftkonditionen 32 °C/12 g/kg (≙ 40 %)

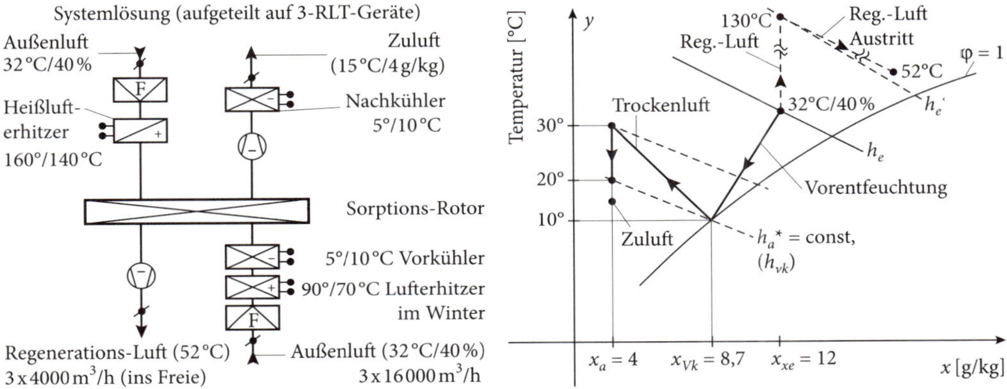

Abb. 125: Funktionsschema mit *h,x*-Diagramm

Das Kriterium des Feuchtehaushaltes im Raum ist der Sommerbetrieb.

Gemäß Funktionsschema erfolgte die Vorkühlung mittels Kaltwassersätzen (Schraubenkältemaschinen) mit 5 °C Kaltwasser und anschließender Sorptionsentfeuchtung mit Nachkühlung. Die Regeneration erfolgte mit separater Außenluftanlage integriert in den Zuluftgeräten.

4 Kältesysteme

4.1 Direkte Kühlung

Unter direkter Kühlung bzw. direkter Verdampfung versteht man die Heranführung des Kältemittels an das zu kühlende Medium (Flüssigkeit, Gase, Luft), wobei es in direktem thermischen Kontakt verdampft.

Man unterscheidet zwischen (siehe Abschnitt 2.3.1)

- Flutverdampfer (überflutete Verdampfung)
- Direktverdampfer (trockene Verdampfung)
- VRV/VRF-Systemen

Die *Direkte Kühlung* ist grundsätzlich energetisch günstiger (und wirtschaftlicher) als die *Indirekte Kühlung*:

- zusätzliche Temperaturdifferenz vom Kältemittel zum Kälteträger und vom Kälteträger zum zukühlenden Stoff – meist Luft

und dadurch

- Reduzierung der Leistungszahl ε_a

und es sind

- zusätzlich Kälteträger-Pumpen erforderlich.

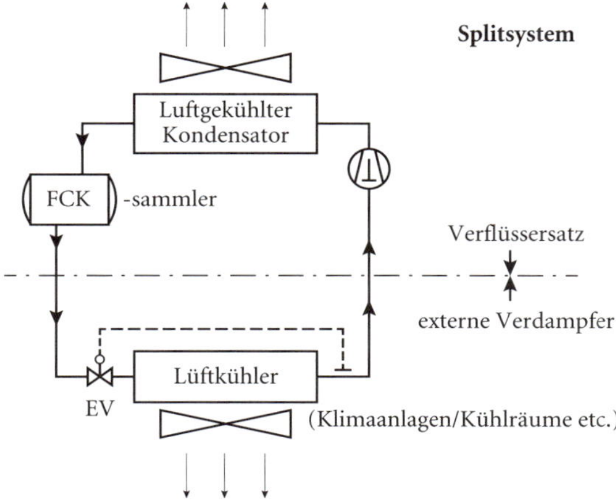

Abb. 126: Kompressor-Kälteanlage mit Verdampfer (gegebenenfalls mehrere) zur direkten Luftkühlung

Dass trotzdem in großer Zahl Anlagen mit indirekter Kühlung der Vorzug gegeben wird, liegt an den Nachteilen der direkten Verdampfung:

- Kältemittelregelung,
- weit verzweigtes Kältemittel-Leitungssystem.

- Undichtigkeiten,
- zulässiges Kältemittelfüllgewicht.

a) **Gewerbekühlung** (Kühl- und Gefriergutlagerung)
   - zentrale Kälteanlage: Kolben- oder Schraubenverdichter versorgt meist mit Pumpenumlauf diverse Verbraucher (Direktverdampfer) Kältemittel meist Ammoniak.
   - dezentrale Kälteanlage: Maschinenanlage in der Nähe des Verdampfers, Kältemittel meist R404A und R134a.
   - Rückkühlung: Luftgekühlte Trockenverflüssiger, Hybridverflüssiger, Kühlturm etc.

b) **Klimatisierung** (Gebäudekühlung) *Splitsysteme*
   - Inneneinheit: 1. Variante mit Verdampfer mit Verdichter und davon getrennt im Freien luftgekühlter Kondensator (z. B. Klimaschrank)
     2. Variante mit Verdampfer und davon getrennt im Freien Verflüssigersatz (Verdichter und luftgekühlter Kondensator)
   - Außeneinheit: 1. Variante gemäß v. g.
     2. Variante gemäß v. g.

Bei den Splitgeräten kann durch Umschaltung des Kältemittelkreises die Kälteanlage als Wärmepumpenanlage betrieben werden.

Gemäß Abb. 126 können mehrere Innengeräte als sogenannte *Multi-Split-Anlage* (bis ca. 5 Stück) an eine Außeneinheit angeschlossen werden.

Beim *VRF-Multi-Split-System* (variable Refrigerations-Flow ≙ variabler Kältemittelvolumen) kann bis zu 64 Innengeräte angeschlossen werden. Die Außeneinheiten sind aufwendiger und komplexer als das Multi-Split-System.

VRF-Systeme können als Wärmepumpen-Systeme bis –20 °C Außentemperatur monovalent heizen durch die Kältemittel-Umschaltung.

Kälteleistung 12…135 kW,

Heizleistung 15…150 kW.

Eine weitere Anwendung von Kältesätzen für Luftkühlung sind die sogenannten *Klimaschränke* mit eingebautem Kompressor, Kondensator und Verdampfer. Wenn anstelle des meist wassergekühlten Kondensators ein luftgekühlter verwendet wird, dann sind Luftein- und Austritte erforderlich oder ein Splitsystem.

Kältemittel-Rohrleitung (bzw. Rohrnetz)

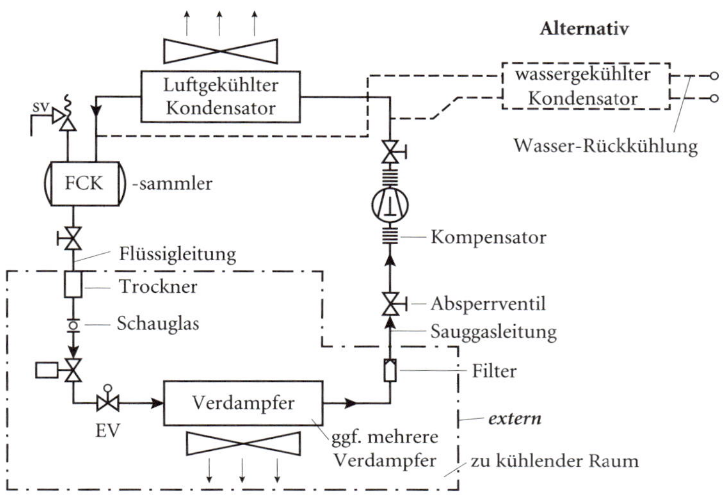

Abb. 127: Kältemittel-Leitungsschema *Splitanlage* (Rohre: C_u, Stahl, Edelstahl etc.)

In Kälteanlagen mit Kältemitteln sind die Rohrleitungen für jeden Einzelfall zu bemessen. Für die Bemessung der Rohrleitungen für flüssiges und gasförmiges Kältemittel gelten grundsätzlich die Regeln der Strömungslehre. Druckverluste in der Druckleitung bewirken eine Erhöhung des Enddruckes der Verdichtung über den Flüssigkeitsdruck hinaus (siehe Abb. 57). Das bedeutet Verringerung der Leistungszahl ε_o. Druckverluste in der Saugleitung haben eine Verminderung der Förderleistung (Kälteleistung) zur Folge, weil das spezifische Volumen v zunimmt. In der Flüssigkeitsleitung vom Kondensator zum Expansions-Ventil besteht die Gefahr der Dampfblasenbildung durch Drosselung, wenn der Druckverlust Δp_v bei nur wenig unterkühlten Kältemitteln auftritt. Diese Dampfblasenbildung tritt auf, sobald durch Druckabfall der Sättigungszustand erreicht und überschritten wird. Also z. B. in den Regel- und Drosselorganen für die Kältemittelregelung. In der Leitung vor den Drosselorganen soll reine Flüssigkeit strömen.

Überschlägig kann bei Druckverlustberechnungen in Ansatz gebracht werden:

ca. $\frac{2}{3}$ des Gesamtdruckverlustes sind Einzelwiderstände $\Delta p = \frac{2}{3} \cdot \Delta p_{v-\text{ges}}$

In Sauggas- und Druckgasleitungen:

$$\Delta p_v = 0{,}2 \ldots 0{,}3\,\text{bar}\ (\triangleq 1..2\,\text{K})$$

In Flüssigleitungen:

$$\Delta p_v\ \text{ca.}\ 0{,}35\,\text{bar}$$

das heißt $\Delta p_{v-\text{ges}}$ ca. 0,7 bar

Druckabfall bzw. Druckverlustberechnungen gemäß Abschnitt 2.4.

Die kinematische Zähigkeit bzw. Viskosität η von Kältemitteln ist kleiner als bei Wasser und Wasserdampf.

4.1.1 Kältemittel-Pumpenanlagen

Der Arbeitsstoff ist flüssiges Kältemittel als *Kälteträger mit Latentwärme*, im Vergleich zu den *Kälteträgern ohne* Latentwärme wie Wasser bzw. *Solen* (Abschnitt 4.2). Verdampft der Kälteträger bei Nutzungstemperatur am Ort des Kältebedarfs, wird die umzuwälzende Menge wesentlich kleiner als mit dem Kälteträger Wasser bzw. Sole:

$$\dot{Q}_o = \dot{m}_K \cdot h_v = \dot{m}_s \cdot c \cdot \Delta t; \quad \frac{\dot{m}_K}{\dot{m}_s} = \frac{c \cdot \Delta t}{h_v};$$

$\dot{m}_K$ = Kältemittelmassenstrom,

$h_v = (h^{''} - h^{'})$ = Verdampfungsenthalpie,

$\dot{m}_s$ = Kälteträgermassenstrom (z. B. Sole),

c = spezifische Wärmekapazität

Δt = Temperaturdifferenz (Ein- und Austritt am Wärmeübertrager)

Der Kältemittelmassenstrom wird also um den Faktor $\frac{c \cdot \Delta t}{h_v}$ kleiner, als beim Einsatz z. B. einer Sole (siehe Abschnitt 4.2).

Weitverzweigte Kältebedarfsstellen, wie sie in der industriellen Kälte vorliegen, werden über Pumpenanlagen versorgt, wenn die zu überwindenden Strömungswiderstände durch die Verdampfer mit den Zu- und Ableitungen für die Verdichter unwirtschaftlich werden. Das ist energetisch günstiger, da bei gleicher Druckerhöhung und gleichen Massenströmen die Pumpe wesentlich weniger Antriebsleistung benötigt als der Verdichter. Außerdem ist es möglich, den Kältemittelstrom durch die Pumpe und den Verdampfer unabhängig von dem primären Kältemittelstrom durch den Verdichter zu regeln.

Auch hier bilden die Abschnitte:

1.7.1 Strömungsprozesse Gleichung 44/45

2.2 Pumpen

2.3.1 Verdampfer

2.4 Bemessung des Rohrnetzes

die Grundlage für die Projektleistung.

Aus Abschnitt 3.1.1 – Seite 156 mit Abb. 98 ist die Funktionsweise zu entnehmen

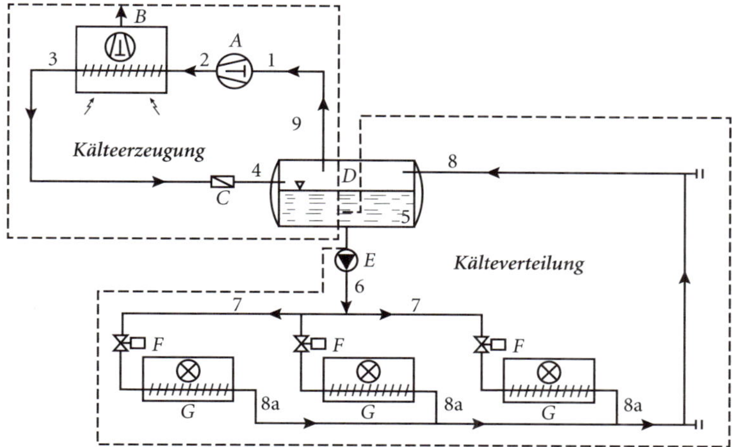

Abb. 128: Vereinfachtes Funktionsschema

Gemäß Abb. 128 und Abb. 98 – *lg p,h*-Diagramm:

Das Prinzip einer Pumpenkälteanlage besteht in der Anordnung eines *Zentralverdampfers* D der zugleich als Flüssigkeitssammler und Abscheider dient. Dieser Zentralverdampfer ist gleichzeitig Kältemittelvorratsbehälter, in dem die gesamte Kältemittelflüssigkeit über ein Schwimmer-Regelventil C entspannt wird.

Im Abscheider herrscht Verdampfungstemperatur und Verdampfungsdruck. Drosseldampfanteil und Flüssigkeit werden getrennt. Der Drosseldampfanteil wird vom Verdichter A abgesaugt und im Kondensator B verflüssigt. Die unter Verdampferdruck stehende Flüssigkeit wird von der Pumpe E den verschiedenen Verbrauchern G (überflutete Verdampfer) über ein Magnetventil F zugeführt. Aus den Verbrauchern G strömt ein Gemisch (2-Phasen) aus nichtverdampfter Flüssigkeit und Nassdampf in den Abscheider zurück. Man unterscheidet hier zwei Kältemittelkreisläufe, den Primärkreis *Kälteerzeugung* und den Sekundärkreis *Kälteverteilung*. Im Verteilkreislauf wird ein größerer Kältemittelwasserstrom umgewälzt (siehe Seite 156) als derjenige, der in den Verdampfern verdampfen könnte. Der erhöhte Massenstrom $\dot{m}_p$ (2…8-fach) hat eine hohe Strömungsgeschwindigkeit in den Kühlern zur Folge. Dadurch werden höhere Wärmeübergangskoeffizienten α_i erreicht (siehe Abschnitt 1.6, Seite 46) als bei überfluteten Verdampfern im Naturumlauf mit sogenannten *zwangsgefluteten* Verdampfern.

Als Kältemittelpumpen werden gasdichte Kreiselpumpen verwendet. Der Pumpenaustrittsdruck liegt ca. 1…2 bar über dem Verdampferdruck (Druck im Abscheider) Bezüglich der Kavitation gilt das Gleiche wie im Abschnitt 2.2 ausgeführt.

Hier verwendet man anstelle von:

$$p_D = p_t; \quad p_1 = p', \quad (\text{bzw. } p_1 \triangleq p_b), \quad h = e_z \quad \text{bzw.} \quad e_s,$$

$$h_v = Z,\ e_z = \text{ca. } 1\ldots2\,\text{m, Ansauggeschwindigkeit ca. } 1\,\text{m/s}$$

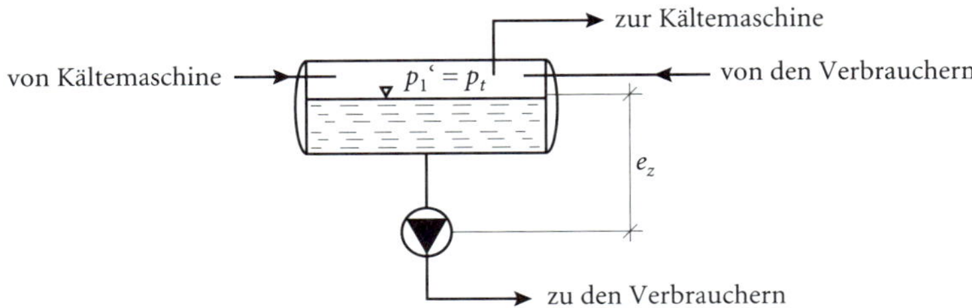

Abb. 129: Kältemittel-Sammelbehälter

Beispiel:

$e_z = 2\,\text{m},\ z = 0{,}5\,\text{m};\quad NH_3,$

$$\text{NPSH}_{\text{vorh}} = \underbrace{\frac{p' - p_t}{\varrho \cdot g}}_{=0} + e_z - Z = 2 - 0{,}5 = 1{,}5\,\text{m}$$

$\text{NPSH}_{\text{vorh}} \geqq \text{NPSH}_{\text{erf}}$, gewählt NPSH_{erf} = ca. 1 m (0,5 m Sicherheitszuschlag)

Wird ein Saugbetrieb mit e_s gefordert, dann muss p' mittels eines Gaspolsters erhöht werden:

$$\text{NPSH}_{\text{vorh}} = \underbrace{\frac{p' - p_t}{\varrho \cdot g}}_{p' > p_t} - e_s - Z \leqq \text{NPSH}_{\text{erf}}$$

4.2 Indirekte Kühlung

Die Kaltwasserbereitstellung spielt heute in zwei Bereichen eine besonders große Rolle:

a) in der technischen Gebäudeausrüstung
b) im Bereich Gewerbe und Industrie. Hier wird oft die ganzjährige Kälteversorgung benötigt und gibt es hinsichtlich der Kaltwasser-Vorlauf-Temperaturen einen großen Bedarf in der
   - Maschinen- und Hydraulikkühlungm
   - Verfahrensindustrie,
   - chemischen Industrie etc.

Weiterhin kann mit Kälteträgern, Solen etc. mit tiefsten Temperaturen gearbeitet werden.

Die *Kaltwassersätze* oder *Wasserkühlsätze* werden auch für Kälteträger und Solen eingesetzt:

- luftgekühlt mit externem Kondensator,
- luftgekühlt mit internem Kondensator (kompakt),
- wassergekühlt mit externen Rückkühler.

Die Leistungszahlen ε_0 bei Kaltwassersätzen liegen je nach Vorlauftemperatur bei 3,3...4,6, die Kälteleistungen bei 60...500 kW bei luftgekühlten Kaltwassersätzen und die Rückkühlluftmengen bei ca. 60 m^3/h pro kW Kälteleistung.

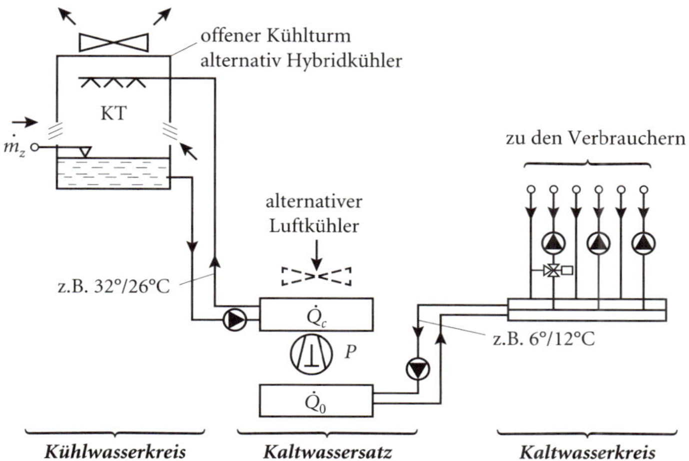

Abb. 130: Kalt- und Kühlwasserschema einer Kälteanlage für indirekte Kühlung

Der sogenannte Kaltwassersatz kann:

- eine halbhermetische Kältemaschine
- eine Turbokältemaschine oder
- eine Absorptionskältemaschine

etc. sein.

Die Berechnung der Kalt- und Kühlwassernetze werden gemäß Abschnitt 1.7.1 durchgeführt.

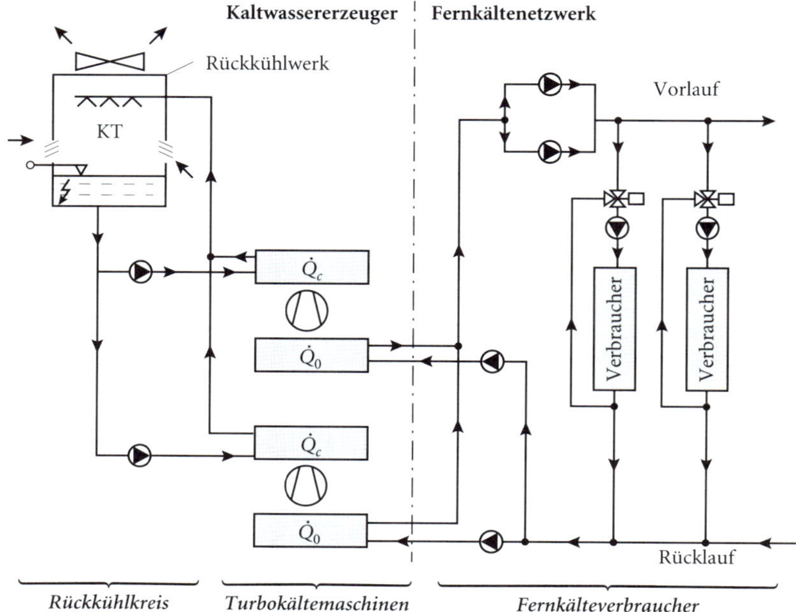

Abb. 131: Fernkälteanlage mit Turbokältemaschinen

Kälteträger (Kälteübertragungsflüssigkeiten)

Die heute als Kältemittel benutzten Stoffe in Kälteübertragungs-Systemen wie

- Direktverdampfung,
- Multi-Split, VRF-System etc.

besitzen zum Teil einen erheblichen Umwelteinfluss. Der Einsatz von *Kälteträgern* ermöglicht die Kältemittel-Füllmengen wesentlich zu reduzieren.

Diese *indirekte Kühlung* hat auch Nachteile:

- die zusätzlichen Temperaturdifferenzen der Wärmeübertragung (Exergieverluste),
- die umzuwälzende Menge wird beim Verbraucher um den Faktor $\frac{c \cdot \Delta t}{h_v}$ größer im Vergleich zum Verbraucher mit Verdampfer (siehe Abschnitt 4.1.1).

Stoffdaten von Kälteträgern siehe Seite 30

Wie bereits unter Abschnitt 4.1.1 erwähnt, transportieren Kälteübertragungsflüssigkeiten Kälte von der Kälteerzeugung zum Ort des Kühlbedarfs. Sie werden als *indirektes System* bezeichnet im Unterschied zu Anlagen, in denen das Kältemittel am Ort des Kühlbedarfs verdampft (Abschnitt 4.1.1).

Die Kälteträger erfüllen damit eine Hilfsfunktion als Zwischenträger. Sie sollten daher günstige thermophysikalische Eigenschaften aufweisen.

Einteilung:

- Wasser – wie bereits behandelt – ist der beste und billigste Kälteträger,
- Solen sind Lösungen von Salzen in Wasser wie chlorhaltige, chlorfreie, wässrige Alkohollösungen,
- organische Kohlenwasserstoff-Verbindungen,
- Silikonöle

etc.

Wenn zwei oder mehrere im flüssigem (abhängig von der Konzentration) Zustand vollständig mischbare Stoffe wie ein reiner Stoff (z. B. Wasser) bei einer einheitlichen Temperatur erstarren, so spricht von einem Eutektikum. Der entstehende Punkt (eutektische Temperatur) ist der niedrigste im betrachteten Stoffsystem und der Erstarrungs- oder Schmelzpunkt.

Schmelz- bzw. Erstarrungswärme der eutektischen Masse $Q = m \cdot q$, (q = spezifische Schmelzwärme).

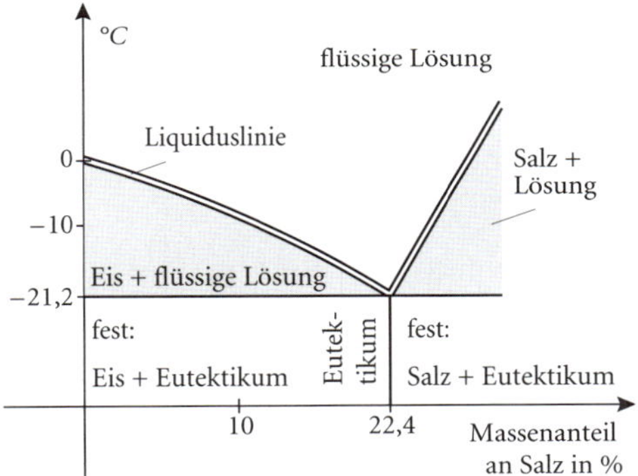

Nur im Eutektischen Punkt (22,4 %–21,2 %) liegt wie bei chemisch reinen Stoffen ein Schmelzpunkt vor.

Abb. 132: Lösungsdiagramm einer Kochsalzlösung

Eine Erweiterung der eutektischen Lösungen liegt vor, wenn die flüssige Phase feinste *Eiskristalle* < 0 °C transportiert. Das Eis selbst ist nicht flüssig. Es handelt sich um eine Suspension feinster Eiskristalle ($\frac{1}{100} \rightarrow \frac{1}{10}$ mm), die in der eutektischen Lösung den Gefrierpunkt zwischen – 1 °C und – 40 °C einstellt.

Dieser pumpfähige *Eisbrei* – auch *Binäreis* genannt – bietet am Verbraucherort eine Enthalpiedifferenz, die sich aus der fühlbaren Wärme ($q = c \cdot \Delta t$), der Lösung (z. B. Sole) und der Schmelzwärme (q_s) des anteilig geschmolzenen Eises zusammensetzt.

Bei Eiskonzentrationen von 40 % → 50 % ergeben sich Enthalpiedifferenzen, die im Bereich der Verdampfungsenthalpie von z. B. R22 (133 kJ/kg) liegen.

Beispiel

Vergleich Wasser mit $\Delta t = 6\,K$ zu Binäreis (25 % Eisanteil), $c = 4{,}19\,kJ/kg\,K$ (vereinfacht angenommen), $q_s = 333\,kJ/kg\,K$:

a) Wasser $q = 4{,}19 \cdot 6 = 25\,kJ/kg$

b) Binäreis $q = 4{,}19 \cdot 6 + \underbrace{0{,}25}_{25\,\%} \cdot 333 = 108\,kJ/kg$

Der Druckabfall (Druckverlust) im Rohrnetz ist mit der konventionellen Methode schwierig zu berechnen. Man ist hier auf empirische Erfahrungen angewiesen.

Z. B. eine Herstellerangabe:

- Rohrdurchmesser 13 mm$^{\varnothing}$,
- Strömungsgeschwindigkeit 1 m/s,
- Kälteträger: eutektische Lösung mit 20 % Additiven und 25 % Eiskonzentration

Druckverlust laut Herstellerdiagramm $\Delta p_v = 0{,}4$ bar/m dies ist meines Erachtens sehr hoch!?

Der Druckabfall im Anlagennetz für Kälteträger ohne Eisanteile bei turbulenter Strömung: im Vergleich zu Wasser (Index w):

$$\frac{\Delta p}{\Delta p_w} = \left(\frac{c_w}{c}\right)^{1,75} \cdot \left(\frac{\varrho_w}{\varrho}\right)^{0,75} \cdot \left(\frac{\nu}{\nu_w}\right)^{0,25};$$

Die Rohrdurchmesser:

$$\frac{d}{d_w} = \left(\frac{\nu}{\nu_w}\right)^{0,053} \cdot \left(\frac{\varrho_w}{\varrho}\right)^{0,37} \cdot \left(\frac{c_w}{c}\right)^{0,58}$$

Der Wärmeübergangskoeffizient

$$\frac{\alpha}{\alpha_w} = \left(\frac{\lambda}{\lambda_w}\right)^{0,6} \cdot \left(\frac{c_w \cdot \varrho_w \cdot \nu_w}{c \cdot \varrho \cdot \nu}\right)^{0,4}$$

c = spezifische Wärmekapazität kJ/kg K

ϱ = Dichte kg/m^3

ν = kinematische Viskosität m^2/s

λ = Wärmeleitkoeffizient W/m K

Δp = Druckabfall Pa

d = Rohrdurchmesser $m^{\varnothing}$

α = Wärmeübergangskoeffizient W/m^2 K

Einsatzgebiete von Kälteträgern:

- Klimakälte in der Gebäudetechnik,
- gewerbliche Kühlung (Kühlhaus, Supermarkt),

- Lebensmittelindustrie,
- chemische Industrie,
- Verfahrenstechnik.

Kältespeicher

Bedingt durch ihre Umweltrelevanz der FCKW- (bzw. FKW) Kältemittel ist ein Wandel bei den ausgeführten Kälte- und Klimaanlagen erkennbar. Eine Möglichkeit um die Kältemittelfüllungen in Kälteanlagen zu reduzieren, ist der Einsatz von *Kältespeichern* im System.

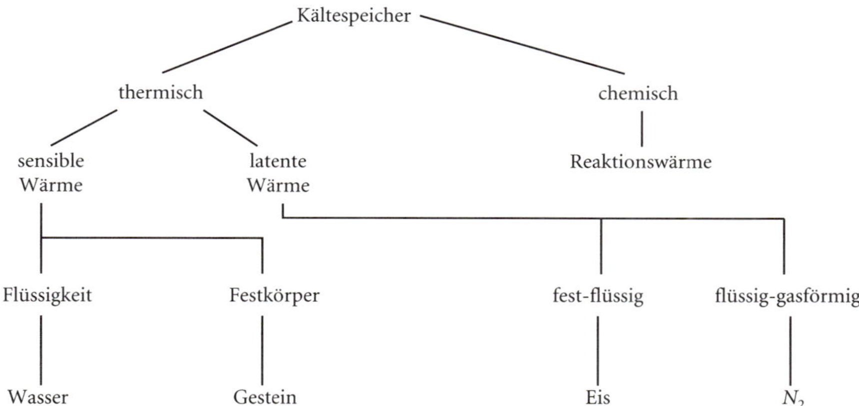

In der Kälte- und Klimatechnik wird hauptsächlich die *Thermische Speicherung* eingesetzt. Der Vorteil der Speicherung ist die Schmelzenthalpie von Eis mit 333 kJ/kg.

Im Vergleich zu Wasser bei $\Delta t = 6\,\text{K}$ ergeben sich:

- bei Eis 93 kWh/m³ Speicherwärme
- bei Wasser 6,97 kWh/m³ Speicherwärme, also ca. 13-fach schlechter.

Man unterscheidet folgende Kältespeicher:

a) Kaltwasserspeicher ohne Eisbildung:

Von Kaltwasser durchflossene *Pufferspeicher* können kurzfristig Kälteenergie speichern nach Kältespeicher, Wärme- bzw. Kältemenge

$$q = \varrho \cdot c_w \cdot \Delta t$$

$$q = \frac{1000 \cdot 4{,}2 \cdot 1}{3600}\,\text{kWh/m}^3\,\text{K} = 1{,}16\,\text{kWh/m}^3\,\text{K}$$

b) Eisspeicher (Latentspeicher):

Der v. g. Speicherwert von 93 kWh/m³ bezieht sich auf das Wasservolumen. Durch die Kühlrohre geht Platz verloren, sodass die Speicherdichte oder Kältemenge $q = 40 \ldots 60\,\mathrm{kWh/m^3}$ Behältervolumen beträgt.

Die theoretische Grundlage für den Betrieb von Eisspeichern:

Es bildet sich Eis indem Wasser an den Rohr-Außenflächen anfriert und sich eine bis zu ca. 8 cm dicke Eisschicht bildet, dazwischen zirkuliert das Kreislaufwasser.

Der übertragene Wärmestrom $\dot{Q}$

$$\dot{Q} = k \cdot A \cdot \Delta\vartheta m \text{ (Gleichung 40)}$$

und nach Abschnitt 1.6, siehe Seite 49:

$$\frac{1}{k \cdot A} = \frac{1}{\pi \cdot l} \cdot \left(\frac{1}{\alpha_i \cdot d_i} + \frac{ln\frac{d_a}{d_i}}{2 \cdot \lambda_m} + \frac{1}{\alpha_a \cdot d_a} \right)$$

α_a = Wärmeübergangskoeffizient Rohraußenfläche (Eis) an das Wasser

Eisspeicher-Systeme (in der Klimakälte)

a) Direktes System (Direktverdampfung):

Rohrbündel oder Platten befinden sich im Wasser. Im Rohrbündel verdampft FCKW (oder FKW), und außen am Rohr bildet sich das Eis, das vom Kreislaufwasser umspült wird.

Im Vergleich zu Solesysteme: $> \varepsilon_o$ und $\Delta p_v <$.

Die Anwendung bei der gewerblichen Kühlung findet vor allem im Bereich Lebensmittel, Milchprodukte und Brauereien statt.

b) Indirektes System (Kälteträger Wasser/Antifrogen)

Kunststoff-Wärmeübertrager enthalten zirkulierende Sole. Der Wasserbehälter besteht ebenfalls aus einem einfachen System mit hoher Kältedichte ca. 53 kWh/m³. Das Kreislaufwasser (Kaltwasser) umspült das Eis. Die Rohre haben einen Durchmesser von 15 mm, Eisdicke 1,5…2 cm.

Wassereis:

	t = 0 °C	**– 20 °C**	**– 50 °C**	**– 100 °C**
ϱ kg/m³		im Mittel 920 kg/m³		
c_w kJ/kg K	2,1	1,8	1,5	1,4
λ W/m K	2,2	2,47	2,85	3,5

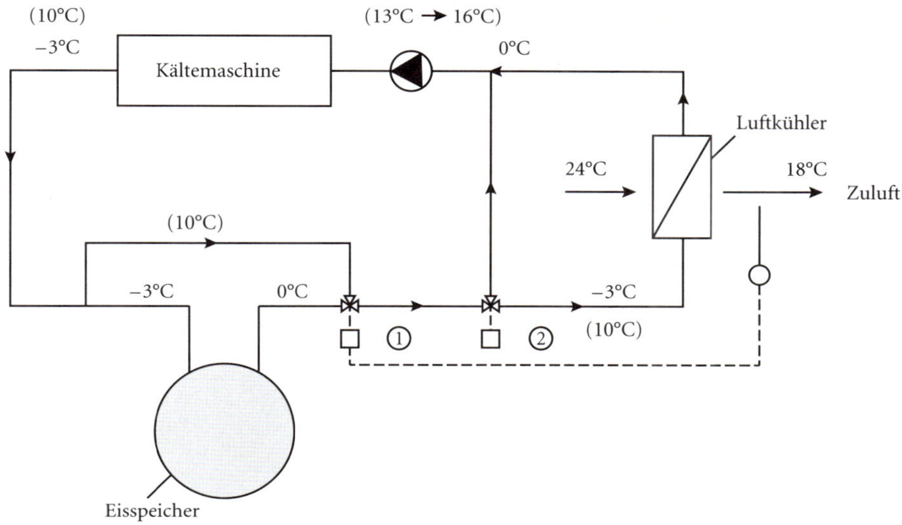

Abb. 133 a: Eisspeicher für Klimakälte

Ladebetrieb (KM in Betrieb): (z. B. nachts)

- Regelventil 1 auf Durchgang
- Umschaltventil 2 schaltet Luftkühler weg

Entladebetrieb (KM aus): (z. B. tags)

- Regelventil 1 regelt,
- Umschaltventil 2 auf Durchgang

Übergangsbetrieb: Kältemaschine *an* und kühlt direkt ohne Eisspeicher

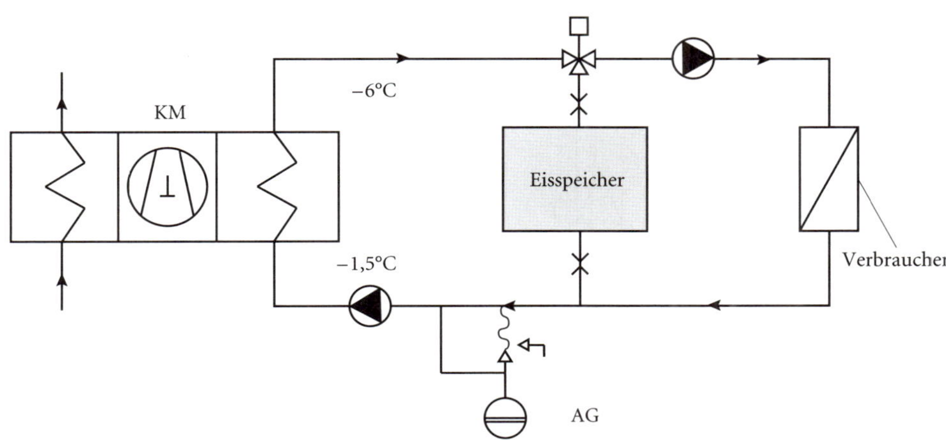

Abb. 133 b: Eisspeicher mit Lade- und Entladevorgang

Hydraulische Grundschaltungen

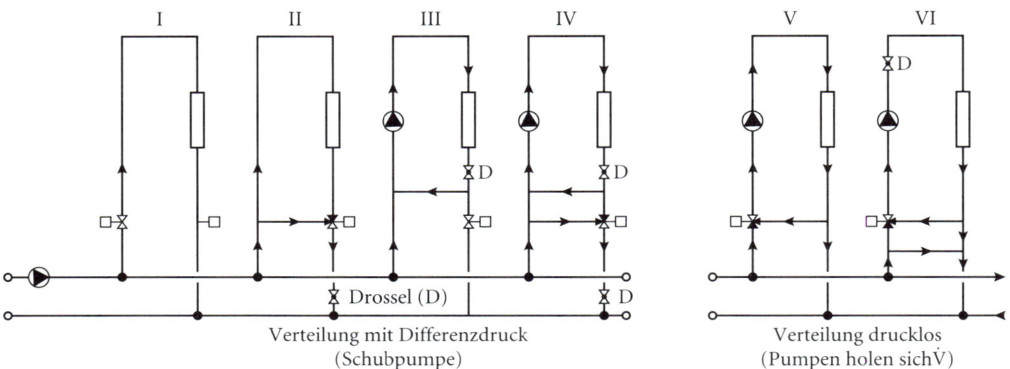

Abb. 134

I	Drosselschaltung (Mengenregelung)
II	Umlenkschaltung (Mengenregelung)
III	Beimischschaltung (Mischregelung)
IV	Einspritzschaltung (Mischregelung)
V	Beimischschaltung
VI	Beimischschaltung mit Kurzschlußleitung Ventilpriorität ca. 0,5

Beispiele

Beispiel 36

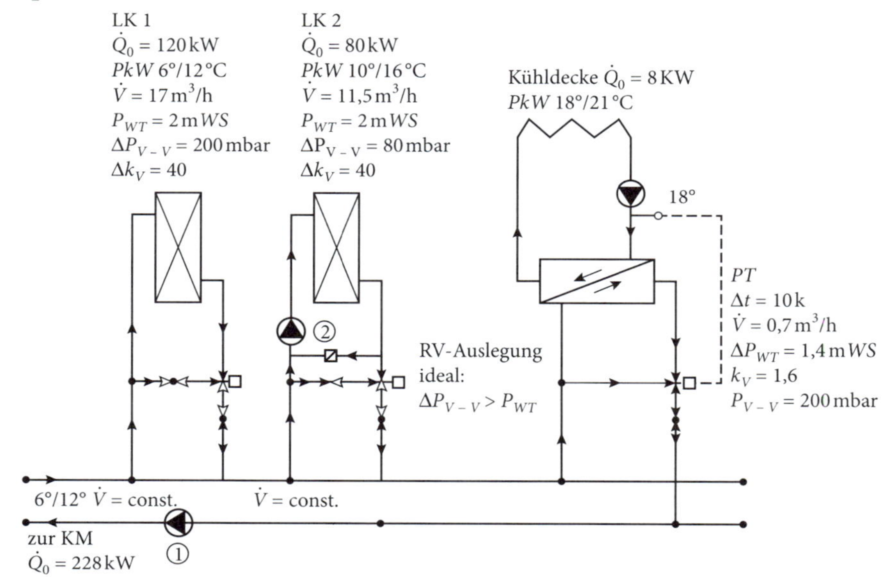

Beispiel 37

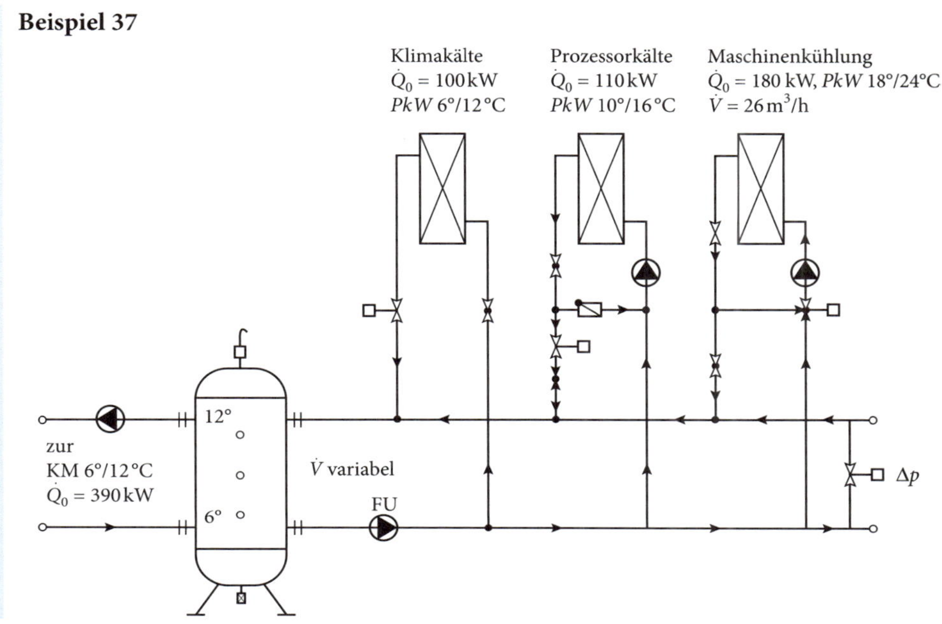

Hydraulische Details

a) **Mengenreglung**

$\dot{V} \neq$ nicht konstant, **hydraulische Verhältnisse ≠ konstant**

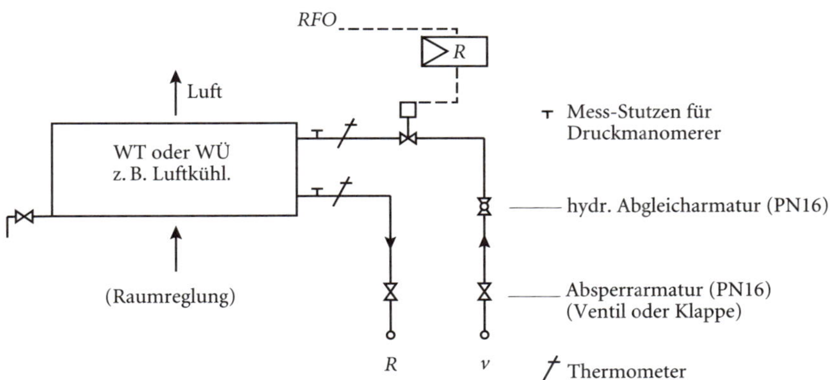

b) **Mengenregelung** $\dot{V} \neq$ konstant

hydraulische Verhältnisse im Netz = **konstant**

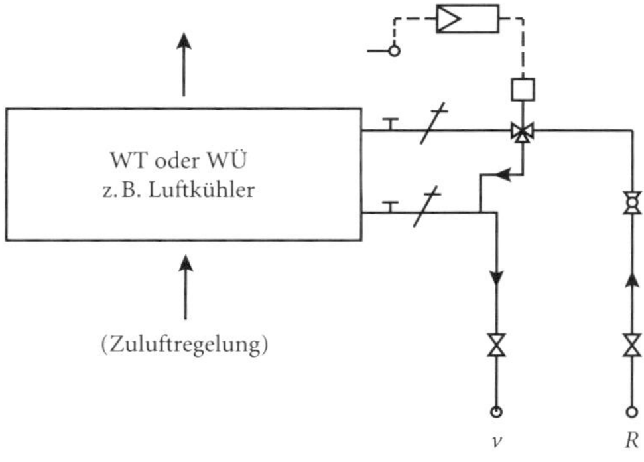

c) **Mischregelung** $\dot{V}$ = konstant

hydraulische Verhältnisse im Netz ≠ **konstant**.

Ergänzung: Mischreglung $\dot{V}$ = konstant für konstante hydraulische Verhältnisse ***Einspritzschaltung***

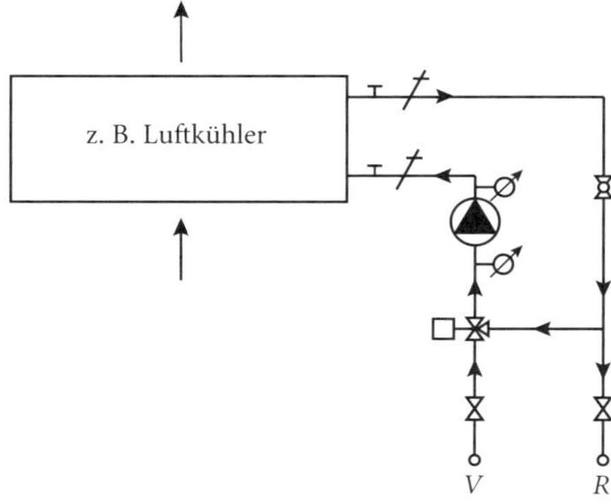

d) **Mischregelung** $\dot{V}$ = konstant

z. B. **Wärmeübertrager** bezüglich um α_i konstant zuhalten. (Kältemaschine-Anschluss z. B.)

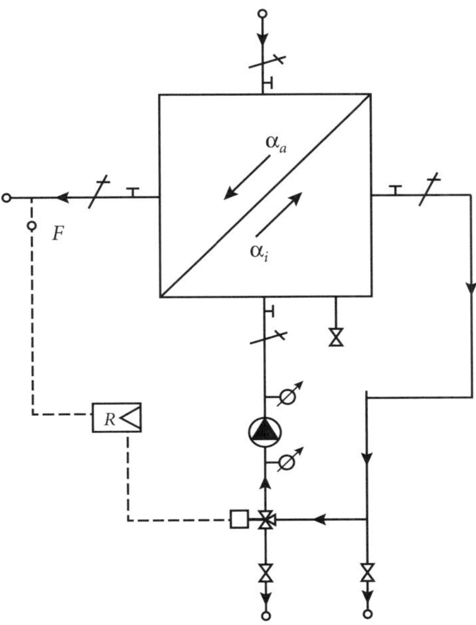

e) **Kälteverteiler mit 3-Kreisen**

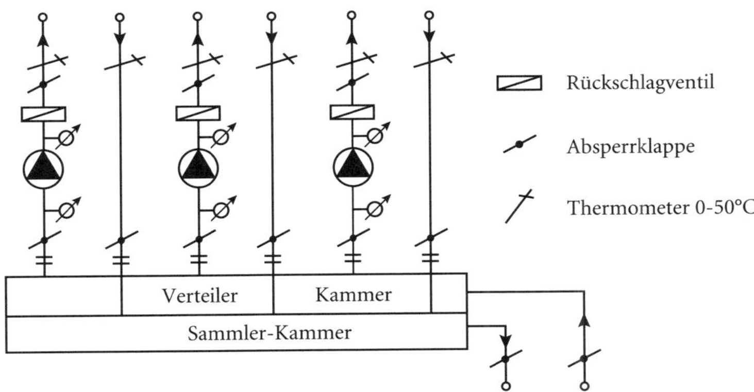

f) **Kältespeicher** (hydraulische Weiche)

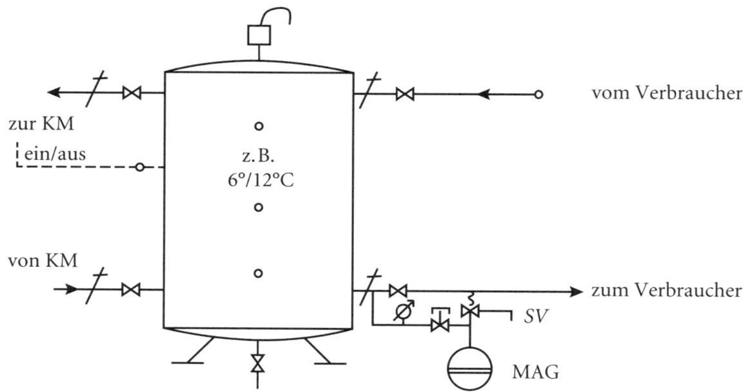

g) **Wärmespeicher** (z. B. für WP)

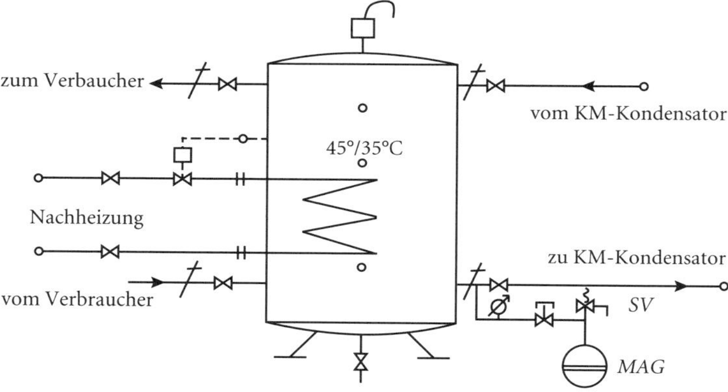

Beispiele zum Kapitel 4

Beispiel 38

Niederdruck-Kältemittel wird zu den einzelnen Verdampfern (überflutet) gepumpt und von dort als Gemisch aus Nassdampf und unverdampfter Flüssigkeit zum Abscheider/Sammler zurückgeführt (Zwei-Phasenströmung).

Anmerkung: Hochdruck-Sammler 1,3xV_K, damit sich ein Gaspolster ausbilden kann, Flüssigkeitsvorlage für Entspannungsorgane 0,3 ⟶ 0,3xV_K

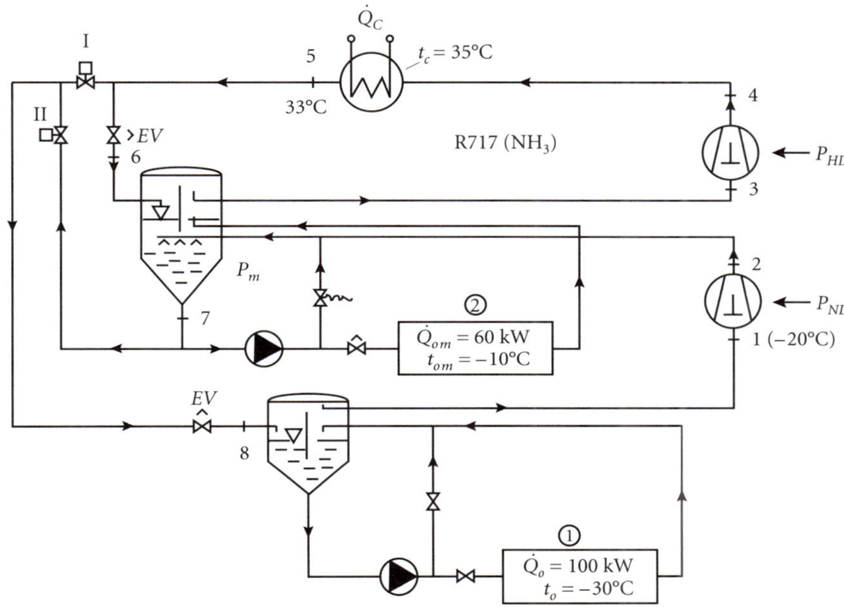

Gesucht:

a) Isentrope Endtemperatur bei einstufiger Verdichtung

b) $lg\,p,h$-Diagramm für zweistufige Verdichtung ; $h_{1...8}$, $\dot{m}_{ND}$, V_{g-ND} bei $\lambda = 0{,}75$;

c) h_2 (polytrop) bei $\eta_i = 0{,}8$

d) Energiebilanz für den Mitteldruckbehälter V_{g-HD} bei $\lambda = 0{,}7$

Lösung:

a) Die isentrope Verdichtungsendtemperatur wäre gemäß $lg\,p,h$-Diagramm ca. 170° und damit zu hoch.

b) Abb. 62

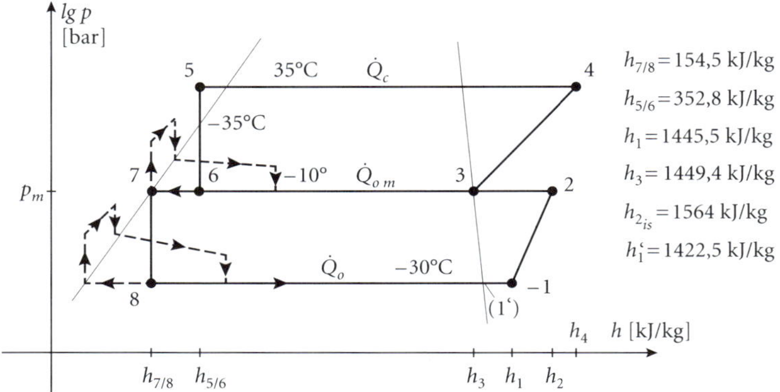

$$\dot{Q}_o = \dot{m}_{ND} \cdot (h_{1'} - h_8) = \frac{\dot{V}_g \cdot \lambda_{ND}}{v_1}(h_{1'} - h_8)$$

$$\dot{m}_{ND} = \frac{100}{1422{,}5 - 154{,}5}\,\text{kg/s} = 0{,}079\,\text{kg/s}$$

$$\dot{V}_{gND} = 0{,}079\frac{1{,}0}{0{,}75}\,\text{m}^3/\text{s} = 0{,}11\ \text{m}^3/\text{s}$$

c) $h_2 = h_1 + \dfrac{h_{2is} - h_1}{\eta_i} = 1445{,}5 + \dfrac{1564 - 1445{,}5}{0{,}8} = 1594\,\text{kJ/kg}$

d) (siehe Seite 106):

$$\dot{m}_{HD}(h_3 - h_{5/6}) = \dot{m}_{ND}(h_2 - h_{7/8}) + \dot{Q}_{om} = \frac{\dot{V}_{g_{HD}} \cdot \lambda_{HD}}{v_3}(h_3 - h_{5/6})$$

$$\dot{V}_{gHD} = [60\,\text{kW} + 0{,}079(1594 - 154{,}5)]\frac{0{,}42}{0{,}7(1449{,}4 - 352{,}8)}\,\text{m}^3/\text{s} = 0{,}095\ \text{m}^3/\text{s}$$

Anmerkung: Die Absperrventile I + II verhindern durch Umschaltung, dass im Anfahrvorgang (z. B. 0 °C im Kühlraum 1) der ND-Motor überlastet würde, das heißt, zunächst übernimmt der HD-Verdichter den Anfahrtvorgang.

Beispiel 39

Eine Rohrleitung transportiert flüssiges NH_3 (Ammoniak) mit $\varrho = 0{,}61\,\text{kg/dm}^3$, $\nu = 0{,}285 \cdot 10^{-6}\,\text{m}^3/\text{s}$.

Die Rohrleitung besteht aus zwei Teilstücken

- $l_1 = 30\,\text{m}$, $d_1 = 60\,\text{mm}^{\varnothing}$, $\lambda = 0{,}016$, $\zeta_1 = 0{,}35$,
- $l_2 = 65\,\text{m}$, $d_2 = 40\,\text{mm}^{\varnothing}$, $\zeta_2 = 6{,}2$.

$\dot{V} = 300\,\text{ltr/min}$, der NH_3-Eintritt liegt 3 m höher als der NH_3-Austritt.

Gesucht: der Druckverlust Δp_v

Lösung:

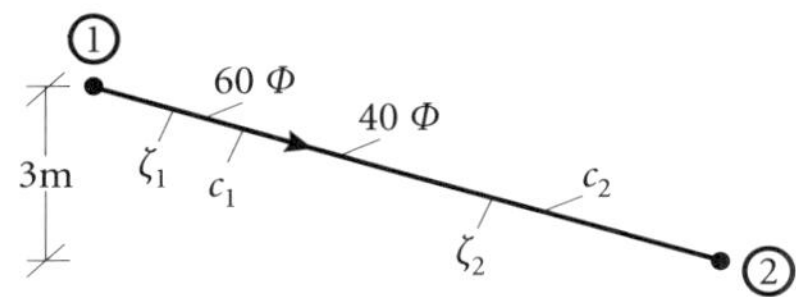

Teilstrecke 1:

$$\Delta p_{v_1} = \left(\frac{\lambda}{d_1} \cdot l_1 + \zeta_1\right) \cdot \frac{\varrho}{2} \cdot c_1^2$$

$$c_1 = \frac{\frac{0{,}3}{60}}{0{,}06^2 \cdot \frac{\pi}{4}}\,\text{m/s} = 1{,}77\,\text{m/s}$$

$$\Delta p_{v_1} = \left(\frac{0{,}016}{0{,}06} \cdot 30 + 0{,}35\right) \cdot \frac{610}{2} \cdot 1{,}77^2 = 0{,}08\,\text{bar}$$

Teilstrecke 2:

$$\Delta p_{v_2} = \left(\frac{0{,}016}{0{,}04} \cdot 65 + 6{,}2\right) \cdot \frac{610}{2} \cdot c_2^2 = 1{,}56\,\text{bar}; \quad c_2 = \frac{\frac{0{,}3}{60}}{0{,}04^2 \cdot \frac{\pi}{4}}\,\text{m/s} = 3{,}98\,\text{m/s}$$

$$\Delta p_v = \Delta p_{v_1} + \Delta p_{v_2} - \varrho \cdot g \cdot h_{\text{geo}} = 1{,}64\,\text{bar} - 610 \cdot 9{,}81 \cdot 3 \cdot 10^{-5} = 1{,}46\,\text{bar}$$

Beispiel 40

Eine Produktionshalle wird mittels einer Wärmepumpe (R134a) über eine Fußbodenheizung beheizt. Es steht Brunnenwasser von 10 °C zur Verfügung; das erwärmte Brunnenwasser darf nicht kälter als 5 °C in einen in 10 m Abstand befindlichen Schluckbrunnen geleitet werden. Die Heizungsvor- und Rücklauftemperaturen betragen 45°/35 °C.

Die Wasser/Wasser-Wärmepumpe ($t_o = 0\,°C$, $t_c = 50\,°C$) wird ohne Überhitzung und ohne Unterkühlung gefahren.

Die Wärmepumpe lädt einen Pufferspeicher 2000 l, die Heizleistung $\dot{Q}_{WP} = 40\,\text{kW}$.

Die Brunnenpumpe saugt aus einer Tiefe von 2 m an und fördert 3 m hoch zum Aufstellungsort der Wärmepumpe ($h_{\text{geo}} = 5\,\text{m}$), die Druckverluste der Brunneninstallation inklusive Verdampfer beträgt $h_v = 12\,\text{m}$.

Gesucht:

a) Hydraulisches Schema,

b) Förderstrom der Brunnenpumpe und der Heizungspumpe,

c) Förderhöhe der Brunnenpumpe und die Antriebsleistung bei $\eta = 0{,}8$,

a) ε_{WP} und Boilerladezeit ohne Heizbedarf.

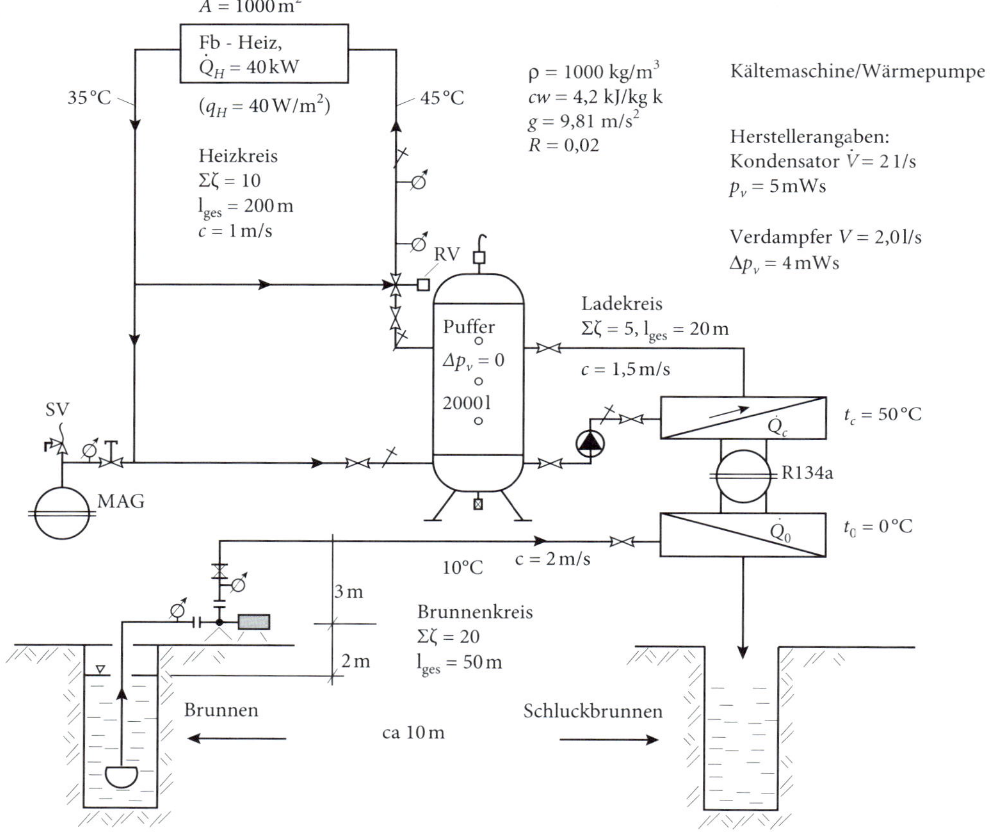

b) $\dot{m}_B = \dfrac{\dot{Q}_o}{c_w \cdot \Delta t_B}$;

gemäß *lg p,h*-Diagramm: $h_1 = 400\,\text{kJ/kg}$, $h_2 = 440\,\text{kJ/kg}$

$h_4 = 270\,\text{kJ/kg}$

$$\dot{m}_K = \frac{\dot{Q}_c}{h_2 - h_4} = \frac{40}{170} = 0{,}24\,\text{kg/s}$$

$$\dot{Q}_o = \dot{m}_K(h_1 - h_4) = 0{,}24(400 - 270)\text{kW} = 31{,}2\,\text{kW}$$

$$\dot{m}_B = \frac{31{,}2}{4{,}2 \cdot 5} \text{kg/s} = 1{,}49\,\text{kg/s} \mathrel{\hat{=}} 5{,}35\ \text{m}^3/\text{h}$$

$$\dot{m}_H = \frac{\dot{Q}_c}{c_w \cdot \Delta t} = \frac{40}{4{,}2 \cdot 10} \text{kg/s} = 0{,}95\,\text{kg/s} = 3{,}43\ \text{m}^3/\text{h}$$

c) $$\frac{p_1}{\varrho \cdot g} + \frac{c_1^2}{2g} + z_1 = \frac{p_2}{\varrho \cdot g} + \frac{c_2^2}{2g} + z_2 + h_v;\ c_1 = c_2$$

$$\underbrace{\frac{p_1 - p_2}{\varrho \cdot g}}_{H_p} - h_{\text{geo}-s} = h_{\text{geo}-d} + h_v$$

$$H_p = \sum h_{\text{geo}} + h_v = 5\,\text{m} + 12\,\text{m} = 17\,\text{m} = \text{Pumpenförderhöhe } (\hat{=}\ \Delta p)$$

$$P = \frac{(p_1 - p_2) \cdot \dot{V}}{\eta} = \frac{H_p \cdot \varrho \cdot g \cdot \dot{V}}{\eta} = \frac{17 \cdot 1000 \cdot 9{,}81 \cdot 5{,}35}{3600 \cdot 0{,}8} = 0{,}31\,\text{kW}$$

d) $$\varepsilon_{WP} = \frac{\dot{Q}_c}{\dot{Q}_c - \dot{Q}_o} = \frac{40}{40 - 31{,}2} = 4{,}55$$

$$Q = m \cdot c_w \cdot \Delta t = 2 \cdot 10^{-3} \cdot 4{,}2 \cdot 10\,\text{kJ} = 84000\,\text{kJ}$$

$$\tau = \frac{Q}{\dot{Q}_{WP}} = \frac{84000}{40}\text{s} = 2100\,\text{s} = 35\,\text{min}$$

Beispiel 41

Vergleich des Wärmeübergangskoeffizienten α von Wasser und von Antifrogen-Wassergemisch 38 % bei 0 °C mit folgenden Parametern:

a) Wasser

$$\varrho_w = 1000\,\text{kg/m}^3,\ c_w = 4{,}2\,\text{kJ/kg K},\ \lambda_w = 0{,}57\,\text{W/m K},\ \nu_w = 1{,}73 \cdot 10^{-6}\,\text{m}^2/\text{s},$$

b) Sole

$$\varrho_s = 1050\,\text{kg/m}^3,\ c_s = 3{,}7\,\text{kJ/kg K},\ \lambda_s = 0{,}42\,\text{W/m K},$$

$$\nu_s = 12 \cdot 10^{-6}\,\text{m}^2/\text{s}$$

Gemäß Seite 214:

$$\frac{\alpha_s}{\alpha_w} = \left(\frac{\lambda_s}{\lambda_w}\right)^{0,6} \cdot \left(\frac{c_w \cdot \varrho_w \cdot \nu_w}{c_s \cdot \varrho_s \cdot \nu_s}\right)^{0,4} = \left(\frac{0{,}42}{0{,}57}\right)^{0,6} \cdot \left(\frac{4{,}2 \cdot 1000 \cdot 1{,}73}{3{,}7 \cdot 1050 \cdot 12}\right)^{0,4} = 0{,}396$$

das heißt bei $\alpha_w = 2000\,\text{W/m}^2\,\text{K}$ wäre $\alpha_s = 2000 \cdot 0{,}396 = 792\,\text{W/m}^2\,\text{K}$

dies wirkt sich gemäß $\dot{Q} = k \cdot A \cdot \Delta\vartheta m$ mit größeren Austauschflächen bei der Wärmeübertragung aus.

Beispiel 42

Eine zentrale Kälteanlage mit einer Kälteleistung von $\dot{Q}_o = 1\,\text{MW}$, Fluidtemperatur $-20\,°\text{C}$, versorgt über eine Vor- und Rücklaufleitung von $\sum lg_{LW} = 1000\,\text{m}$ eine Kälteunterstation, die diverse Verbraucher beliefert.

Es sollen drei Kältesysteme untersucht und verglichen werden hinsichtlich Rohrdimension, Pumpenantriebsleistung ($\eta_p = 0{,}75$), Strömungsgeschwindigkeit 1 m/s:

a) Ammoniak NH_3 (R717)

b) Kohlendioxid CO_2 (R744)

c) Sole (Wasser-Antifrogen-Gemisch 38 %)

Lösung:

a) **Ammoniak NH_3**

Parameter: $\varrho = 650\,\text{kg/m}^3$, $\nu = 0{,}35 \cdot 10^{-6}\,\text{m}^2/\text{s}$, $x = \frac{\dot{m}_p}{\dot{m}_K}$ Umwälzfaktor = 1,1
$\varrho_{\text{Dampf}} = 1{,}6\,\text{kg/m}^3$, $h_v = 1300\,\text{kJ/kg}$,

- Rohrdimension gemäß Abschnitt 2.4

$$\dot{Q}_o = \dot{m}_K \cdot h_v; \quad \dot{m}_K = \frac{1000}{1300} = 0{,}77\,\text{kg/s}$$

$$\dot{m}_p = \dot{m}_K \cdot x^- = 0{,}77 \cdot 1{,}1 = 0{,}847\,\text{kg/s} = \dot{V} \cdot \varrho = \frac{d^2 \cdot \pi}{4} \cdot c \cdot \varrho;$$

$$d = \sqrt{\frac{4 \cdot \dot{m}_p}{c \cdot \varrho \pi}} = \sqrt{\frac{4 \cdot 0{,}847}{1 \cdot 650 \cdot 3{,}14}} = 40{,}74\,\text{mm}^{\varnothing}$$

gewählt 40 mm$^{\varnothing}$

- Antriebsleistung

$$P = \frac{\Delta p_v \cdot \dot{V}}{\eta};$$

$$\dot{V} = \frac{\dot{m}_p}{\varrho} = \frac{0{,}847}{650} = 0{,}0012\,\text{m}^3/\text{s}$$

$$P = \frac{1{,}38 \cdot 10^5 \cdot 0{,}0012}{0{,}75} = 0{,}22\,\text{kW}$$

$$\Delta p_v = \left(\frac{\lambda}{d} \cdot l_{gLW}\right) \cdot \frac{\varrho}{2} \cdot c^2$$

$$\lambda = \frac{0{,}3164}{4\sqrt{R_e}} = 0{,}017$$

$$R_e = \frac{d \cdot c}{\nu} = \frac{0{,}04 \cdot 1}{0{,}35 \cdot 10^{-6}} = 114286$$

$$\Delta p_v = \frac{0{,}017}{0{,}04} \cdot 1000 \cdot \frac{650}{2} \cdot 1^2 = 1{,}38\,\text{bar}$$

b) **Kohlendioxid CO_2**

Parameter: $\varrho = 1000\,\text{kg/m}^3$, $\nu = 0{,}12 \cdot 10^{-6}\,\text{m}^2/\text{s}$, $x^- = \frac{\dot{m}_p}{\dot{m}_K} = 1{,}6$ Umwälzfaktor
$\varrho_D = 52\,\text{kg/m}^3$, $h_v = 282\,\text{kJ/kg}$,

- Rohrdimension

$$\dot{Q}_o = \dot{m}_K \cdot h_v; \quad \dot{m}_K = \frac{1000}{282} = 3{,}55\,\text{kg/s}$$

$$\dot{m}_p = 1{,}6 \cdot \dot{m}_k = 1{,}6 \cdot 3{,}55 = 5{,}67\,\text{kg/s} = \dot{V} \cdot \varrho = d^2 \cdot \frac{\pi}{4} \cdot c \cdot \varrho$$

$$d = \sqrt{\frac{4 \cdot 5{,}67}{1 \cdot 1000 \cdot \pi}} = 85\,\text{mm}^{\varnothing}$$

- Antriebsleistung

$$P = \frac{\Delta p_v \cdot \dot{V}}{\eta};$$

$$\dot{V} = \frac{\dot{m}_P}{\varrho} = \frac{5{,}67}{1000} = 0{,}0057\,\text{m}^3/\text{s}$$

$$\Delta p_v = \frac{\lambda}{d} \cdot l \cdot \frac{\varrho}{2}; \qquad \lambda = \frac{0{,}3164}{\sqrt[4]{R_e}} = 0{,}011$$

$$\Delta p_v = \frac{0{,}011}{0{,}085} \cdot 1000 \cdot 500 \cdot 1^2 = 0{,}64\,\text{bar} \qquad R_e = \frac{0{,}085 \cdot 1}{0{,}12 \cdot 10^{-6}} = 0{,}71 \cdot 10^6$$

$$P = \frac{0{,}64 \cdot 10^5 \cdot 0{,}0057}{0{,}75} = 0{,}49\,\text{kW}$$

c) **Sole** (38 %)

Parameter: $\varrho = 1050\,\text{kg/m}^3$, $\nu = 40 \cdot 10^{-6}\,\text{m}^2/\text{s}$, $c_s = 3{,}7\,\text{kJ/kg}$, $\Delta t = 5\,\text{k}$,

- Rohrdimension

$$\dot{Q}_o = \dot{m}_s \cdot c_s \cdot \Delta t; \quad \dot{m}_s = \frac{1000}{3{,}7 \cdot 5} = 54\,\text{kg/s}$$

$$\dot{V}_s = \frac{\dot{m}_s}{\varrho} = \frac{54}{1050} = 0{,}051\,\text{m}^3/\text{s}$$

$$d = \sqrt{\frac{4 \cdot 0{,}051}{1 \cdot \pi}} = 256\,\text{mm}^{\varnothing}, \text{ gewählt } 250\,\text{mm}^{\varnothing}$$

- Antriebsleistung

$$P = \frac{\Delta p_v \cdot \dot{V}_s}{\eta}$$

$$\Delta p_v = \frac{\lambda}{d} \cdot l_{gLW} \cdot \frac{\varrho}{2} \cdot c^2$$

$$\lambda = \frac{0{,}3164}{\sqrt[4]{R_e}}; \quad R_e = \frac{c \cdot d}{\nu} = \frac{1 \cdot 0{,}25}{40 \cdot 10^{-6}} = 6250 \quad \lambda = \frac{0{,}3164}{\sqrt[4]{6250}} = 0{,}036$$

$$\Delta p_v = \frac{0{,}036}{0{,}25} \cdot 1000 \cdot \frac{1050}{2} \cdot 1^2 = 0{,}76\,\text{bar}$$

$$P = \frac{0{,}76 \cdot 10^5 \cdot 0{,}051}{0{,}75} = 5{,}14\,\text{kW}$$

Kohlendioxyd	20,5 t/h 400 m³/h
Propan	9 t/h 1634 m³/h
Ammoniak	3 t/h 1961 m³/h
R 22	21.5 t/h 1995 m³/h
R 134 a	17 t/h 2500 m³/h
Methylchlorid	10 t/h 3380 m³/h
Schwefeldioxid	10,5 t/h 5330 m³/h
[R 11]	22 t/h 21240 m³/h
Sole $\Delta t = 5\,K$	210 m³/h Solevolumen

Kälteträgergewicht und Sattdampfvolumenstrom für eine Kälteübertragungsleistung von 1 MW bei $-20\,°C/t_u = +20\,°C$

Transportmengen verschiedener Kälteträger für 1 MW - Kälteleistung

Transportmengen verschiedener Kälteträger für 1 MW-Kälteleistung[12)]

Beispiel 43

Wie im Abschnitt 3.1.2 erwähnt, erreicht die Kaltdampfmaschine bei ca. – 100 °C Verdampfungstemperatur die Grenzen ihrer Anwendbarkeit.

Für die Erzeugung einer Verdampfungstemperatur im Tiefkühlbereich von – 80 °C stehen verschiedene Kälteprozesse zur Verfügung:

- einstufiger Kälteprozess mit R23 (p_c ca. 80 bar, transkritischer Bereich, ε_o ca. 0,4), (Beispiel c),
- zweistufiger Kälteprozess im transkritischen/subkritischen Bereich (Beispiel b) mit Mitteldruckstation,
- Kaskaden-Schaltung (Beispiel a),
- Gemischkaskadenschaltung (ε_o ca. 0,75),
- Linde-Prozess,
- Brayton-Prozess,
- Stirling-Prozess.

12) Auszug aus Cube/Steimle/Lotz/Kunis: Lehrbuch der Kältetechnik, C. F. Müller Karlsruhe AG, 97

Im nachstehenden Beispiel werden aus v. g. Prozessen drei Kälteprozesse verglichen:

a) **Kaskadenschaltung** gemäß Abb. 97 mit den Kältemitteln R23 (Niedertemperaturstufe) und R134a (Hochtemperaturstufe).

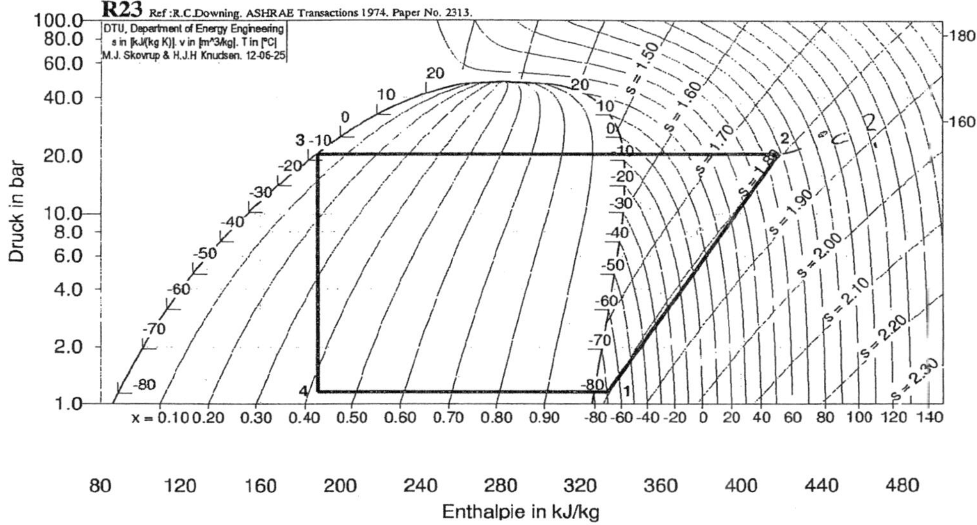

R23 – Niedertemperaturstufe, $t_o = -80\,°C$, $t_c = -8\,°C$, $\Delta t_{o2h} = 10\,K$

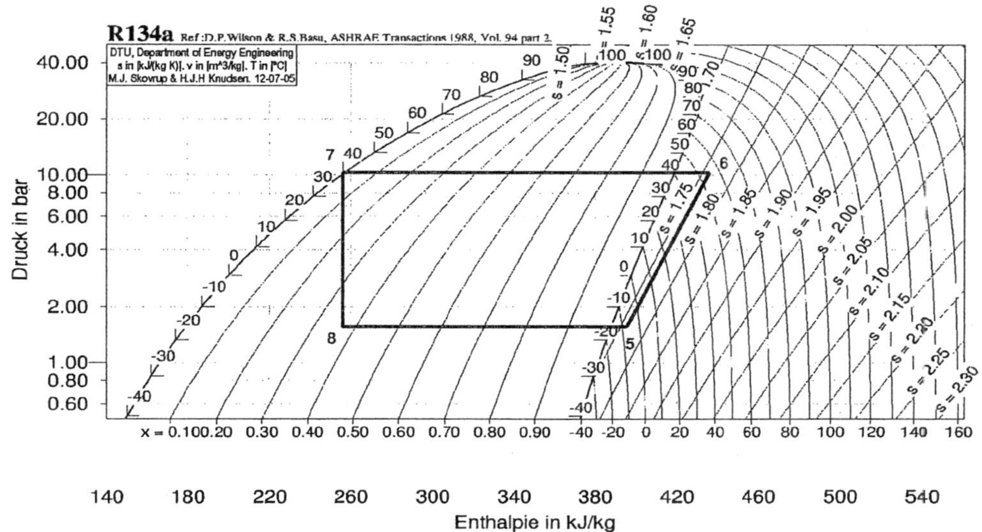

R134a – Hochtemperaturstufe, $t_o = -18\,°C$, $t_c = 40\,°C$, $\Delta t_{o2h} = 10\,K$

Auswertung:

Massenstromverhältnis m_{R23}: m_{R134a} = 1:1,67

	R23-Kreis	R134a-Kreis
Verdampfungstemperatur	– 80 °C	– 18 °C
Verdampfungsdruck	1,14 bar	1,44 bar
Überhitzung	10 K	10 K
Verflüssigungstemperatur	– 8 °C	40 °C
Verflüssigungsdruck	20 bar	10,18 bar
Verdichtungstemperatur	68 °C	56 °C

Kältearbeit $q_o = 1{,}0(h_1 - h_4) = 146\,\text{kJ}$

$$w_t = 1{,}0(h_2 - h_1) + 1{,}67(h_6 - h_5) = 157\,\text{kJ}$$

$$\varepsilon_o = \frac{q_o}{w_t} = 0{,}93$$

b) **Zweistufiger Kälteprozess mit Mitteldruckflasche im transkritischen Bereich** gemäß Abb. 99 jedoch mit dem Kältemittel R23

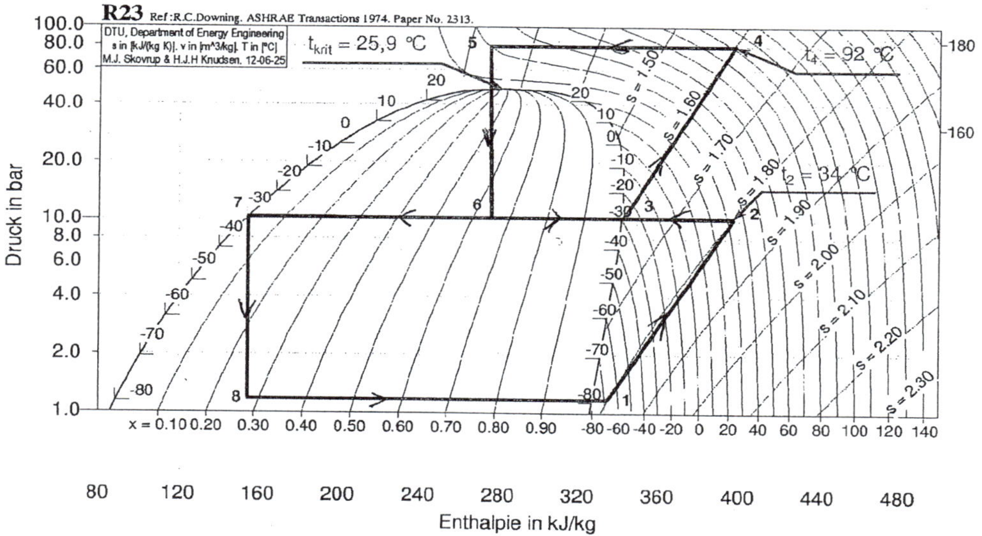

2-stufiger R23-Prozess, $t_o = -80\,°\text{C}$, $p_m = 10\,\text{bar}$, $p_H = 80\,\text{bar}$

Auswirkung: Massenstromverhältnis m_{ND}: m_{HD} = 1: 3,62

	ND-Kreis	HD-Kreis
Verdampfungstemperatur	-80 °C	-30 °C
Verdampfungsdruck	1,14 bar	10,16 bar
Überhitzung	10 K	0 K
Verflüssigungstemperatur	-30 °C	40 °C
Verflüssigungsdruck	10,16 bar	80 bar
Verdichtungstemperatur	34 °C	92 °C

Kältearbeit

$$q_o = 1{,}0(h_1 - h_8) = 179\,\text{kJ}$$

$$w_t = 3{,}62(h_2 - h_1) + 3{,}62(h_4 - h_3) = 261\,\text{kJ}$$

$$\varepsilon_o = \frac{q_o}{w_t} = 0{,}69$$

Nachteilig gegenüber der Kaskadenschaltung:

- Drücke bis 100 bar das heißt hohe Druckfertigkeit
- überkritische Wärmeabgabe – aufwendige Hochdruckreglung im Gaskühler
- hohe Investition

c) **einstufiger Kälteprozess ohne Mitteldruckflasche im transkritischen Bereich** gemäß Abb. 99 jedoch mit dem Kältemittel R23

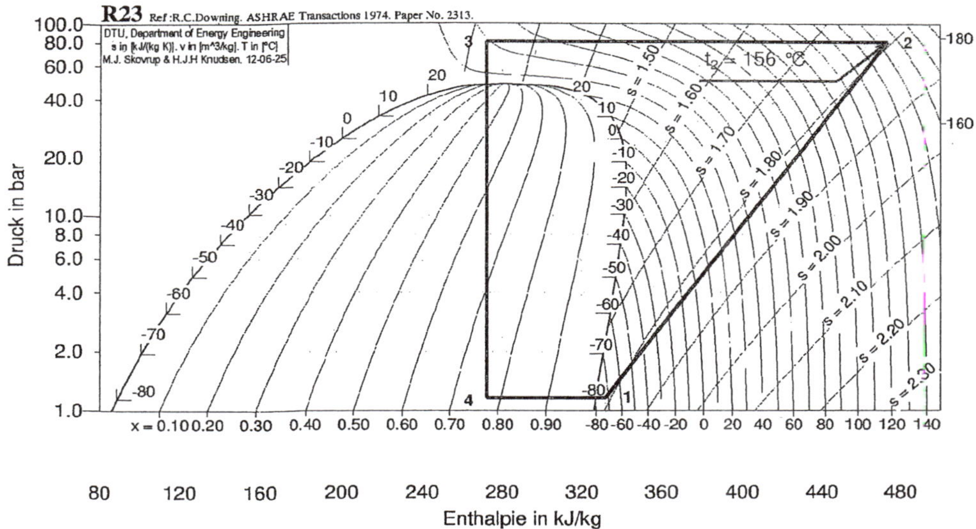

einstufiger R23-Prozess, $t_o = -80\,°C$, $t_{GK} = 40\,°C$, $\Delta t_{oh} = 10\,K$

Diese Anlagenschaltung entfällt, da die Verdichtungsendtemperatur (isentropisch) über 150 °C und eine *Ölverkokung* auftreten kann und zum Ausfall der Anlage führt.

Auswertung:

Verdampfungstemperatur	– 80 °C
Verdampfungsdruck	1,14 bar
Verflüssigungsdruck	80 bar bei 156 °C

Kältearbeit

$$q_o = h_1 - h_4 = 60\,\text{kJ/kg}$$

$$w_t = h_2 - h_1 = 141\,\text{kJ/kg}$$

$$\varepsilon_o = \frac{q_o}{w_t} = 0{,}43$$

Seit 2007 ist ein verstärkter Trend zum natürlichen Kältemittel CO_2 (R744) in den Supermärkten zu verzeichnen.

Anstelle der Kaskadenschaltung für den Normal- und Tiefkühlbereich (NK- und TK) werden sogenannte *Booster-Systeme* mit dem Kältemittel CO_2 installiert. Unter Booster-Systemen werden Anlagen mit zweistufiger Verdichtung durch in Reihe geschaltete einstufige Verdichter verstanden. Diese Systeme haben einen gemeinsamen Kältemittel- und Ölkreislauf. Der TK-Betrieb findet im subkritischen Bereich und der NK-Betrieb im transkritischen Bereich statt. Nach dem Gaskühler wird über ein Hochdruck-Regelventil in einen Sammelbehälter auf Mitteldruck entspannt. Das entstehende Flashgas wird zum Verdichter der NK-Stufe zurückgeführt.

Eine weitere Variante für den NK-Temperaturbereich ist die CO_2-*Verbundkälteanlage* gemäß nachfolgender Abbildung:

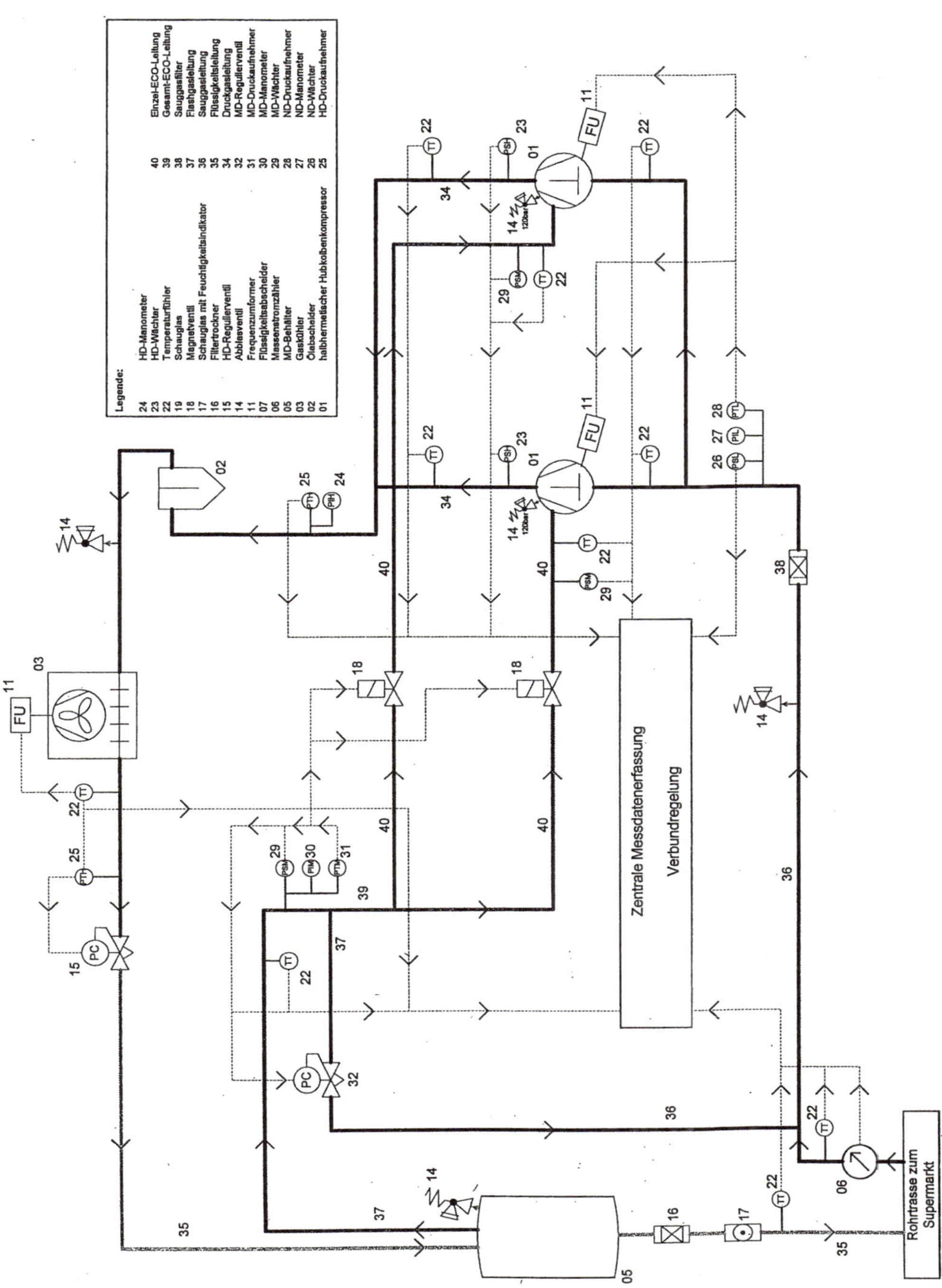

Abb. 135: RL-Fließschema einer CO_2-Verbundkälteanlage

Im Bereich der transkritischen CO_2-Anwendungen sind, bedingt durch die hohen Anlagendrücke; erhebliche Mehraufwendungen nötig.

5 Anwendungsbeispiele

Die Verfahren der Kältetechnik, wie sie heute angewendet werden, haben sich in den vergangenen 250 Jahren entwickelt. Ihre große Bedeutung hat die Kältetechnik in der Lebensmittelversorgung, in der Prozesskühlung, in der Industrie und in der Kryotechnik.

Die Bereitstellung von Kälte für Klimaanlagen (Klimakälte) ist ebenfalls ein breites Anwendungsfeld.

5.1 Kälteanlagen für die Industrie

Es kommen sowohl die *Direkte Kühlung* als auch die *Indirekte Kühlung* mit Kältemittel- und Kälteträger-Pumpenanlagen zur Anwendung. Weitverzweigte Kältebedarfsstellen werden über Pumpenanlagen mit Kältemitteln (z. B. Ammoniak, CO_2 etc.) mit überfluteten Verdampfern oder mit Kälteträgern (Sole, Wasser etc.) und Wärmeübertragern versorgt.

Eine weitere Kälteübertragung findet mit *Wasser-Eismischungen* (Binäreis) statt, die den Vorteil haben, beim Verbraucher eine höhere Enthalpiedifferenz (zusätzliche Schmelzwärme) zur Verfügung zu stellen.

Die Anwendungsbereiche der Industriekälte sind vielfältig:

- Kunststoff-Alu-Spritzereien,
- Formen-Hydraulikkühlung,
- Textilindustrie,
- Reinraumtechnik,
- Rechenzentren,
- Motor- und Fahrzeugprüfstände zur Ermittlung der Gebrauchsfähigkeit unter Umgebungsbedinungen; Klimawindkanäle für die Simulierung von Fahrzeugen bei z. B. – 30 °C.

Kälteanlagen für die chemische Industrie

Chemische Prozesse (kontinuierlich und diskontinuierlich) laufen bei unterschiedlichen Drücken und Temperaturen ab. Die Reaktionen sind endotherm oder exotherm, das heißt Wärme muss zu- oder abgeführt werden.

Kälteanlagen werden eingesetzt:

- zur Wasser-, Kälteträger- und Gaskühlung und zur Kühlung wässriger Lösungen,
- Kondensation von Gasen- oder Gasgemischen,
- Direktkühlung von Reaktoren,
- usw.

Es kommen alle Varianten von Kälteanlagen zum Einsatz.

Einige Beispiele von Großkälteanlagen:

- Fernkältezentrale versorgt 70 Kälteunterstationen mit flüssigem NH_3 einmal $\dot{Q}_{o-ges} = 6\,MW$ (– 5 °C) und einmal $\dot{Q}_{o-ges} = 40\,MW$ (– 20 °C); Flüssigkeitsleitungen ca. 20km, Saugleitungs-Durchmesser bis DN 700;
- Großkälteanlage ($t_o = -25\,°C$, NH_3) $\dot{Q}_o = 3\,MW$, vor Ort Zusammenbau der einzelnen Baugruppen wie Schraubenverdichter, Verdampfer, Sammelbehälter, Kondensatoren etc.;
- CO_2-Verflüssigung bei – 32 °C mit $\dot{Q}_o$ = 2x 1 MW;
- Chlorverflüssigung bei – 55 °C mit zweistufiger Anlage:
  1. Stufe Turboverdichter $\dot{Q}_o = 1000\,kW$ $t_o = -14\,°C$, $t_c = 35\,°C$,
  2. Stufe Kolbenverdichter $\dot{Q}_o = 150\,kW$ $t_o = -55\,°C$, $t_c = -7\,°C$,
- Temperaturbereiche bis – 104 °C.

5.2 Klimakälte für die Gebäudeausrüstung (Humanklimatisierung) (siehe Kapitel 6)

Fast alle Klimaanlagen benötigen im Sommer ein Kühlmittel zur Kühlung und Entfeuchtung der Luft. Die Kühlung erfolgt einmal als *Direkte Kühlung* mit *Kältesätzen* in Split- oder Kompakt-Ausführung als geschlossenes thermodynamisches System und zum anderen als *indirekte Kühlung* mit *Kaltwassersätzen.*

Zahlreiche Bauarten von Kältesätzen von kleinsten bis zu größeren Leistungen sind in der Anwendung.

Große Gebäudekomplexe wie Krankenhäuser, Universitäten, Einkaufszentren usw. werden manchmal mit *Kaltwasser-Fernzentralen* gebaut.

Grundlage der Luftkühlung ist die Kühllast, die sich analog Abschnitt 5.3 aufbaut:

- Transmissionslast der Raumflächen, Fenster etc.
- Wärmeabgabe der Menschen,
- Beleuchtung,
- Bürogeräte (Computer etc.)
- gegebenenfalls Maschinen
- Frischluftkühlung,

Kühllast

$$\dot{Q}_K = \dot{V}_{zu} \cdot \varrho_L \cdot c_{p_L} \cdot (t_R - t_{ZL})$$

$\dot{V}_{zu}$ = Zuluft/Abluftstrom m^3/s

ϱ_L = Luftdichte kg/m^3

c_{p_L} = spezifische Wärmekapazität kJ/kg K

t_R = Raumtemperatur °C

t_{zu} = Zulufttemperatur °C

Luftwechsel L:

$$L = \frac{\dot{V}_{zu}}{V_R} \text{ in } h^{-1},\ \dot{V}_{zu} \text{ in m}^3/\text{h},$$

V_R = Raumvolumen in m^3

spezifische Kühllast

$$\dot{q}_K = \frac{\dot{Q}_K}{V_R} \text{ in W/m}^3$$

Gemäß Abb. 136 *h,x*-Diagramm, ist die Kühlleistung für die Kältemaschinen-Auslegung:

$$\dot{Q}_o = \dot{m}_L \cdot \Delta h_L = \dot{V}_{zu} \cdot \varrho_L \cdot \Delta h_L \text{ in kW}$$

Man erkennt aus Abb. 136:

$$q_K = c_{p_L} \cdot \Delta t = 1{,}0 \cdot (29 - 17) = 12\,\text{kJ/kg}$$

und

$$q_o = \Delta h = 13\,\text{kJ/kg}$$

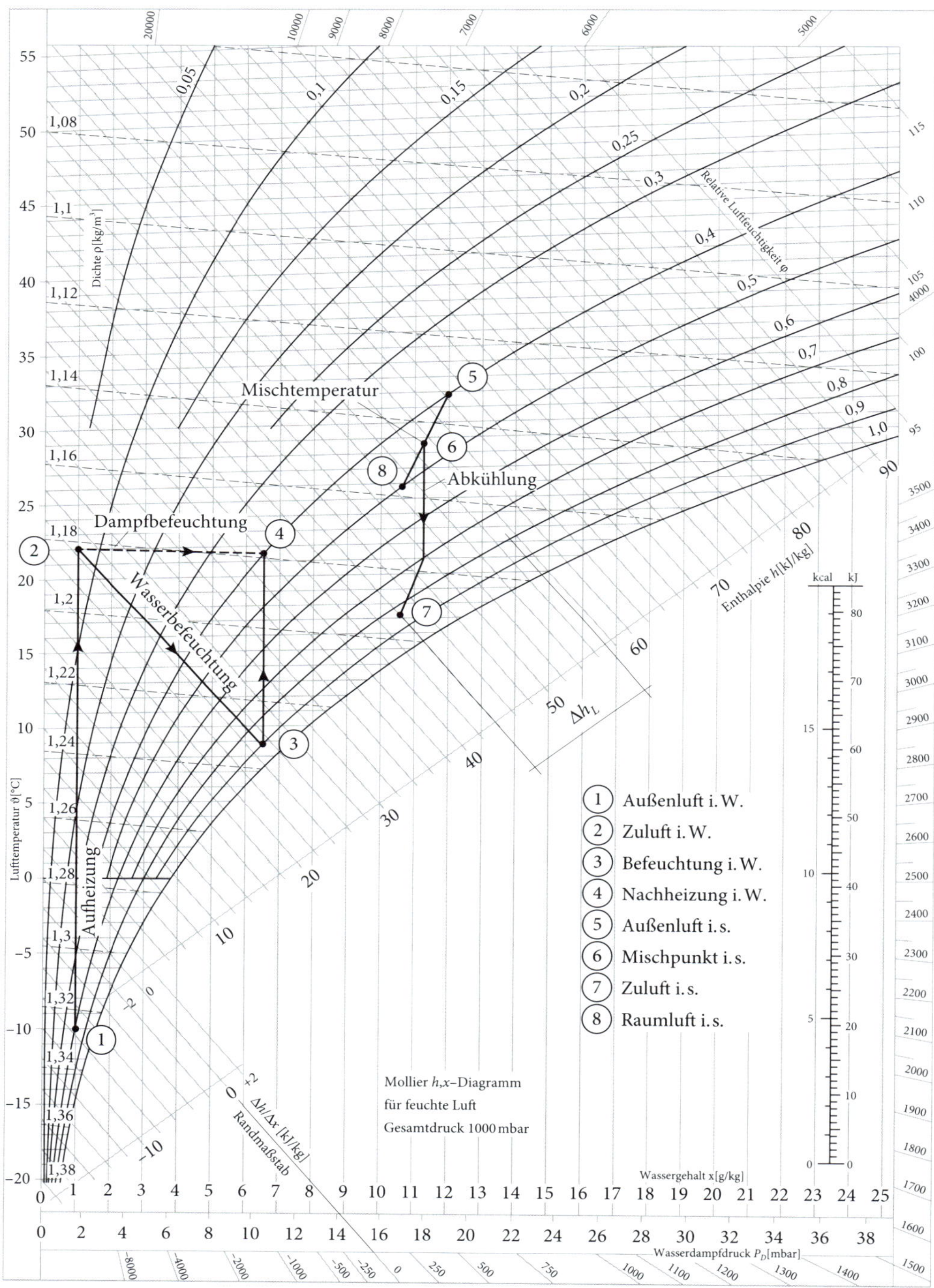

Abb. 136: *h,x*-Diagramm für Luftzustände

5.3 Kälteanlagen für die Lebensmittelindustrie

Die Kältebehandlung von Lebensmitteln, ihre Frischhaltung in den Kühl- und Tiefkühlketten ist eine der wichtigsten Anwendungsgebiete ohne die in der heutigen Zeit eine Nahrungsversorgung nicht mehr denkbar wäre.

Deshalb soll nachstehend die bei der Lebensmittelkühlung auftretende *Atmungswärme* vorweg behandelt werden; denn diese ist ein Bestandteil der Kühllast bei der Planung.

Der wichtigste Prozess bei der Bildung von Biomasse ist die Photosynthese. Mithilfe der Lichtenergie wird durch die Photosynthese Kohlendioxid (CO_2) aufgenommen und Kohlenstoff (C) in die Pflanzensubstanz eingearbeitet, wodurch eine Umwandlung von Lichtenergie in *chemische Energie* stattfindet. Prinzipiell brauchen die Pflanzen für die Photosynthese nur CO_2, Wasser (H_2O) und Licht im Spektralbereich zwischen 400 und 700 nm. Die biochemische Reaktionsgleichung der Photosynthese:

$$n \cdot CO_2 + n \cdot H_2O \xrightarrow{\text{Licht}} (CH_2O)_n + n \cdot O_2$$

Stellvertretend für alle Stoffe entsteht mit $n = 6$ *Glucose* $C_6H_{12}O_6$ (Einheitsbrennstoff für die Energiegewinnung der Zellen):

$$6 \cdot CO_2 + 6H_2O \xrightarrow[\text{Assimilation}]{\text{Sonne}} C_6H_{12}O6 + 6O_2\nearrow$$

Die Gewinnung von Energie aus Biomasse geschieht bei der *Verbrennung* (respektive Atmung) mit Sauerstoff (Oxydation):

$$C_6H_{12}O_6 + 6O_2 \xrightarrow[-2827\,\text{kJ/mol}]{\text{Feuer}} 6CO_2\nearrow + 6H_2O$$

(Fäulnis ist eine langsame Verbrennung)

Die Freisetzung der gespeicherten chemischen Bindungsenergie kann auch *anaerob* (ohne Sauerstoff) geschehen (Gärung).

Zur Aufrechterhaltung der Lebensfunktionen verbraucht die Pflanze selbst einen Teil der gewonnenen Energie. Der Rest dient dem Zuwachs der Pflanze für ihre spätere Verwendung. Der Energieeigenverbrauch der Pflanze erfolgt mithilfe der sogenannten *Atmung*, was die Ausbeute der Photosynthese um ca. 40 % → 50 % schmälert.

Nun werden alle *pflanzlichen Lebensmittel* im lebenden Zustand geerntet. Auch nach der Lösung aus dem Naturverband laufen die Stoffwechselprozesse weiter ab.

Von den chemischen Prozessen bzw. Umsetzungen ist insbesondere die Atmung von Obst und Gemüse oder sonstigen Pflanzen für den Kältetechniker bei der Projektierung von besonderem Interesse.

Die Freisetzung dieser *Atmungsenergie* oder *Atmungswärme* neben CO_2 und Feuchtigkeit (H_2O) ist der oxydative Abbau der Glucose (aerobe Atmung):

$$C_6H_{12}O_6 + 6O_2 \xrightarrow{161\,\text{kJ/mol}} 6CO_2 + 6H_2O$$

Das Verhältnis $\frac{6CO_2}{6O_2} = 1$ heißt Respirationsquotient *RQ*

Bei der *anaeroben Atmung* bzw. Reaktion (ohne Sauerstoff) der sogenannten *Gärung*:

$$C_6H_{12}O_6 \xrightarrow{118{,}1\,\mathrm{kJ/mol}} 2C_2H_5OH + 2CO_2\left(RQ = \frac{2CO_2}{O} = \infty\right)$$

z. B. $RQ = 1{,}33$: $C_6H_{12}O_6 + 3O_2 \rightarrow 4CO_2 + 3H_2O$

Die bei der Veratmung von Kohlehydraten freiwerdende Atmungswärme (Pohlmann – 21. Auflage Tab 9/115 – Seiten 103/104) der Pflanzen hängt auch von der Umgebungstemperatur ab und diese hat einen bedeutenden Einfluss auf die *Atmungsintensität*, denn die Atmungswärme wird bei steigender Lagertemperatur größer. Die Atmungsintensität ist weiterhin abhängig von Luftfeuchte und Luftbewegung sowie von einer schnellen Abkühlung.

Lagergüter wie Obst und Gemüse geben gemäß v. g. durch Atmung ständig Feuchtigkeit ab und dadurch entstehen *Schwundverluste*, bedingt durch die *Wasserdampf-Partialdruckdifferenz*. Die *Lagerkomponenten* wie O_2, CO_2, φ werden bei moderner Lagerung gesteuert und geregelt im Hinblick auf Reife, Lagerdauer, Fäulnis etc. Es können Geschmacksveränderungen auftreten (wie beginnende Gärungsprozesse, Schalenbräune etc.).

Es gelten Klimaparameter: Raumtemperatur, relative Luftfeuchte, Luftgeschwindigkeit, Luftwechsel usw.

Kältebehandlung von Lebensmittel

Die eingesetzten Verfahren sind die *Kühlung*, die *Gefrierkonservierung* und die *Gefriertrocknung*. Unter *Kühlung* ist die Abkühlung und Kühllagerung im Temperaturbereich zwischen Umgebungstemperatur und Gefrieranfangstemperatur zu verstehen.

Ziel der Kühlung sind vorrangig die Haltbarkeitsverlängerung, technologische Prozesse (z. B. Reifung) und Qualitätserhaltung in nahezu allen Zweigen der Lebensmittelindustrie. Die Auswahl eines Kühlsystems für ein Lebensmittel hängt von vielen Faktoren ab. Universell und wirtschaftlich anwendbar ist die Abkühlung im Kaltluftstrom von – 20 °C bis + 4 °C mit Luftgeschwindigkeiten von 2 bis 10 m/s.

Tauch- und Sprühkühlung mit Wasser (Eiswasser) für Geflügel, Fisch, Wurst sowie einige Obst- und Gemüsearten für höhere Abkühlgeschwindigkeiten kommen zum Einsatz.

Bei der Vakuumkühlung ist die Wasserverdunstung der Kühleffekt bei niedrigem Druck. Die Verdampfungsenthalpie wird dem Produkt (Blattgemüse, Blumenkohl, Erbsen etc. mit großer Oberfläche) entzogen. Bevor das Produkt in die Vakuumkammer (p_u = 530 Pa) kommt, wird es mit Wasser besprüht um Massenverluste zu vermeiden. Zur Vermeidung von Temperaturschwankungen (Qualitätseinbußen) sollten die Lebensmittel **vor** der Lagerung in den Kühlräumen auf die entsprechende Lagertemperatur abgekühlt sein.

Die Lagertemperaturen liegen in der Regel bei – 3 °C bis + 4 °C bei 70 % bis 90 % r. F., Luftgeschwindigkeit ca. 0,2 bis 0,8 m/s, CO_2-Regelung bzw. CO_2/O_2-Regelung der Atmosphäre.

Unter *Gefrierkonservierung* versteht man die langfristige Haltbarmachung von Lebensmitteln, indem der ausfrierbare Wassergehalt des Produktes weitgehend ausgefroren wird. Die konservierende Wirkung beruht also auf der Umwandlung von Wasser in Eis sowie auf der Senkung des Wärmeübergangskoeffizienten α_W.

Diese v. g. Bezeichnung des Gefrierprozesses wird im Handel als *tiefgefroren*, *tiefgekühlt*, *Tiefkühlkost* oder *gefrostet* bezeichnet. Diese *Tiefkühlkost* muss bei min. – 18 °C oder tiefer gehalten werden. Abweichungen von höchstens 3 K beim kurzfristigen Vertrieb sind zulässig.

Bei vielen Lebensmitteln hat die Gefriergeschwindigkeit einen Einfluss auf die mikroskopische Struktur und damit auf die Qualität der gefrorenen Produkte. Das Gefrieren im Luftstrom erfolgt bei einer Lufttemperatur von – 25 °C bis – 40 °C und von 2 m/s bis 6 m/s Luftgeschwindigkeit. Kühlmedium und Erzeugung beim Konventionellen Gefrieren sind Kompressionskältemaschinen (90 % in Deutschland) und kryogenes Gefrieren mit flüssigem CO_2^- oder N_2.

Die *Gefrierlagerung* erfolgt bei ≦ – 18 °C/95 % r. F. Qualitätsverluste entstehen vor allem während zu langer Kühlhauslagerung.

z. B. Obst von 12 Monaten (bei – 18 °C) bis 24 Monate (– 30 °C)
Gemüse von 18 Monate (bei – 18 °C) bis 24 Monate (– 30 °C)

Die Aussagen über Auftaugeschwindigkeiten sind widersprüchlich (z. B. bei Obst und Gemüse bei Raumtemperatur auf + 10 °C).

Die *Gefriertrocknung* ist ein spezielles Trocknungsverfahren, bei dem das Wasser im Produkt nicht ausdampft, sondern durch vorheriges Ausfrieren durch *Sublimation* bei $p < 1$ Pa entfernt wird. Der unmittelbare Übergang des Wassers aus der festen in die gasförmige Phase erhält die Produktstruktur und das Aroma wird erhalten (z. B. Kaffee). Nach dem Kühlmedium und der Art der Wärmeübertragung unterscheidet man die:

- Konvektionskühlung durch Kaltluft (vorwiegend),
- Tauch- und Sprühkühlung,
- Eis- und Eiswasserkühlung,
- Kontaktplattenkühlung.

Kühl- und Gefriergutlagerung

Das besondere Merkmal eines Kühlraumes oder Kühlhauses besteht in den unterschiedlichen Lufttemperaturen zwischen Umgebung und den Lagerräumen die über längere Zeiträume einen bestimmten Luftzustand in Bezug auf Temperatur und Feuchte einhalten müssen.

Folgende Lufttemperaturen sind in Kühl- und Tiefkühlräumen üblich:

- zwischen – 18 °C und – 30 °C in *Tiefkühllagern* und den Bereitstellungszonen,
- im Bereich von – 1 °C bis + 12 °C in *Frischräumen*,
- von – 30 °C bis – 48 °C in Bereichen mit hohen Raumluftwechselzahlen zum schnellen Gefrieren.

Kühlhausbauarten:

- gewerbliche Kühlhäuser,
- Produktionskühlräume,
- Handelskühlhäuser für Zwischenlagerung,
- Obst- und Gemüsekühlräume,
- Umschlagkühlhäuser,
- Kleinvorratsräume (Verbrauchermärkte)

Die Raumtemperatur-Erzeugung erfolgt in der Regel mittels Verdampfer-Ventilator-Einheit als Luftkühler. Als Luftkühler werden Direktverdampfer als *Trockenverdampfung* und *überflutete Verdampfer* über Kältemittel-Pumpenanlangen eingesetzt. Die Kälteerzeugung erfolgt entweder über *zentrale* oder *dezentrale* Kältemaschinen.

Die Rückkühlung oder Kondensatorkühlung geschieht mittels:

- luftgekühlten Trockenverflüssigern,
- Verdunstungsverflüssigern,
- Hybridverflüssigern,
- Kühltürmen.

Eine Wärmerückgewinnung mit der Kondensatorwärme für z. B. Brauchwassererzeugung, Gebäudeheizung etc. mittels hydraulischer Umschaltung ist möglich.

Eine Kombination mit Geothermie ist denkbar, was eine Projektierung erfordert.

Kühllasten der Lagerräume (siehe Anhang)

1. Äußere Kühllasten $\dot{Q}_{\text{äus}}$ (Abschnitt 1.6)
   - Transmissionswärmestrom

     $\dot{Q}_{\text{Tr}} = A \cdot k \cdot (t_u - t_R)$ in kJ/s (Gleichung 35/36)

     A = Raumflächen in m^2

     k = Wärmedurchgangskoeffizient in W/m^2 K

     t_u = Umgebungstemperatur in °C

     t_R = Raumtemperatur in °C

   - Außenluftwärmestrom für die Raumlufterneuerung

     $\dot{Q}_{\text{AUL}} = \dot{V}_{\text{AUL}} \cdot \varrho_L \cdot c_p \cdot (t_u - t_R)$ in kJ/s

     $\dot{V}_{\text{AUL}}$ = Außenluftstrom in m^3/s

     ϱ_L = Luftdichte in kg/m^3

     c_p = spezifische Wärmekapazität in kJ/kg K

     $t_u - t_R = \Delta t$

   - Wärmestrom durch die Tür $\dot{Q}_{\text{Tü}}$

2. innere Kühllasten $\dot{Q}_{\text{in}}$ (siehe Anhang)
   - Beleuchtungswärme ca. 6 W/m^2
   - Personenwärme ca. 270 W/Pers
   - Gabelstapler und Arbeitsmaschinen
   - Kühlgutwärmestrom

     $\dot{Q}_1 = \dot{m} \cdot c \cdot \Delta t$ (abkühlen) [kJ/s]

     $\dot{m}$ = Kühlgutmassenstrom in kg/s

     c = spezifische Wärmekapazität in kJ/kg K des Kühlgutes (aus Tabellen)

     Δt = Abkühltemperaturdifferenz bis zum Erstarren

$\dot{Q}_2 = \dot{m} \cdot q$ (erstarren)

q = Erstarrungswärme kJ/kg (Tabellen)

$\dot{Q}_3 = \dot{m} \cdot c \cdot \Delta t$ (unterkühlen)

c = spezifische Wärmekapazität des Kühlgutes nach dem Erstarren

Δt = Temperaturdifferenz vom höchsten Gefrierpunkt zur gewünschten Temperatur

- Atmungswärmestrom (Obst, Gemüse, Pflanzen)

  $\dot{Q}_{\text{At}} = \dot{m} \cdot q_{\text{At}}$

  q_{At} = Atmungswärme kJ/kg pro Tag (Tabellen)

- Verdampfer-Ventilator-Antrieb

  $\dot{Q}_v$ = Motorleistung in kW

- Wärmestrom durch die Verdampferabtauung

  $\dot{Q}_{\text{Abtau}}$ = Heizleistung der Abtauheizung

Werden mehrere unterschiedliche Kühl- und Gefriergüter gelagert, so ermittelt man die spezifische Wärmekapazität $\bar{c}$: (Abschnitt1.3)

$$\bar{c} = \frac{m_1 \cdot c_1 + m_2 \cdot c_2 \ldots + m_n \cdot c_n}{m_1 + m_2 \ldots m_3}$$

Die gesamte Kühllast $\dot{Q}_{K-\text{ges}}$:

$$\dot{Q}_{K-\text{ges}} = \dot{Q}_{\text{äus}} + \dot{Q}_{\text{in}} \text{ in kJ/s} = \dot{m} \cdot \Delta h_L = \dot{V}_L \cdot \varrho_L \cdot c_p \cdot (t_R - t_{ZL})$$

$\dot{m}_L$ = Masse der Umluft in kg/s

Δh_L = Enthalpiedifferenz gemäß h,x-Diagramm

$\dot{V}_L$ = Luftvolumenstrom in m³/s

ϱ_L = Luftdichte in kg/m³

t_R = Raumtemperatur in °C (= Umluft)

t_{ZL} = Zulufttemperatur in °C

z. B. bei $\Delta t = (t_R - t_{ZL}) = 8\,\text{K}$, $\varrho = 1{,}3\,\text{kg/m}^3$, $c_p = 1{,}0\,\text{kJ/kg K}$

$$\dot{V}_L = \frac{\dot{Q}_{K-\text{ges}}}{1{,}3 \cdot 1{,}0 \cdot 8} = \frac{\dot{Q}_{K-\text{ges}}}{10{,}4} \text{m}^3\text{/s } (x\ 3600\,\text{m}^3\text{/h})$$

5.3.1 Fleischindustrie (Schlachthof)

Fleisch- und Wurstwaren nehmen in der Nahrungsmittelversorgung eine wichtige Stelle ein.

Im Schlachthof wird in der Regel als Kältemittel zur Kälteerzeugung NH_3 eingesetzt und für den Kältetransport *Kälteträger*, wie z. B. das ungiftige Ethylen-Glycol-Wassergemisch. Von einer Zentrale aus werden die Kühlräume (± 0 °C/– 2 °C) und die Gefrierräume (– 25 °C), sowie die Nebenräume versorgt zum Teil mit überfluteten Direktverdampfer mit Ventilatoren aus N H_3-Pumpenanlagen.

Es kommen vorwiegend Schraubenkältemaschinen, Rohrbündelverflüssiger zur Wärmerückgewinnung (Gebäudeheizung) sowie Verdunstungsrückkühler zum Einsatz.

Niederdruck-Kältemittelkreis (– 38 °C)

Hochdruck-Kältemittelkreis (– 10 °C)

In zweistufiger Ausführung für die o. g. Versorgungskreise.

5.3.2 Backwarenindustrie

Die Fertigungslinien einer Backwarenfabrik bestehen aus:

Gärtechnik	→	Backofen	→	Absteifen	→	Frosten
t = 35 °C		90 °C		0 °C		– 10 °C … – 18 °C

Die Kälteanlagen sind NH_3-Pumpenanlagen mit überfluteten Verdampfern.

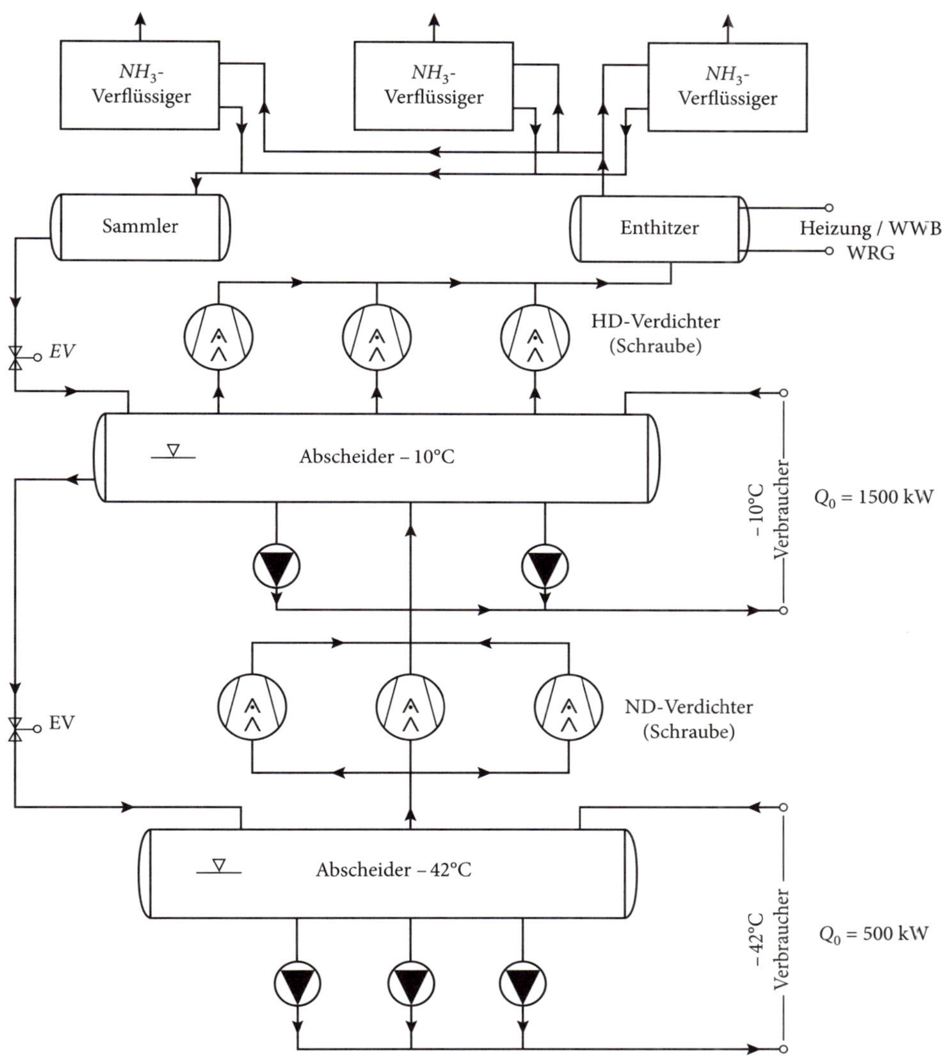

Abb. 137: Zweistufige NH_3-Pumpenanlagen-Kälteschema

5.3.3 Milchindustrie

Hier entsteht ein stoßweiser Kältebedarf durch die unterschiedlichen Milchanlieferungs- und Produktionszeiten. Eisspeichersysteme sorgen deshalb für kontinuierliche Kälte.

Direkte Kühlung mit NH_3 oder chlorfreie Kohlenwasserstoffe verdampfen in den Kälteregistern (Rohre, Platten in denen innen die Verdampfung stattfindet und sich auf der Außenseite das Eis aufbaut).

Indirekte Kühlung mittels Kälteträger hat in der Praxis den Nachteil, dass sie ca. 20 % mehr Antriebsenergie erfordert als die *Direkte Kühlung*.

Das Eis kann entweder anwachsen oder zyklisch abgeerntet und separat gelagert werden. Wichtigste Bemessungsgröße für die Eisspeicherung (z. B. in einem Eisturm) ergeben sich aus dem zeitlichen Kältebedarf.

5.3.4 Mälzereien

Die *Atmungswärme* der Getreidekörner muss bei der Lagerung und Weiterverarbeitung abgeführt werden. Die Kälte wird durch Körnerkühlaggregate erbracht. Die Zuluft (Außenluft) wird gekühlt und entfeuchtet und gegebenenfalls nachgeheizt mit Kondensationswärme aus der Kälteanlage. Körnerkühlaggregate werden auch für Kaffee, Sojabohnen, Reis etc. eingesetzt. Bei entsprechender Außentemperatur wird mit *freier Kühlung* gearbeitet. Malz als Grundstoff für das Bier entsteht durch Weichen, Keimen und Darren von Getreide.

Beim Keimen, das nach dem Einweichen des Getreides beginnt, entsteht eine erhöhte Atmungswärme (ca. 2,6 $\frac{\text{kWh}}{t_o}$) die abgeführt werden muss, um ca. 11 °C vorgegebene Temperatur zu halten.

Es wird *direkt-gekühlt* mit NH_3-Pumpenanlagen die die Luftkühler (überflutete Verdampfer) im Zuluftkreis versorgen. Neuerdings werden für die trockene Verdampfung auch Direktverdampfer verwendet.

5.3.5 Brauereien

Das Malz wird eingemischt, die Maische erhitzt und geläutert, die Würze im Sudkessel gekocht mit Hopfen zugesetzt, im Würzkeller abgekühlt und dann in den Gärtank zum Gären angestellt. Nach der Gärung wird das Bier auf Lagertemperatur gebracht und im Lagertank gereift.

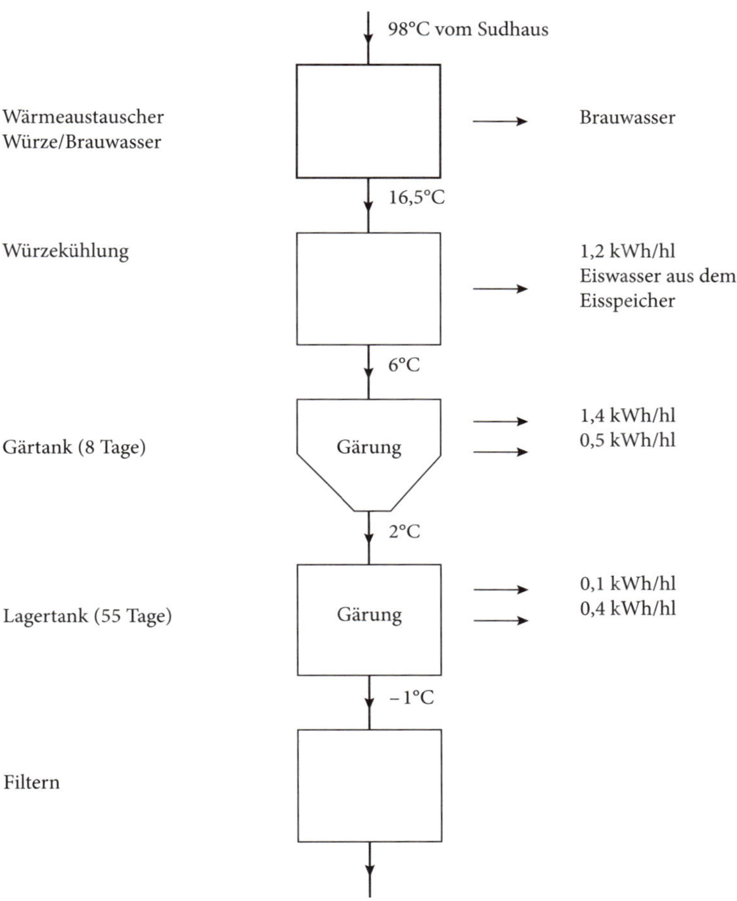

Abb. 138: Prozesskälte in der Brauerei

Als Kälteanlagen werden in der Regel NH_3-Pumpenanlagen verwendet.

Kälteleistung ca. 6…10 kWh/hl Verkaufsbier.

Das Brauwasser liegt als Brunnenwasser mit 10 → 12 °C vor. Kühlt man mit diesem Brauwasser die ca. 98 °C abzukühlende Würze, so erreicht man mit dem Wärmetauscher eine Würztemperatur von 12° bis 14 °C. Die Nachkühlung auf 6 °C erfolgt mit Eiswasser.

BHKW mit Absorptions-Kältemaschinen für eine *Kraft-Wärme-Kälte-Kopplung* sind für Brauereien trotz des hohen Strombedarfs optimal. Die Abwärme kann sowohl im Sudhaus als auch für die Absorptions-Kältemaschine genutzt werden.

5.4 Sonstige Kälteanlagen

5.4.1 Bergbau (in Deutschland)

Die Erdwärme (Geothermie) beträgt im Ruhrgebiet in 1000 m Tiefe ca. 45 °C. Da der Abbau weitgehend mechanisch erfolgt, fallen noch zusätzliche Wärmemengen (ca. 900 kW pro Abbaubetrieb) an. Die Arbeitstemperaturen (trocken) betragen <28 °C, das heißt es muss gekühlt werden. Dies erfolgt durch Frischluftzuführung als Fallströmung über einen Zuluftschacht. Die Abluft wird über einen Fortluftschacht und Kühlsysteme untertage dezentral ($\dot{Q}_o$ von 200 kW bis 400 kW) und im MW-Bereich erfolgt zentral abgeleitet. Das Abführen der Kondensationswärme erfolgt an die ausziehenden Wetter (Fortluftschacht).

5.4.2 Bauindustrie

Gefrorene Erde hat eine hohe Feuchtigkeit. Man hat sich dies beim *Gefrierabteufen* von Schächten oder beim Sichern großer Baugruben zu Nutzen gemacht. Rund um die Schächte werden Doppelrohre (3"– 6"/$1\frac{1}{2}$"– 2") in den Boden gerammt, in denen in der Regel Sole – 10 °C bis – 25 °C fließt. Direkt Verdampfung wäre wesentlich wirtschaftlicher, jedoch wegen des rauen Betriebes nicht sinnvoll. (spezifischer Kältebedarf 50 → 60 kWh/m^3) Wenn in heißen Ländern Qualitätsbeton verarbeitet werden muss (z. B. Staudamm) muss aus technologischen Gründen der Beton gekühlt werden z. B. 5 °C bei 30°– 50 °C Umgebungstemperatur.

Mobile Kaltwassersätze mit Kühlturm kühlen in der 1. Stufe *Kühlturm* und in der 2. Stufe *Kältemaschine* das Anmischwasser für den Beton auf ca. 6 °C oder es wird zusätzlich Scherbeneis beigemischt.

5.4.3 Kunsteisbahn

Auf den Gründungsschichten-Aufbau kommt die *Kälteschicht* (Rohrnetz-Kühlsystem) der Eisfläche, die entweder eine *direkte Kühlung* mit NH_3-Pumpenanlage mit überfluteter Verdampfung in der Eisflächenberohrung erhält oder eine *indirekte Kühlung* mit Sole (20 % → 30 % höherer Energieaufwand).

- Kunsteis-Schichtdicke: 3 – 5cm bei – 1 °C → – 4 °C,
- bei Kühlsole: ca. – 10 °C Soletemperatur,
- Verdampfungstemperatur: – 15 °C → – 17 °C bei NH_3-Pumpenanlage,
- Kältebedarf-Richtwerte: je nach Sommer oder Winter, offene oder geschlossene Halle $\dot{q}_o$ ca. 0,3 bis 0,5 kW/m^2.

6 Klimasysteme

Während die Kältetechnik einem System Energie als Wärme entzieht, um seine Temperatur zu erniedrigen oder konstant zu halten, hat die Klimatechnik das Ziel, den *Zustand der Raumluft* hinsichtlich Reinheit, Temperatur und Feuchte innerhalb bestimmter Grenzen zu halten. Der früher benutzte Begriff Klimatechnik wird heute ersetzt durch die Bezeichnung *Raumlufttechnik* (RLT).

Eine *RLT-Anlage* ist eine lufttechnische Anlage mit maschineller Luftförderung zur Erfüllung folgender Aufgaben:

- Abführen von Luftverunreinigungen, Schadstoffen und Ballaststoffen (Lufterneuerung)
- Abführen sensibler und latenter Wärmelasten aus den Räumen mittels thermodynamischer Funktion: Heizen, Kühlen, Be- und Entfeuchten.

Anmerkung: *Prozesslufttechnik* bezeichnet die Durchführung von technischen Prozessen innerhalb von Apparaten (z. B. Trocknung).

Die RLT-Anlagen können eingeteilt werden in:

a) *Komfort-Klima-Anlagen* bzw. *Human-Klimaanlagen*. Sie dienen zur Erzeugung eines günstigen Luftzustandes in Aufenthalträumen von Menschen wie in Bürogebäuden, Versammlungsräumen, Kaufhäuser, Krankenhäuser, Schulen etc.

   Gemäß den Außenluftzuständen bzw. je nach Wunsch soll das Raumklima einen Raumluftzustand von 20 °C bis 27 °C und eine relative Feuchte zwischen 30 % und 65 % haben.

b) *Industrielle-Klimaanlagen* haben im Gegensatz dazu die Aufgabe, die für die Fabrikation geforderten Raumluftzustände herzustellen.

   Einige Beispiele (siehe auch Abschnitt 5)

– Druckerei		22°…26 °C/45…60 % r. F.
– Museen mit Gemälden		18°…24 °C/40…55 % r. F.
– Papierlager		20°…24 °C/50…60 % r. F.
– Pharmazie		21°…27 °C/35…50 % r. F.
– Tabakindustrie		21°…24 °C/55…65 % r. F.
– Textilindustrie	– Webraum	22°…25 °C/75…80 % r. F.
	– Konfektionieren	22°…25 °C/90…95 % r. F.
– Fertigung von Airbags		22°…26 °C/20 % ± 5 % r. F.

Weitere große Anwendungsgebiete sind die Reinraum-(RR) Technik, Mikroelektronik, Mechatronik, Medizintechnik, Nanotechnik-Fertigungen; OP-Räume und Industriezweige, die hygroskopisches Material verarbeiten.

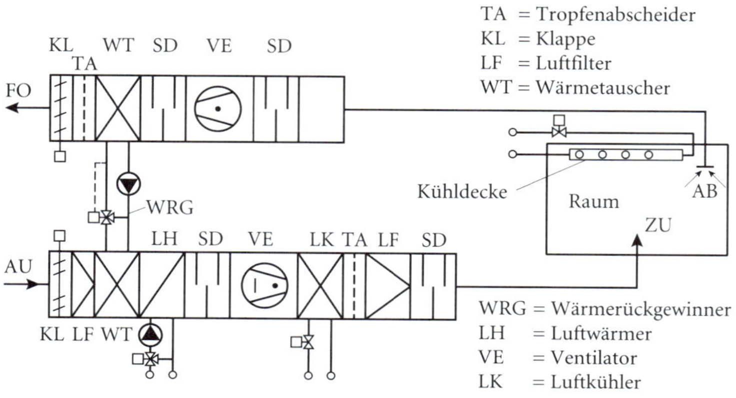

Abb. 139: Terminologie einer Klimaanlage

Zuluft (ZU) ist die dem Raum zugeführte Luft

Abluft (AB) ist die aus dem Raum abströmende Luft

Außenluft (AU) ist die aus dem Freien angesaugte Luft

Fortluft (FO) ist die ins Freie geblasene Abluft

Umluft (UL) ist der Teil Abluft, der dem Raum wieder zugeführt wird. Umluft sollte der Zuluftqualität entsprechen

Mischluft (ML) ist die Mischung von Außen- und Umluft

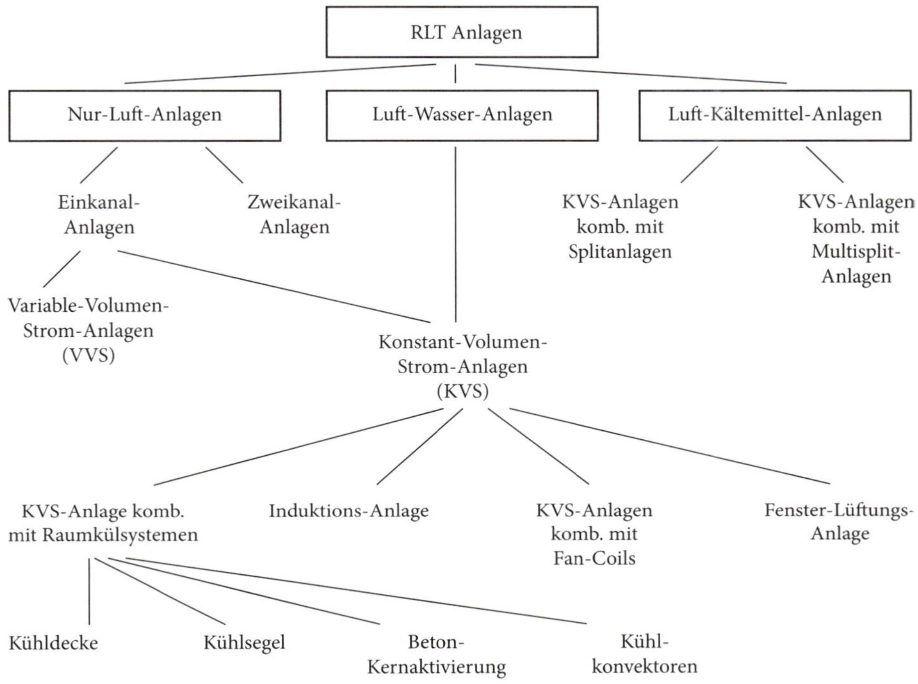

Abb. 140: Klimaanlagen-Systemübersicht

Wie bereits in den Abschnitten 4.1/4.2/5.2 erwähnt, erfolgen die Abführung der thermischen Lasten und Feuchtelasten aus den Räumen hauptsächlich mit dem Medium Luft. Dies kann man zentral oder dezentral durchführen. Mit der Bauteilkühlung können Wärmelasten zum Teil mittels Kälte- bzw. Wärmestrahlung abgeführt werden (Abschnitt 1.6).

Werden die thermischen Lasten nur mit dem Medium Luft transportiert, so sind die Volumenströme aufgrund der schlechten thermodynamischen Eigenschaften (Dichte, spezifische Wärmekapazität) der Luft hoch.

Transportiert man die thermischen Lasten dagegen mit dem Medium Wasser, so werden die Volumenströme wesentlich kleiner und damit auch der Energietransportaufwand.

Vergleich des Energietransportaufwandes für Luft und Wasser:

Beispiel-Parameter:

- abzuführende Raumkühllast $\dot{Q}_K = 100\,\text{kW}$
- Raumtemperatur $t_R = 26\,°\text{C}$
- keine Entfeuchtungslasten
- spezifische Wärmekapazität von Luft $c_{p_L} = 1{,}0\,\text{kJ/kg K}$
- Dichte von Luft $\varrho_L = 1{,}2\,\text{kg/m}^3$

- spezifische Wärmekapazität von Wasser $c_W = 4{,}2\,\text{kJ/kg K}$
- Dichte von Wasser $\varrho_W = 1000\,\text{kg/m}^3$

a) Zentralgerät im Umluftbetrieb
   - Zulufttemperatur $t_{zu} = 18\,°\text{C}$
   - Druckverlust der Anlage $\Delta p_{v-L} = 1000$ Pa $= \Delta p_t$
   - Luftvolumenstrom $\dot{V}_L$

$$\dot{V}_L = \frac{\dot{Q}_K}{\varrho_L \cdot c_{p_L} \cdot \Delta t} = \frac{100}{1{,}2 \cdot 1{,}0 \cdot (26 - 18)} = 10{,}42\,\text{m}^3/\text{s}$$

   - Ventilatorantrieb p_v bei $\eta = 0{,}75$

$$p_v = \frac{\Delta p_t \cdot \dot{V}_L}{\eta} = \frac{1000 \cdot 10{,}42}{0{,}75} = 13{,}9\,\text{kW}$$

   - Kanalquerschnitt bei 6 m/s Luftgeschwindigkeit A

$$A = \frac{\dot{V}_L}{6} = \frac{10{,}42}{6} = 1{,}74\,\text{m}^2$$

b) dezentraler Umluftbetrieb mit Umluftgeräten und eingebauten Wasserwärmetauschern (Fan-coil-Geräte)
   - zur Verfügung steht Kühlwasser von 12°/18 °C
   - Druckverlust der Umluftgeräte:

$$\Delta p_{v-L} = 50\,\text{Pa}, \Delta p_{v_W} = 50000\,\text{Pa vom Wassernetz}$$

   - Ventilatorantriebe mit $\eta = 0{,}5$

$$p_v = \frac{50 \cdot 10{,}42}{0{,}5} = 1{,}042\,\text{kW}$$

   - Pumpenantrieb mit $\eta = 0{,}75$

$$\text{Förderstrom } \dot{V}_W = \frac{\dot{Q}_K}{\varrho_W \cdot c_W \cdot \Delta t_W} = \frac{100}{1000 \cdot 4{,}2 \cdot 6} = 0{,}0040\,\text{m}^3/\text{s}$$

$$p_P = \frac{\Delta p_{v-W} \cdot \dot{V}}{\eta} = \frac{50000 \cdot 0{,}0040}{0{,}75} = 0{,}265\,\text{kW}$$

- Gesamtantrieb $p = p_v + p_W = 1{,}042 + 0{,}265 = 1{,}3\,\text{kW}$
- Energietransportfaktor $\frac{13{,}9}{1{,}3}$ ca. 10

Dieser Faktor hängt natürlich sehr stark von den Daten in einem konkreten Beispiel ab. Würde man die Raumkühllast über z. B. eine Kühldecke (stille Kühlung) abführen, so entfielen die Fan-coil-Ventilatorantriebe und das Δt_W wäre anstelle von 6 K dann nur 3 K:

$$\dot{V}_W = 0{,}0080\ \text{m}^3/\text{s und } p_W = 0{,}53\,\text{kW}$$

sodass der Energietransportfaktor $\frac{13{,}9}{0{,}53}$ = ca. 26 wäre.

Transportiert man die thermischen Lasten mit der Variante *Umluft-Kältemittel-Anlage* aus dem Raum mit Split-Multisplit-bzw. VRF-Systemen (Abschnitt 4), so wird zusätzlich die Verdampfungsenthalpie des Kältemittels genutzt. Hierdurch lassen sich gegenüber dem Medium Wasser noch einmal die Volumenströme reduzieren und damit der Energietransportaufwand.

Man unterscheidet in der RLT-Technik bezüglich des Energietransports zwei Varianten:

a) Geschieht die gesamte Lastabfuhr über den Luftvolumenstrom, so handelt es sich um *Nur-Luft-Anlagen*
b) Erfolgt eine Trennung der Aufgaben: einmal die Außenluftversorgung und die Abfuhr der Feuchtelasten und zum anderen die thermische Lastabfuhr mit dem Medium Wasser, so handelt es sich um *Luft-Wasser-Anlagen*
c) Wie unter b) beschrieben, jedoch Abführung der thermischen Lasten mit dem Medium Kältemittel, so handelt es sich um *Luft-Kältemittel-Anlagen*

6.1 Nur-Luft-Systeme

Nur-Luft-Anlagen dienen neben den anderen Aufgaben der Lufttechnik wie Außenluftversorgung und Abführen von Schadstoffen auch der Abfuhr von thermischen Lasten oder der Zufuhr von Wärme im Winter.

Die Gleichung für die thermische Leistung der Anlage ist der Erste Hauptsatz der Thermodynamik für offene Systeme (Gleichung 4), im engeren Sinne *Nichtadiabatische Fließprozesse* bei Vernachlässigung von E_{pot} und E_{kin}:

- Zuführen von Wärme:

$$\dot{Q}_H = \dot{m}_L \cdot (h_2 - h_{1)}) = \dot{V}_L \cdot \varrho_L \cdot c_{p_L} \cdot (t_{ZU} - t_{AB})$$

- Abführen von Wärme:

$$|\dot{Q}_{ol}| = \dot{m}_L \cdot (h_1 - h_2)$$

und ohne Entfeuchtung $= \dot{m}_L \cdot \varrho_L \cdot c_{p_L} \cdot (t_{ZU} - t_{AB})$

Die gesamte Energiezu- bzw. -abfuhr für den Raum geschieht über die Luft.

Die Luftaufbereitung (Abb. 139) erfolgt in der Regel in einem zentralen Klimagerät mit

- Ansaugung mit Klappe
- Vorerhitzer
- Kühler
- gegebenenfalls Wäscher
- Ventilator, gegebenenfalls Nacherhitzer
- gegebenenfalls Abluftventilator
- gegebenenfalls Wärmerückgewinnung.

Der oder die Räume werden mit Zu- und Abluftkanälen angefahren.

6.1.1 Einkanalanlagen mit konstantem Volumenstrom (KVS-System)

Man unterscheidet *Einzonenanlagen* und *Mehrzonenanlagen*.

Bei der Einzonenanlage wird von einem Zentralgerät die aufbereitete Luft durch Kanäle einem oder mehreren Räumen zugeführt. Alle Räume erhalten den gleichen Luftzustand. Es handelt sich um *Niedergeschwindigkeitsanlagen* mit Luftgeschwindigkeiten von 6...10 m/s und Drücken von 500...1500 Pa (auch *Niederdruckanlagen* genannt).

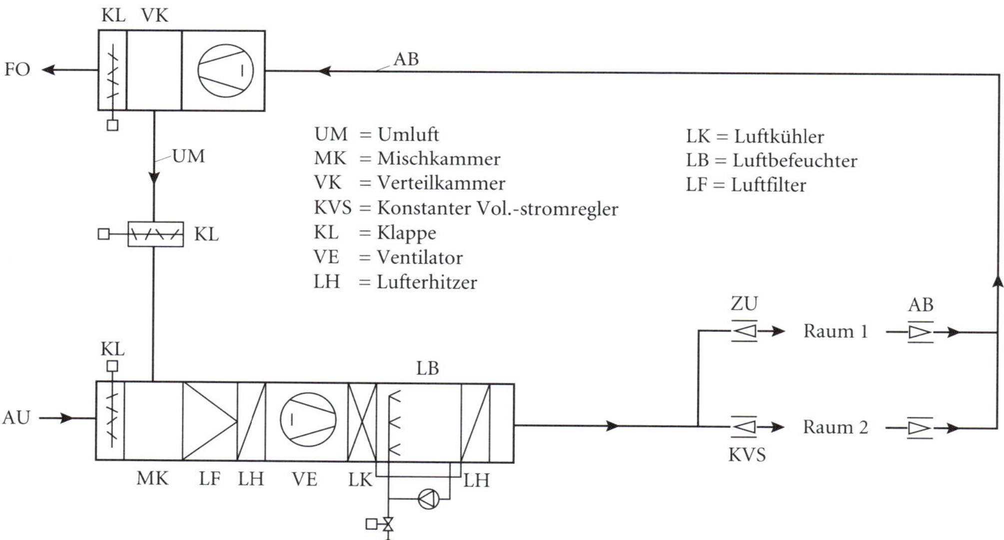

Abb. 141: KVS-Einkanalanlage

Um Platz zu sparen, wurden *Hochgeschwindigkeitsanlagen* entwickelt. Hier wird die Luft mit Geschwindigkeiten von 10...18 m/s durch die Kanäle bzw. Rohre befördert. Weiterhin werden

Temperaturdifferenzen zwischen Raumluft und gekühlter Zuluft von 6...8 K auf bis zu 10...12 K erhöht.

Der Ventilator muss wesentlich höhere Drücke erzeugen (ca. 1000...2500 Pa), daher auch die Bezeichnung *Hochdruckanlagen.*

Die Einzonenanlagen haben den Nachteil, dass alle angeschlossenen Räume den gleichen Luftzustand erhalten. Dagegen sind sie von Vorteil bei reiner Außenluftversorgung mit dezentralen Kühlgeräten in den Räumen.

Sind die einzelnen Raumlasten unterschiedlich, dann werden *Mehrzonen-Anlagen* angewendet. Der zentrale Kühler wird vom ungünstigsten Raum aus geregelt und die anderen Räume mit niedrigeren Kühllasten erhalten *Zonen-Nachwärme.*

Es ist auch möglich, die Zonen mit *Nachkühlern* auszustatten oder Luftbefeuchter dezentral in den einzelnen Zonen zu installieren.

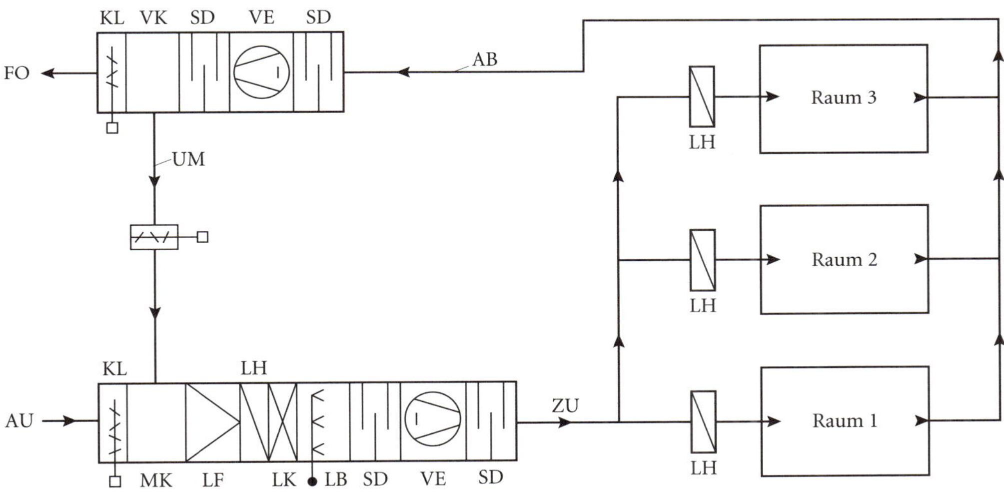

Abb. 142: KVS-Einkanalanlage mit Zonennachwärmer

6.1.2 Einkanalanlagen mit variablem Volumenstrom (VVS-Anlage)

Bei den *VVS-Anlagen* ist der Zuluftstrom (wie der Abluftstrom) variabel. Die unterschiedlichen Kühllasten der einzelnen Zonen werden mittels Änderung der Zuluftströme über Volumenstromregler mit Absperrung ausgeglichen (siehe Abb. 141 anstelle der KVS-Konstant-Regler werden VVS-Regler installiert).

Bei fallender Luftmenge fällt der Energiebedarf für den Ventilator gemäß Gleichung 49 entsprechend.

Der Zuluftventilator wird auf einen konstanten Kanaldruck geregelt (siehe Abschnitt 1.7.2).

6.1.3 Zweikanalanlagen

Zweikanal-Anlagen werden kaum mehr gebaut, da der Installationsaufwand und der Energieverbrauch sehr hoch sind. Um das Nur-Luft-System abzurunden, wird dies in Abb. 143 als ein weiteres Klimasystem aufgezeigt.

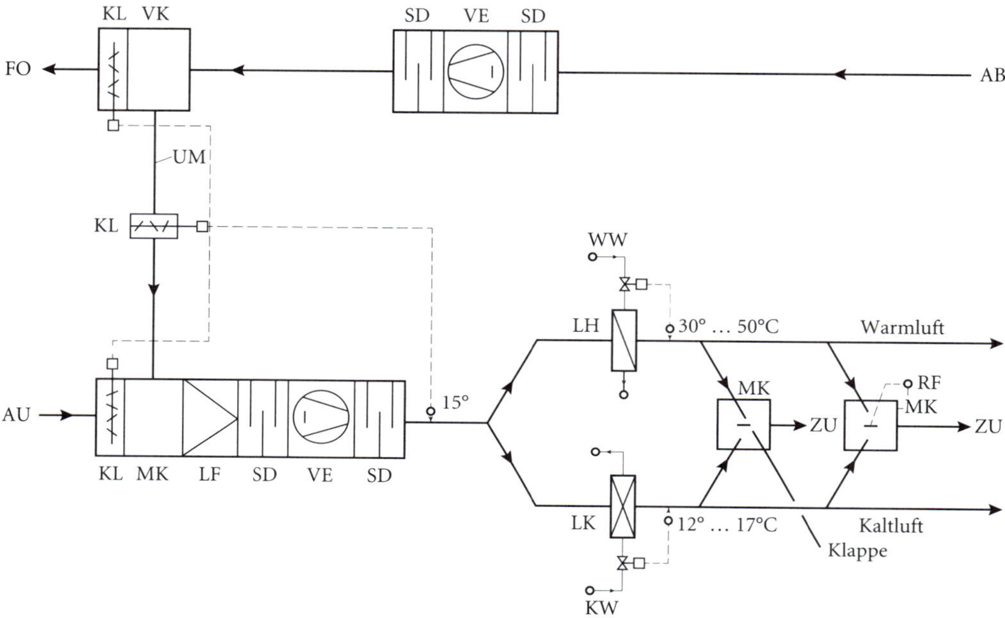

Abb. 143: Zweikanalanlage

Zweikanalanlagen werden eingesetzt bei Räumen mit schwankenden Lasten. Nach der zentralen Luftaufbereitung wird die Zuluft in zwei Kanäle aufgeteilt: den Warmluft- und den Kaltluftkanal. In dem jeweiligen Kanal wird die Luft aufgeheizt bzw. gekühlt.

Beide Kanäle werden an Deckenmischluftkästen angeschlossen. Eine im Mischluftkasten eingebaute Klappe mit Stellmotor, der auf einen Raumfühler wirkt, mischt die erforderliche Zulufttemperatur für den jeweiligen Raum. Räume mit maximaler Kühllast erhalten nur Kaltluft, Räume mit maximaler Heizlast nur Warmluft, Räume mit Teillast eine Mischung von Warm- und Kaltluft. Ein wesentlicher Nachteil ist der große Installationsaufwand, da sowohl der Kalt- als auch der Warmluftkanal für fast den gesamten Luftstrom dimensioniert werden muss. Durch die für die Regelung erforderlichen großen Luftvolumenströme ist der Energieaufwand für die Förderung sehr hoch. Zweikanalanlagen sind heute nur noch im Gebäudebestand anzutreffen.

6.2 Luft-Wasser-Systeme

Wie eingangs aufgezeigt, erfolgt hier eine Trennung der Aufgaben:

- Die Außenluftversorgung, die Abfuhr der Feuchtelasten, die Luftreinheit erfolgt mit dem Medium Luft, in der Regel mit zentraler Luftaufbereitung
- Die Heiz- bzw. Kühllasten werden dezentral in den Räumen mit dem Medium Wasser zu- bzw. abgeführt.

Meines Erachtens ist dieses Klimasystem nicht nur flexibel sondern auch das effektivste.

6.2.1 Induktionsanlagen

Ein zentrales Luftaufbereitungsgerät erzeugt im reinen Außenluftbetrieb *Primärluft*, die einer Mindestaußenluftrate für die Personen entspricht, bereitet diese Primärluft auf und fördert sie über ein Kanalsystem mit hoher Geschwindigkeit (HD-Anlage) zu den einzelnen dezentralen Induktionsgeräten. Dort tritt die Primärluft mit hoher Geschwindigkeit aus Düsen aus und *induziert* die umgebende Raumluft, die sogenannte *Sekundärluft*. Das Induktionsverhältnis liegt zwischen 2 und 4. Die Sekundärluft wird durch einen oder zwei Wärmetauscher gesaugt und zusammen mit der Primärluft ausgeblasen.

Die Lastab- bzw. –zufuhr geschieht überwiegend über die Sekundärluft.

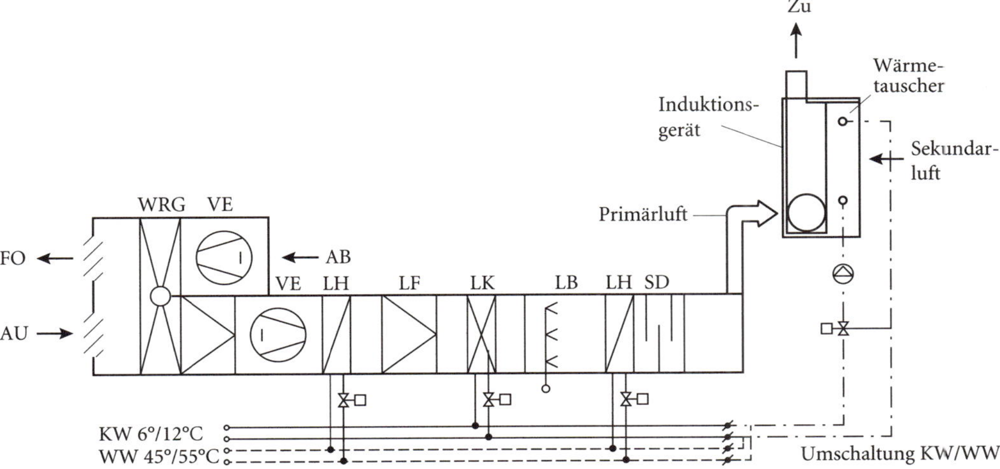

Abb. 144: Induktionsanlage, 2-Rohr-System

Installationsvarianten der Induktions-Geräte können sein:

- Brüstungsgeräte (Heizen und Kühlen)
- Deckengeräte (meist nur Kühlen)

Man unterscheidet ventil- und klappengesteuerte Induktionsgeräte. Weiterhin werden die Induktionsanlagen in 2 – 3 – 4-Rohrsysteme eingeteilt.

Zweirohrsysteme (Change-over-System) können durch wasserseitige Umschaltung auf Heizen oder Kühlen gefahren werden.

Nachteilig ist einmal die Trägheit bei Umschalten und zum anderen sind Zweirohrsysteme ein Kompromiss in der Übergangszeit, wenn in manchen Räumen z. B. geheizt und in anderen gekühlt werden muss. Change-over-Systeme sind geeignet, wenn alle Räume gleichzeitig einen Heiz- oder Kühlbedarf haben oder z. B. fassadenseitig zentral umgeschaltet wird. Der Installationsaufwand ist dagegen nicht größer als bei einer Zentralheizung.

Beim *Dreirohrsystem* erhält jedes Induktionsgerät einen Vorlaufanschluss für Warm- und Kaltwasser, mit einem gemeinsamen Rücklauf. Nachteilig ist hierbei der Energieverlust durch Mischung von Warm- und Kaltwasser.

Beim *Vierrohrsystem* ist der v. g. Nachteil des Energieverlustes nicht gegeben. Jedes Gerät erhält in getrennten Kreisläufen einen Anschluss an das Warm- und Kaltwassernetz. Der Installationsaufwand ist erheblich. Die Kaltwasservorlauftemperaturen liegen mit ca. 16 °C oberhalb vom Taupunkt der Raumluft (keine Kondensatleitung), das heißt, dass in der Übergangszeit mit *Freier Kühlung* gearbeitet werden kann.

6.2.2 Gebläsekonvektoren (Fan-Coil-Anlagen)

Sie sind in der Funktion analog der Induktionsanlage. Der Unterschied besteht im Antrieb:

An die Stelle der Düsen des Induktionsgerätes tritt ein Querstromgebläse. Die Anordnung ist die gleiche wie beim Induktionsgerät. Auch die Rohrsysteme sind analog der Induktionsanlage. Die Mindestaußenluftrate wird mit einer KVS-Anlage gedeckt, mit der gleichen Aufgabe wie bei der Primärluftanlage. Der große Vorteil der Fan-coil-Anlagen ist die Einflussnahme des Nutzers hinsichtlich Raumtemperatur und Volumenstrom.

Eine Variante der Fan-coil-Anlagen sind die *Fassadenlüftungsanlagen* einmal ausgeführt als Unterflurzuluftgerät mit Fortluftüberdruckeinrichtung oder als kombiniertes Zu- und Abluftgerät mit Wärmerückgewinnung an der Brüstung bestehend aus:

- Außenluftansaug an der Fassade
- Filter
- Lufterhitzer
- Luftkühler
- Ventilator

Zu den *Luft-Wasser-Systemen* gehören die *passiven Kühlkonvektoren*. Sie dienen zur rein konvektiven Umluftkühlung mittels Schwerkraft (ohne Ventilator) durch einen Wärmeübertrager (Konvektor) mit Kühlwasser. Die Anbringung kann in der Decke oder in der Wand erfolgen. Die Kühlleistung der Konvektoren ist durch Schachteinhausung (analog den Heizkonvektoren) enorm zu steigern, durch die Dichteunterschiede der ein- und austretenden Umluft.

6.3 Luft-Kältemittel-Systeme (siehe Abschnitt 4.1)

Analog den unter Abschnitt 6.2 beschriebenen Luft-Wasser-Systemen tritt anstelle des Mediums Wasser ein Kältemittel. Die Außenluftversorgung erfolgt in der Regel über eine KVS-Anlage. Durch interne Umschaltung kann die Anlage als Wärmepumpe betrieben werden. Somit können Heiz- oder Kühllasten abgefahren werden.

Die einzelnen Varianten dieser Luft-Kältemittel-Systeme sind in Abschnitt 4.1 beschrieben. Durch die Invertertechnik, sogenannte *VRF-Systeme*, (drehzahlgeregelte Verdichter) wird der Kältemittelstrom lastabhängig geregelt und das Verdichtertakten entfällt. Dadurch bieten diese Split- und Multisplianlagen die gleichen Vorteile wie Fan-coil-Anlagen.

Rohrnetzlängen bis zu 1000 m, Rohrleitungsentfernungen zwischen Innen- und Außeneinheit bis zu 165 m und Höhendifferenzen bis zu 90 m sind möglich.

Luft-Kältemittel-Systeme haben thermodynamische Vorteile gegenüber Luft-Wasser-Systemen (Indirekte Kühlung). Sie sind exergetisch günstiger, da kein Zwischenmedium vorhanden ist und durch die Verdampfungsenthalpie werden die Wärmeaustauschflächen kleiner.

6.4 Thermisch aktive Raumflächen

Eine weitere Systemvariante zur Behandlung von Heiz- und Kühllasten von Räumen mit dem Medium Wasser sind die *thermisch aktiven Raumflächen* von Bauteilen (Decken, Wände, Böden etc.). Die Wärme- bzw. Kälteübertragung in den Räumen basiert auf konvektiver Wärmeübertragung und thermischen Strahlungsaustausch (Abschnitt 1.6)

Bei den Wärme- bzw. Kältetransport-Vorgängen von einer Fläche an die Luft respektive Raumluft treten Konvektion und Strahlung gleichzeitig auf, da die thermisch aktive Raumfläche mit den anderen Raumflächen zusätzlich im *Strahlungsaustausch* steht.

Die Wärmeströmung, z. B. bei Kühl- und Heizflächen (kleine Massen), sind stationäre Fließprozesse, während es sich z. B. bei der *Betonkernaktivierung* um instationäre Fließprozesse handelt. Das heißt, die Aufheiz- bzw. Abkühlzeiten sind bei instationären Fließprozessen relativ lange.

Die Gestaltungsvarianten thermisch aktiver Raumflächen sind vielfältig:

- Kühl- bzw. Heizdecken in abgehängter Form
- Kühlsegel an der Decke oder Kühlpaneele
- Fußbodenkühlung bzw. Fußbodenheizung
- Betonkernaktivierung: Kühl- oder Heizwasser durchflossene Rohrsysteme im Inneren der Massivdecke, wodurch eine gezielte Speicherung von Kälte, bzw. Wärme im Bauteil erfolgt. Die Entladung ist passiv ohne Eingriffsmöglichkeit.

Die Speicherwärme (oder Kälte) wird von den Raum- und Wassertemperaturen sowie von der Bauteilgeometrie (Dicke, Wärmeleitwiderstände etc.) und Rohrnetzverlegung bestimmt.

6.5 Wärmerückgewinnungs (WRG)-Systeme

Klimaanlagen benötigen Wärme- bzw. Kälteenergie zur Außenluftaufbereitung. Eine Energierückgewinnung lässt sich aus dem Abluft- bzw. Fortluftenthalpiestrom erreichen. Dieser gewonnene Enthalpiestrom wird dem Außenluftstrom übertragen.

Nach Abschnitt 1.6 *Feuchte Luft*:

$$\Delta \dot{H}_{FO} = \dot{m}_{FO} \cdot (h_{(1-x)_1} - h_{(1-x)_2}) = \Delta \dot{H}_{AU} = \dot{m}_{AU} \cdot (h_{(1-x)_{1'}} - h_{(1-x)_{2'}})$$

Bei $\dot{m}_{FO} = \dot{m}_{AU}$:

$$\Delta \dot{H}_{FO} = \dot{m}_{FO} \cdot \Delta h_{(1+x)_{12}} = \Delta \dot{H}_{AU} = \dot{m}_{AU} \cdot \Delta h_{(1+x)_{1'2'}}$$

$$\Delta h_{(1-x)_{12}} = [c_{p_2} \cdot t_1 + x_1(r_o + c_{p_D} \cdot t_1)] - [c_{p_2} \cdot t_2 + x_2(r_o + c_{p_D} \cdot t_2)]$$

Gemäß nachstehender Abbildungen verwendet man:

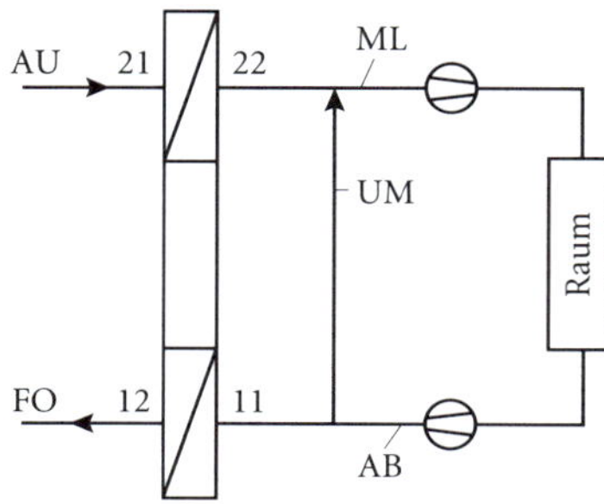

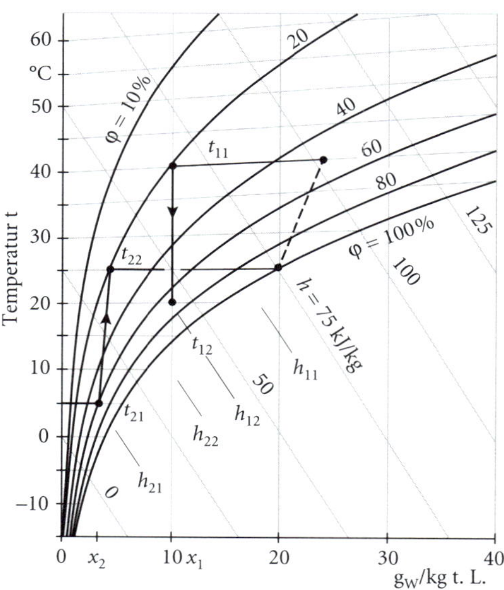

Abb. 145: WRG-System nach VDI2071 *h,x*-Diagramm für Temperatur WRG

Für die Luftzustandsänderung arbeitet man der Einfachheit halber mit dem *h,x*-Diagramm. Rückwärmezahl bezogen auf die Temperatur:

$$\Phi_t = \frac{t_{22} - t_{21}}{t_{11} - t_{21}} = \frac{\Delta t_{AU}}{\Delta t_{max}} \quad \text{(sensibel)}$$

WRG-Leistung:

$$\dot{Q}_R = \Phi_t \cdot \dot{m}_{AU} \cdot c_{p_L} \cdot (t_{11} - t_{21})$$

Rückwärmezahl bezogen auf die Enthalpie:

$$\Phi_h = \frac{h_{22} - h_{21}}{h_{11} - h_{21}} = \frac{\Delta h_{AU}}{\Delta h_{max}} \quad \text{(sensibel + latent)}$$

WRG-Leistung:

$$\dot{Q}_R = \Phi_n \cdot \dot{m}_{AU} \cdot (h_{11} - h_{21})$$

Rückfeuchtezahl:

$$\Psi = \frac{x_{22} - x_{21}}{x_{11} - x_{21}} = \frac{\Delta x_{AU}}{\Delta x_{max}}$$

Wird bei dem nachstehenden *Rekuperativen Verfahren* die Fortluft bei der Abkühlung entfeuchtet so erhöht sich die Rückwärmezahl, da der Wärmeübergangskoeffizient α_{FO} sich durch Kondensation erhöht und sich damit der Wärmedurchgangskoeffizient k erhöht.

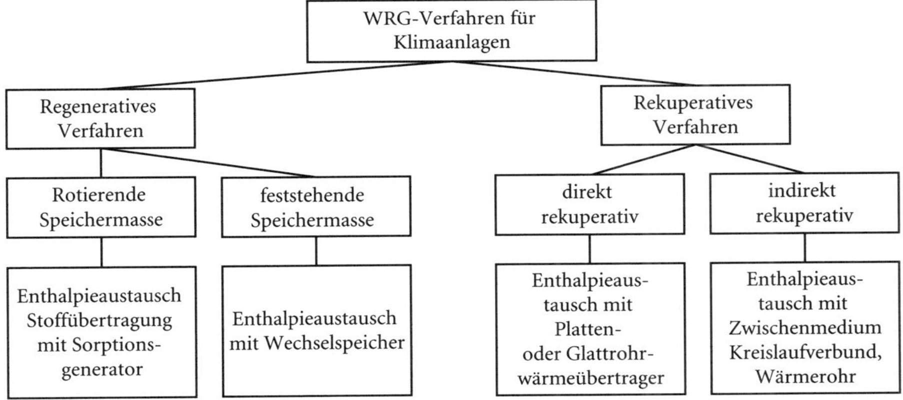

Kategorie	Bezeichnung	Aufbau	Feuchte-austausch	Rückwärme Zahl Φ [%]
I	Rekuperator oder Trennflächen-Wärmeaustauscher z. B. Platten-Wärmeaustauscher	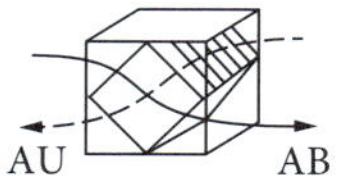 AU AB	nein	45–65 %
II	Kreislaufverbund-Wärmeaustauscher	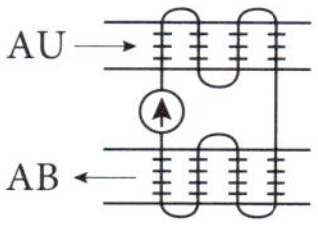 AU AB	nein	40–70 %
	Wärmerohr-Wärmeaustauscher	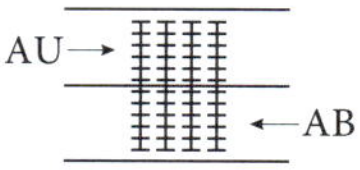 AU AB	nein	35–70 %
III	Rotations-Wärmeaustauscher 1. Sorptions-Wärmeaustauscher mit hygroskopischer Speichermasse 2. Kondensations-Wärmeaustauscher ohne hygroskopischer Speichermasse	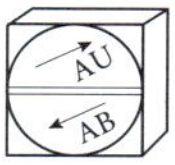 AU AB	ja gering	65–80 %
IV	Wärmepumpe	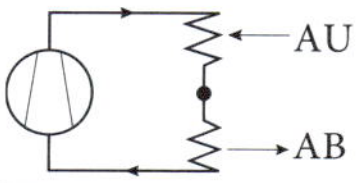 AU AB	nein	

Abb. 146: Einteilung der Wärmerückgewinnungsverfahren[5]

Überwiegend angewendete WRG-Verfahren:

Rekuperatives Verfahren

a) *Platten-Wärmeaustauscher* (direkt rekuperativ)

Die Luftströme sind durch dünne Platten getrennt und werden im Kreuzstrom durchgeführt ohne Luftmischung und ohne Feuchteübertragung (Luftwiderstand $\Delta p_{v-l} = 100...250$ Pa)

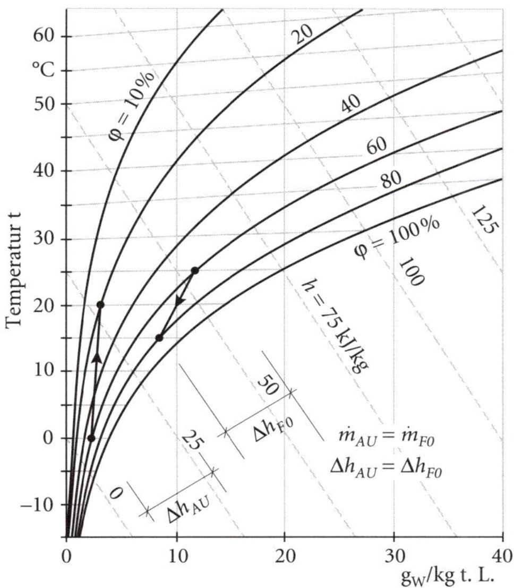

Abb. 147: Zustandsänderung bei Kondensatbildung (siehe Seite 263 α_{FO}-erhöhung)

b) *Kreislaufverbund-Wärmetauscher*

Das KV-System ist ein indirektes System mit Zwischenmedium als umlaufendem flüssigem Wärmeträger (Wasser mit Frostschutzmittel)

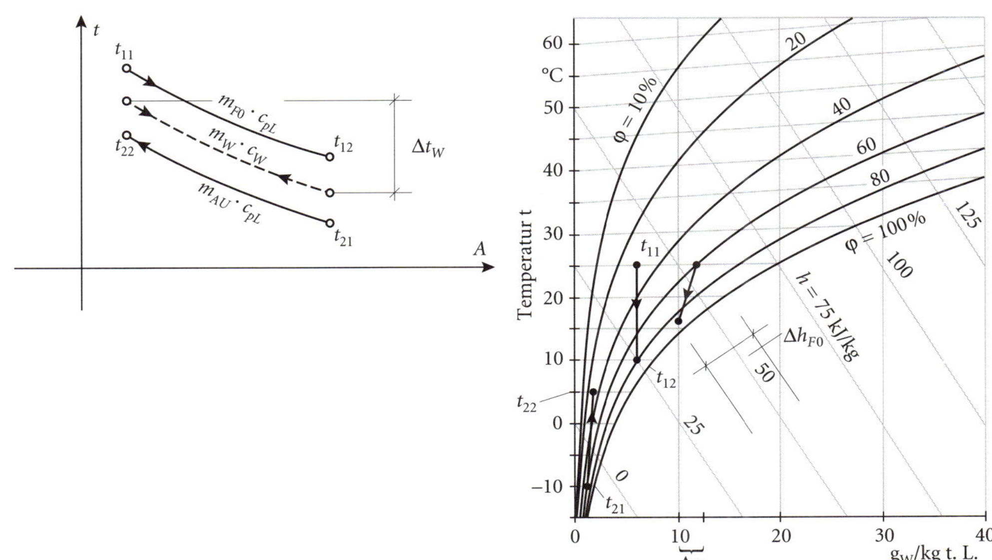

Abb. 148: Temperaturverlauf beim trockenen Austausch ($\tau = 1$)

h,x-Diagramm 1x trocken, 1x feucht

Das Wärmestromverhältnis oder Wasserwertverhältnis von $\tau = 1$:

$$\tau = \frac{\dot{m}_{FO} \cdot c_{p_L}}{\dot{m}_W \cdot c_W} = 1 = \frac{\Delta t_W}{t_{11} - t_{12}} = \frac{\dot{m}_{AU} \cdot c_{p_2}}{\dot{m}_W \cdot c_W} = \frac{\Delta t_W}{t_{22} - t_{21}}$$

Regeneratives Verfahren (Rotationswärmetauscher) (mit umlaufender Speichermasse Abb. 149).

Hier erfolgt der Wärmeaustausch sensibel und latent (Temperatur- und Feuchteaustausch).

Es werden 3 Rotortypen unterschieden:

- Kondensationsrotor (Feuchteaustausch nur bei Kondensation)
- Hygroskopischer Rotor/Enthalpierotor (Feuchteaustausch durch chemische Oberflächenbehandlung)
- Sorptionsrotor (Feuchteaustausch durch Sorptionsmittelbeschichtung)

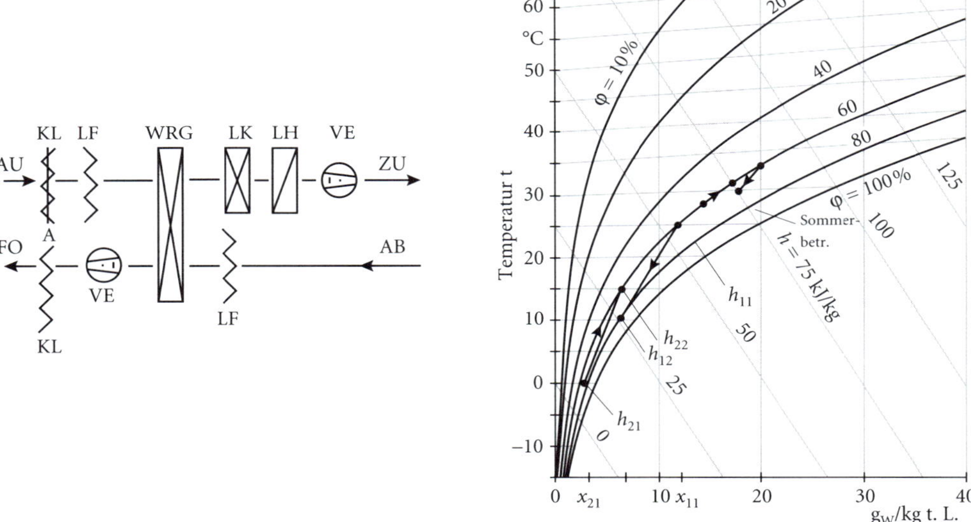

Abb. 149: Schema, *h,x*-Diagramm der Zustandsänderungen

Beispiele

Beispiel 44

Außenluftstrom $\dot{m}_{Au} = 1\,kg/s$, $t_{21} = -10\,°C$,
Fortluftstrom $\dot{m}_{FO} = 1\,kg/s$, $t_{11} = 22\,°C$, $\Phi_t = 0{,}48$ bei $\tau = 1$ Luft/Wasserverhältnis
Wie hoch ist die Außenlufterwärmung?

$$\Phi_t = \frac{\Delta t_{AU}}{t_{11} - t_{21}}; \quad \Delta t_{AU} = 0{,}48 \cdot (22 - \cdot - 10) = 15{,}36\,°C$$

$$t_{22} = 5{,}36\,°C$$

Beispiel 45

An einem Kreuzstromwärmetauscher werden im Sommer folgende Daten gemessen:
$t_{11} = 26\,°C$, $t_{12} = 30\,°C$, $t_{21} = 32\,°C$, $t_{22} = 27{,}5\,°C$,

Gesucht: die Rückwärme- bzw. Rückkühlzahl

$$\Phi_t = \frac{t_{22} - t_{21}}{t_{11} - t_{21}} = \frac{27{,}5 - 32}{26 - 32} = 0{,}75$$

Beispiel 46

An einem Sorptionsregenerator werden folgende Daten ermittelt:
$t_{11} = 24\,°C$, $t_{12} = 17\,°C$, $t_{21} = 5\,°C$, $t_{22} = 19\,°C$, $x_{11} = 8{,}4 g/kg$, $x_{12} = 6 g/kg$, $x_{21} = 3 g/kg$, $x_{22} = 6{,}6\,g/kg$,

Gesucht: die Kennzahlen der Wärme- und Feuchteübertragung.
Aus dem *h,x*-Diagramm:

$$\Phi_t = \frac{t_{22} - t_{21}}{t_{11} - t_{21}} = \frac{19 - 5}{24 - 5} = 0{,}74$$

$$\Phi_h = \frac{h_{22} - h_{21}}{h_{11} - h_{21}} = \frac{36 - 12{,}5}{45{,}5 - 12{,}5} = 0{,}71$$

$$\psi = \frac{x_{22} - x_{21}}{x_{11} - x_{21}} = \frac{6{,}6 - 3{,}0}{8{,}4 - 3{,}0} = 0{,}67$$

Anmerkung:

Die Rückwärmezahlen Φ_t und Φ_h werden für den Sommerbetrieb analog dem Winterbetrieb angewendet.

Bei Wirtschaftlichkeitsbetrachtungen ist zu beachten, dass alle WRG-Systeme auf den Außenluft-Fortluftströmen Druckverluste Δp_v aufweisen $\left(P_{el} = \frac{\Delta p_v \cdot \dot{V}_L}{\eta}\right)$, die der Ventilator überwinden muss und die zu berücksichtigen sind.

6.6 Klimatechnische Berechnungen

Grundsätzlich gelten in der Klimasystemtechnik – wie in der Kältesystemtechnik – die thermodynamischen Grundlagen gemäß Abschnitt 1 und die speziellen Themen in den Abschnitten 2.1.1/2.3/2.4/3.4/5.4 etc.

Im engeren Sinne sind für die Klimatechnik von Bedeutung:

- der 1. Hauptsatz für *offene Systeme* (bzw. Stationäre Fließprozesse)
- *Feuchte Luft* (Seite 30)
- die Wärmeübertragung (Abschnitt 1.6)
- für den Lufttransport die Gleichung 5
- die *Strömungsprozesse* Abschnitt 1.7.1.

6.6.1 Lufttechnik

Die Bemessung des Luftvolumenstromes erfolgt je nach Anlagenart und Aufgabenstellung.

Außenluftrate ist die Außenluftversorgung pro Person in m³/h in Aufenthaltsräumen unterteilt nach Raumart.

Luftstrom nach der Kühllast

Die Zulufttemperatur ist je nach Art der Luftauslässe gegenüber der Raumtemperatur als *Untertemperatur* von $(t_R - t_{ZL})$ = ca. 5…12 K zu empfehlen. Damit ergibt sich aus der Kühllast der Zuluftvolumenstrom (1. Hauptsatz):

$$\dot{Q}_K = \dot{m}_L \cdot c_{p_L} \cdot (t_R - t_{ZL}) = \dot{V}_L \cdot \varrho_L \cdot c_{p_L} \cdot (t_R - t_{ZL}) = \dot{m}_L \cdot (h_R - h_{ZL})$$

$$\dot{V}_L = \frac{\dot{Q}_K}{\varrho_L \cdot c_{p_L} \cdot \Delta t} \quad \text{in m}^3/\text{s}$$

und der **Luftstrom nach der Heizlast**:

$$\dot{Q}_H = \dot{m}_L \cdot c_{p_L} \cdot (t_{ZL} - t_R)$$

$$\dot{V}_L = \frac{\dot{Q}_H}{\varrho_L \cdot c_{p_L} \cdot \Delta t} \quad \text{in m}^3/\text{s}$$

Lufttransport

Gemäß Gleichung 5, Abschnitt 1.7.1 *Strömungsprozesse* erfolgt in der Luft- und Klimatechnik die Bemessung der Luftkanalnetze mit den Einbauten für *inkompressible Fluide* (Gleichung 45)

$$\Delta p_v = \left(\frac{\lambda}{d} \cdot l + \sum \zeta\right) \cdot \frac{\varrho_L}{2} \cdot c^2$$

Für die Bemessung der Antriebsleistung der Ventilatoren ist die Totaldruckerhöhung Δp_t zu bestimmen, die sich aus dem *statischen Druck* und dem *dynamischen Druck* zusammensetzt:

$$\Delta p_t = \Delta p_{st} + \Delta p_{\text{dyn}}$$

sodass

$$P = \frac{\Delta p_t \cdot \dot{V}_L}{\eta}$$

wird.

Nachstehend eine allgemeine Betrachtung für den Lufttransport (bzw. für den Transport inkompressibler Medien):

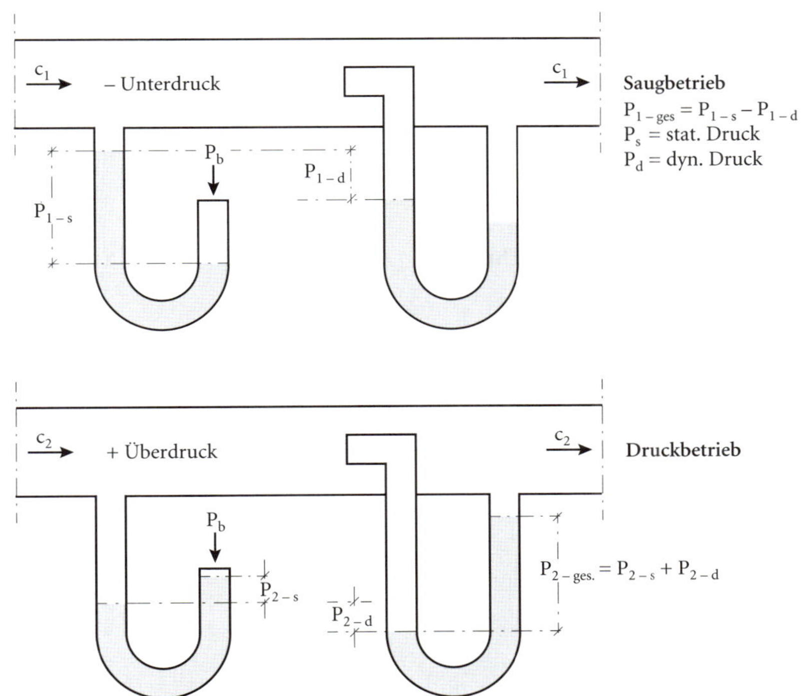

Abb. 150: Saug- und Druckseite einer Rohrleitung

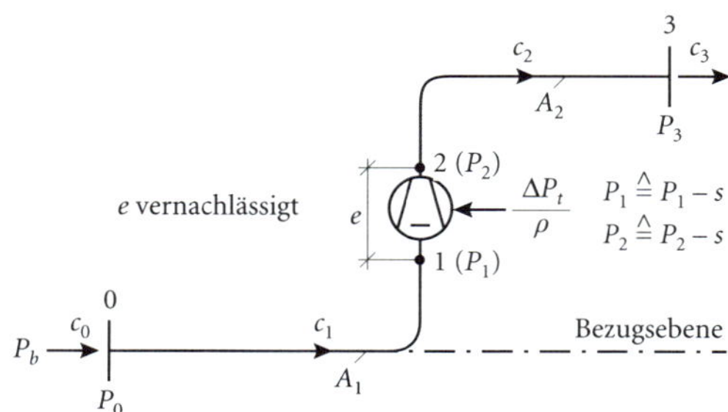

Abb. 151: Ventilator im Rohrnetz

c_o ist meist bereits vor der Saugöffnung = 0 Atmosphärendruck bei freiem Ansaug und Anströmung: $p_0 = p_b = p_3$

Energiebilanz gemäß Abb. 151: ($A_1 = A_2 \curvearrowright c_1 = c_2$)

$$\underbrace{\frac{p_o}{\varrho} + \frac{c_o^2}{2} + \frac{\Delta p_t}{\varrho}}_{\substack{\text{zugeführte}\\ \text{spezifische}\\ \text{Energie}}} = \underbrace{\frac{p_3}{\varrho} - \frac{c_3^2}{2} + g \cdot z + g \cdot h_v}_{\substack{\text{abgeführte}\\ \text{spezifische}\\ \text{Energie}}}$$

h_v = Druckverlusthöhe

Sodass für Ventilatoren:

$$\frac{\Delta p_t}{\varrho} = \frac{c_3^2}{2} + \underbrace{g \cdot h_v}_{= \frac{p_2 - p_1}{\varrho}}; \quad (g \cdot z \text{ vernachlässigt})$$

$$A_1 < A_2\text{: } \Delta p_t = (p_2 - p_1) + \frac{\varrho}{2}(c_2^2 - c_1^2) = \varrho \cdot g \cdot h_v + \frac{c_3^2}{2g} + \frac{\varrho}{2}(c_2^2 - c_1^2)$$

$$\frac{\Delta p_t}{\varrho} = \text{spezifische Förderarbeit oder } \frac{\Delta p_t}{\varrho} = Y = \text{spezifische Stutzenarbeit}$$

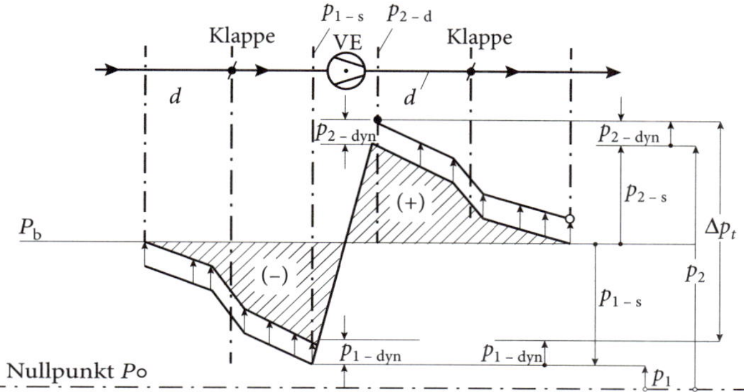

Abb. 152: Druckverlauf eines Ventilators mit Saug- und Druckleitung

Druckrückgewinn

Jede Verzögerung der Strömung in der Kanalstrecke bewirkt nach Bernoulli (Gleichung 44) eine Erhöhung des statischen Druckes:

$$p_1 + \frac{\varrho}{2} \cdot c_1^2 = p_2 + \frac{\varrho}{2} \cdot c_2^2 \quad (h = 0)$$

verlustlose Strömung zwischen Punkt 1 und 2:

$$p_2 - p_1 = \frac{\varrho}{2}(c_1^2 - c_2^2), \quad p_2 > p_1 \quad \text{und} \quad c_1 > c_2.$$

Solche Geschwindigkeitsänderungen treten hinter Strömungsabzweigungen in geraden Kanälen auf. Die Druckumsetzung ist mit Verlusten behaftet, die durch den Widerstandsbeiwert ζ des Formstückes gekennzeichnet sind.

Statt des ζ-Wertes kann man auch einen Druckumsetzungsfaktor K einführen, sodass die wirkliche statische Druckerhöhung:

$$\Delta p_{\text{RÜ}} = (p_2 - p_1) = K \cdot \frac{\varrho}{2} \cdot (c_1^2 - c_2^2) \quad \text{in Pa}$$

$$K = 0{,}7 \ldots 0{,}9$$

$\Delta p_{\text{RÜ}}$ ist der *statische Druckrückgewinn.*

Nun kann man den Vorgang der Umsetzung von dynamischen in statischen Druck an den Abgängen eines Kanales ausnutzen, um eine bestimmte Verteilung der statischen Druckhöhe im Kanal sicherzustellen.

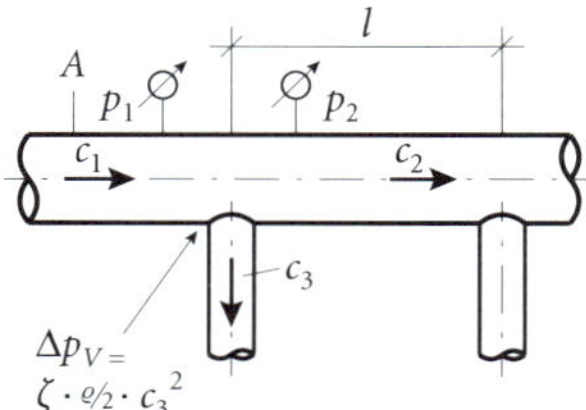

In diesem Fall sind Querschnitte bzw. Geschwindigkeiten in der Teilstrecke hinter dem Abzweig so zu bemessen, dass die Zunahme des statischen Druckes am Abzweig gerade ausreicht, um die Reibungsverluste der anschließenden Teilstrecke zu decken:

$$\Delta p_{\text{RÜ}} = K \cdot \frac{\varrho}{2}(c_1^2 - c_2^2) = \lambda \cdot \frac{l}{d} \cdot \frac{\varrho}{2} \cdot c_2^2$$

Die Einhaltung gleichen statischen Druckes an den Abzweigstellen einer längeren Kanalstrecke (z. B. Zuluftkanal mit Auslässen) hat den Vorteil, dass Drosselorgane entfallen um einzelne Auslässe abzugleichen.

Luftverunreinigung

Sind die Quellen der Luftverschmutzung bekannt, so lässt sich die zur Erreichung einer bestimmten Luftreinheit erforderliche Luftmenge berechnen:

$$\dot{V}_L = \frac{k}{k_i - k_a} \quad \text{in m}^3\text{/h}$$

k = Schadstoffmengenstrom in m³/h

k_i = zulässige Schadstoffkonzentration im Raum in $\text{m}^3/\text{m}^3_{\text{Luft}}$ (MAK-Wert)

k_o = in der Luft vorhandene Schadstoffkonzentration in $\text{m}^3/\text{m}^3_{\text{Luft}}$ (MAK-Wert)

Luftaustausch (Luftwechsel)

$$\beta = \frac{\dot{V}_L}{V_R} \quad \text{in h}^{-1}$$

$\dot{V}_L$ = Luftvolumen in $\text{m}^3\text{/h}$

V_R = Raumvolumen in m^3

6.6.2 Thermodynamische Funktionen

Was für den Kältetechniker das *lg p,h*-Diagramm eines Kältemittels, ist für den Klimatechniker das *h,x*-Diagramm nach Mollier *feuchte Luft* (Abschnitt 3.3)

Die Zustandsänderungen der *feuchten Luft* wie mischen, heizen, kühlen, be- und entfeuchten werden im *h,x*-Diagramm übersichtlich dargestellt.

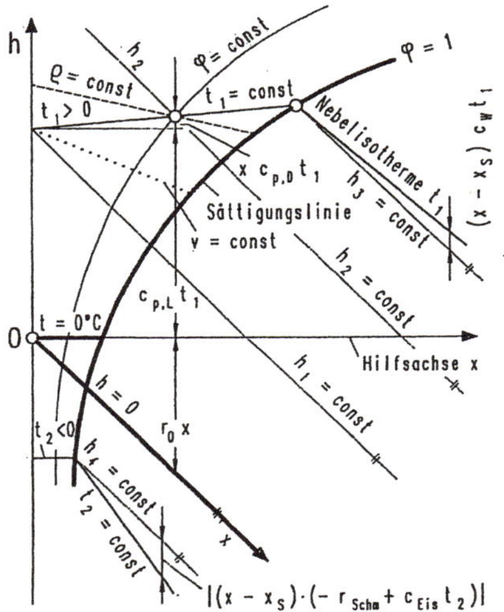

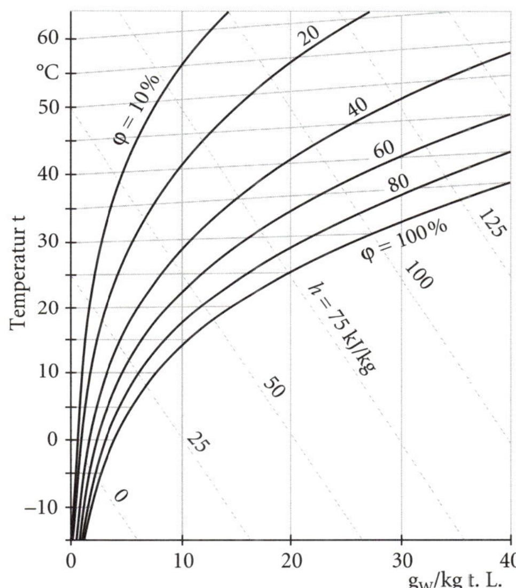

Abb. 153: *h,x*-Diagramm für feuchte Luft (p_b = 1,013 bar)

6.6.2.1 Luftheizung und Luftmischung

Die Heizleistung des Lufterwärmers ist bei Umluftanlagen gleich dem Heizbedarf des Raumes zuzüglich gegebenenfalls der Kanalwärmeverluste.

Erfolgt zusätzlich ein Außenluftversorgungsanteil so wird:

$$\dot{Q} = \dot{Q}_H + \dot{Q}_{AU} = \dot{V}_L \cdot \varrho_L \cdot c_{p_L} \cdot (t_{ZU} - t_{ML})$$

$$\dot{V}_L = \sum(\dot{V}_{ML} + \dot{V}_{AU})$$

t_{ZU} = Zulufttemperatur

t_{ML} = Mischlufttemperatur (ML = UL + AU)

Die *Übertemperatur*, mit der die Heizluft in den Raum eintritt:

$$\Delta t_{ü} = (t_{ZU} - t_R)$$

und

$$\dot{Q}_H = \dot{V}_L \cdot \varrho_L \cdot c_{p_L} \cdot \Delta t_{ü}$$

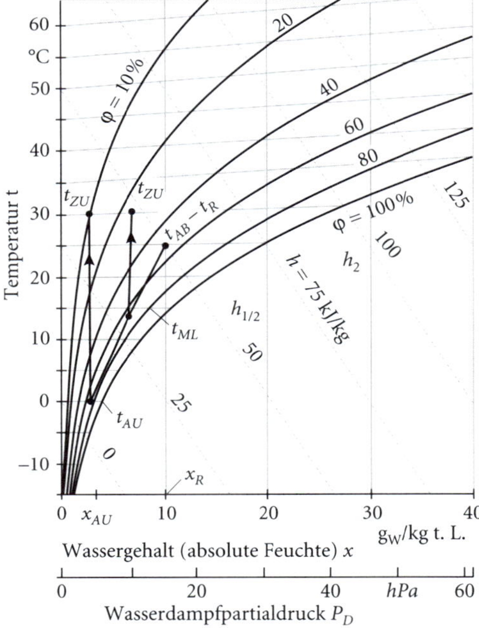

Abb. 154: Zustandsänderung bei Lufterwärmung:
100 % Außenluftbetrieb, 50 % Umluft-Außenluft = Mischluftbetrieb

Übliche Lufteintrittstemperaturen:

- Industrie t_{ZU} = 40°…60 °C
- Komfort t_{ZU} = 30°…45 °C

bei 20…22 °C Raumtemperatur

Bei der Mischung zweier Luftmengen m_1 und m_2 vom Zustand 1 und 2 liegt der Zustandspunkt der Mischung:

$$h_{ML} = \frac{m_1 \cdot h_1 + m_2 \cdot h_2}{m_1 + m_2}; \quad x_{ML} = \frac{m_1 \cdot x_1 + m_2 \cdot x_2}{m_1 + m_2};$$

Bei der Erwärmung erfolgt die Zustandsänderung bei x = konstant (Isohygre) nach oben im h,x-Diagramm $h_2 = h_1 + q_{ZU}$.

6.6.2.2 Luftkühlung

Bei der *Nur-Luft-Anlage* wird der Umluftstrom aus der *Kühllast* errechnet:

$$\dot{Q}_K = \dot{m}_L \cdot \Delta h = \dot{V}_{UL} \cdot \varrho_L \cdot c_{p_L} \cdot (t_R - t_{ZU}) \text{ in kW}$$

$$\dot{q}_k = \frac{\dot{Q}_K}{A} \text{ in kW/m}^2 \text{ (spezifische Kühllast)}$$

Es erfolgt zusätzlich eine Außenluftversorgung bzw. ein Außenluftanteil so wird:

$$\dot{Q} = \dot{Q}_K + \dot{Q}_{AU} = \dot{V}_L \cdot \varrho_L \cdot c_{p_L} \cdot (t_{ML} - t_{ZU})$$

$$\dot{V}_L = \sum(\dot{V}_{AU} + \dot{V}_{UL}) = \dot{V}_{ML}$$

Die *Untertemperatur*, mit der die Kaltluft in den Raum eintritt:

$$\Delta t_U = (t_R - t_{ZU}).$$

Übliche Einblastemperaturen (vom Lufteinlass abhängig): $t_{ZU} = 8° \dots 15\,°C$.

Bei der Luftkühlung sind zwei Fälle zu unterscheiden:

a) Die Kühlflächentemperatur liegt *unterhalb des Taupunktes*, dann wird zusätzlich entfeuchtet.

Für den Kühl- und Entfeuchtungsvorgang ist es gleichgültig, ob es sich um einen *Oberflächenkühler* oder um einen *Nasskühler* handelt (Wäscher mit Kaltwasser siehe Abb. 117)

$$\Delta h = h_1 - h_2' \quad \text{bzw.} \quad h_{AU} - h_{ZU}'$$

$$\Delta x = x_1 - x_2'$$

b) Liegt die Kühlflächentemperatur *oberhalb des Taupunktes* der Luft, so handelt es sich um eine *trockene Kühlung*

$$\Delta h = h_1 - h_2 \quad \text{bzw.} \quad h_{AU}' - h_{ZU}$$

$$\Delta x = 0$$

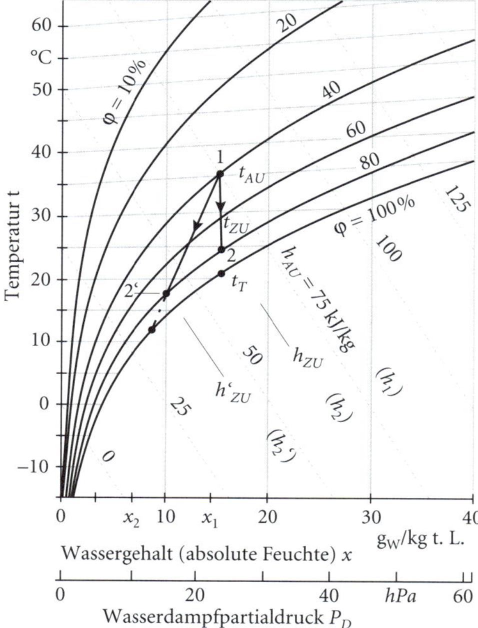

Abb. 155: Zustandsänderung 1 – 2 Kühloberflächentemperatur > t_T, 1 – 2' < t_T (nasse Kühlung) (Außenluftbetrieb)

Der Lufteintrittszustand in den Raum ist durch die Untertemperatur t_{ZU} unter der Unterfeuchte x_{ZU} festgelegt. Der Lufteintrittszustand in den Kühler ergibt sich aus dem Außenluftzustand oder aus dem Mischluftzustand bzw. aus der Wärmerückgewinnungs-Austrittstemperatur.

Der Luftaustrittszustand aus dem Kühler ergibt die *Kühlleistung*

$$\dot{Q}_o = \dot{m}_L \cdot (h_1 - h_2')$$

Die Kühllast unterteilt sich in eine *innere* und in eine *äußere Kühllast*:

a) *innere Kühllast*

- von Menschen abgegebene Wärme $\dot{Q}_P$ als fühlbare (sensible) und als latente Wärme (Feuchteabgabe) gemäß Tabellen[5]
- von Maschinen[5] abgegebene Wärme $\dot{Q}_M$ wie Büromaschinen, Elektromotoren, Heizungseinrichtungen (Öfen etc.) – Gleichzeitigkeitsfaktor beachten –, denn alle elektrische Energie die aufgenommen wird, wird letztlich in Wärme umgewandelt
- Kühllasten durch sonstige Wärme- und Stofftransporte sowie sonstigen Wärmequellen z. B. chemische Reaktionen, Kühllasten infolge unterschiedlicher Nachbartemperaturen etc.
- Beleuchtungswärme $\dot{Q}_B$[5]

b) *äußere Kühllast*[5]

- Transmissionswärme durch Wände und Dächer:
- Allgemein: $\dot{Q}_W = k \cdot A \cdot (t_a - t_i)$ (siehe Abschnitt 1.6)
- Beim Wärmestrom durch Außenwände und Dächer wird die Wirkung der Sonnenstrahlung und Transmission kombiniert gerechnet.

$$\dot{Q}_W = k \cdot A \cdot \Delta\ \vartheta_{\text{äq}}$$

$\Delta\vartheta_{\text{äq}}$ = äquivalente Temperaturdifferenz

Die *äquivalente Temperaturdifferenz*[5] berücksichtigt die Stärke der Sonnenstrahlung zu verschiedenen Tageszeiten und die Phasenverschiebung bei verschiedenen Bauarten. Die Kühllast durch die Fenster $\dot{Q}_F$[5] (siehe Abschnitt 1.6) wird berechnet einmal infolge der Transmission $\dot{Q}_{Tr} = k \cdot A \cdot (t_i - t_a)$ und zum anderen infolge der Strahlung $\dot{Q}_s$:

$$I = I_{\max}\,(r + a + d) \quad \text{(siehe Abschnitt 1.6)}$$

$I_{\max}$ = Sonnenstrahlintensität (analog q_s)
r = Reflexionsfaktor
a = Absorptionsfaktor
d = Durchlassfaktor

In den Raum gelangt $I_{\max}(a + d)$ und allgemein gilt:

$$\dot{Q}_s = [A_1 \cdot I_{\max} + (A - A_1) \cdot I_{\text{diff}}] \cdot b \cdot S_a \quad \text{in W}$$

A_1 = besonnte Glasfläche in m²
A = gesamte Glasfläche in m²
$I_{\max}$ = maximale Gesamtstrahlung in W/m²
I_{diff} = maximale Diffusstrahlung in W/m²
b = Durchlassfaktor der Sonnenschutzeinrichtung
S_a = Kühllastfaktor für äußere Strahlungslasten (siehe VDI 2078)

sodass $\dot{Q}_F = \dot{Q}_s + \dot{Q}_{Tr}$ wird.

Bei *Überschlagsrechnungen* für den maximalen Wärmeeinfall durch Sonnenstrahlung $\dot{Q}_s$ ohne Sonnenschutz kann man rechnen:

$$\dot{q}_s = \text{ca. } 350\ldots500\ \text{W/m}^2$$

Sonnenschutzfaktor b = ca. 0,75…0,9 innenliegend
b = ca. 0,25…0,5 außenliegend

Die Kühllast durch Infiltration $\dot{Q}_{FL}$ berücksichtigt das Eindringen von Außenluft durch Wind- und Auftriebskräfte am Gebäude und undichte Fenster:

$$\dot{Q}_{\mathrm{FL}} = \dot{V}_{\mathrm{AU}} \cdot \varrho_L \cdot c_{p_L} \cdot (t_{\mathrm{AU}} - t_R)$$

Bei Raumüberdruck entfällt $\dot{Q}_{\mathrm{FL}}$

Bei Kühllast durch Ventilator wird die Antriebsleistung $P_v = \dfrac{\Delta p_t \cdot \dot{V}_L}{\eta_v}$ in Wärme umgewandelt.

Das gleiche Ergebnis erhält man mit Gleichung 21: $\dot{Q}_v = \dfrac{\dot{V}_L \cdot \varrho_L \cdot c_{p_L} \cdot \Delta T}{\eta_v}$ (isentropische Verdichtung ausgenommen)

- Außenluftkühlung $\dot{Q}_{AU}$:

$$\dot{Q}_{\mathrm{AU}} = \dot{V}_{\mathrm{AU}} \cdot \varrho_L \cdot c_{p_L} \cdot (t_{\mathrm{AU}} - t_R)$$

bei WRG:

$$\dot{Q}_{\mathrm{AU}} = \dot{V}_{\mathrm{AU}} \cdot \varrho_L \cdot c_{p_L} \cdot (t_{\mathrm{ML}} - t_R)$$

sodass die gesamte *trockene Kühllast*:

$$\dot{Q}_K = \dot{Q}_p + \dot{Q}_M + \dot{Q}_B + \dot{Q}_W + \dot{Q}_F + \dot{Q}_{\mathrm{FL}} + \dot{Q}_v + \dot{Q}_{\mathrm{AU}} \quad \text{wird.}$$

Feuchte Kühllast (Trocknungslast) $\dot{Q}_{\mathrm{Kf}}$

X_R = die im Raum von der Luft aufgenommene Wassermenge in $\mathrm{g/m^3/h_{Luft}}$, kann bei hygroskopischer Ware auch negativ sein

X_M = von Menschen abgegebene Wassermenge in g/s

X_i = abgegebene Wassermenge in Produktionen (z. B. von Wasserbehältern, Maschinen etc.) in g/s

$$\dot{Q}_{Kf} = (X_i + X_M) \cdot 10^{-3} \cdot r_o = (X_i + X_M) \cdot 10^{-3} \cdot 2500\,\mathrm{kJ/s}$$

Die *totale Kühllast* $\dot{Q}_T = \dot{Q}_K + \dot{Q}_{\mathrm{Kf}}$

Bei der *Nur-Luft-Anlage* ist die erforderliche Luftmenge:

$$\dot{V}_L = \frac{\dot{Q}_T}{\varrho_L \cdot (h_1 - h_2)} \quad \text{in } \mathrm{m^3/s}$$

6.6.2.3 Direkte Kühllastabführung durch thermisch aktive Raumflächen

Aufbauend auf Abschnitt 6.4 und 1.6 erfolgt die Wärmelastabführung:

a) über *Strahlungsaustausch*, angewendet mit Gleichung 34:

$$\dot{Q}_s = \underbrace{\frac{\sigma}{\frac{1}{\varepsilon_1} + \frac{A_1}{A_2}\left(\frac{1}{\varepsilon_2} - 1\right)}}_{\text{Strahlungskoeffizient } C_{12}} \cdot A_1 \cdot (T_1^4 - T_2^4)$$

$$\dot{q}_s = \frac{\dot{Q}_s}{A_1} = C_{12}(T_1^4 - T_2^4) = \alpha_s(T_1 - T_2) = \alpha_s(t_1 - t_2)$$

$$\alpha_s = \frac{C_s \cdot (T_1^4 - T_2^4)}{T_1 - T_2} \quad \text{Strahlungswärmeübergangskoeffizient}$$

und

b) über *konvektiven Wärmeübergang*, angewendet mit Gleichung 33:

$$\dot{Q}_{KO} = \alpha_{KO} \cdot A_1 \cdot (T_1 - T_2) = \alpha_{KO} \cdot A_1 \cdot (t_1 - t_2)$$

α_{KO} = Konvektionswärmeübergangskoeffizient

Sodass der gemeinsame spezifische Wärmestrom:

$$\dot{q} = \dot{q}_s + \dot{q}_{KO} = \underbrace{(\alpha_s + \alpha_{KO})}_{\alpha^*} \cdot (t_1 - t_2) \quad \text{ist.}$$

α^* = Gesamtwärmeübergangskoeffizient = empirischer Wert

$\dot{q} = \alpha^* \cdot (t_1 - t_2)$ für thermisch aktive Raumumfassungen

Einige Beispiele für horizontale und vertikale Bauteile:

(t = Oberflächentemperatur, t_R = Raumtemperatur)

a) Horizontale Bauteile mit Wärmestrom nach oben:
   - Fußboden-Heizung: $\alpha^*_{\text{Fbh}} = 8{,}92(t - t_R)^{0{,}1}$ in W/m² K
   - Deckenkühlung: $\alpha^*_{\text{KD}} = 2{,}76(t - t_R)^{0{,}31} + 6{,}12$ in W/m² K

b) Horizontale Bauteile mit Wärmestrom nach unten:
   - Deckenheizung: $\alpha^*_{\text{HD}} = 0{,}18(t - t_R)^{0{,}31} + 6{,}12$ in W/m² K
   - Fußbodenkühlung: $\alpha^*_{\text{Fbk}} = 0{,}25(t - t_R)^{0{,}31} + 6{,}12$ in W/m² K

c) Vertikale Bauteile:
   - Wandheizung- oder Wandkühlung der Innenwand: $\alpha^*_{\text{IW}} = 1{,}6(t - t_R)^{0{,}3} + 6{,}12$ in W/m² K
   - Wandheizung- oder Wandkühlung der Außenwand: $\alpha^*_{\text{AW}} = 1{,}6(t - t_R)^{0{,}3} + 5{,}1$ in W/m² K

Einige Raumkühlflächen:

	$\dot{q}_{max}$ in W/m²	Minimale Wassertemperatur °C
Kühldecke	95 – 120	16
Kühldecke + Brüstung (oder Bodenstreifen)	100 – 120	16 → 20
Kühlsegel	120	16
Kühlkonvektor	200 – 50	16
Betonkernaktivierung	40	18

Man kann auch kombinieren:

- Kühl- und Heizdecke
- Kühl- und Heizwände
- Kühl- und Heizboden

(diese arbeiten mit *stationärer* Wärmeströmung, während die Betonkernaktivierung mit *instationärer* Wärmeströmung arbeitet)

6.6.2.4 Luftbe- und Entfeuchtung

Aufbauend auf Abschnitt 1.6 *Feuchte Luft* sowie auf den Abschnitten 3.3 und 3.4

Befeuchtung

Es gibt grundsätzlich zwei Befeuchtungsvarianten für Raumluft:

a) Wasser wird in fein zerstäubter Form in die Luft eingebracht und durch *Verdunstung* in die dampfförmige Phase überführt.

Die Energie für die Verdampfung liefert die Luft - gemäß Abb. 117 Zustandsänderung $t_{fL} \rightarrow$ (4) *adiabatisch*.

In Abhängigkeit der Verdunstungsmenge dx ändert sich die Enthalpie der Luft:

$$dh = h_W \cdot dx^- = c_W \cdot t_W \cdot dx^-$$

$$\frac{dh}{dx^-} = c_W \cdot t_W = 4{,}19 \cdot t_W \quad \text{in kJ/kg Wasser}$$

c_W = spezifische Wärmekapazität von Wasser

t_W = Wassertemperatur in °C

Da $t_W > 0\,°\text{C}$, verläuft die Zustandsänderung schwach steigend über der Isenthalpen h_1 im h,x-Diagramm vom Zustandspunkt (1) zum Punkt (2).

Die Richtung der Zustandsänderung $\frac{dh}{dx}$ bzw. $\frac{\Delta h}{\Delta x}$ kann man dem Randmaßstab im h,x-Diagramm entnehmen.

Die Zustandsänderung führt zu einer Temperaturabnahme der Luft (adiabatische Kühlung bzw. Verdunstungskühlung). Die Zustandsänderungen von Wasser und Luft (Abb. 117) laufen in Richtung *Feuchtkugeltemperatur* t_f.

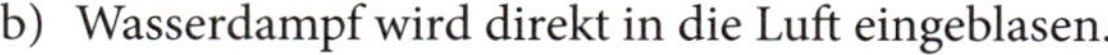

b) Wasserdampf wird direkt in die Luft eingeblasen.

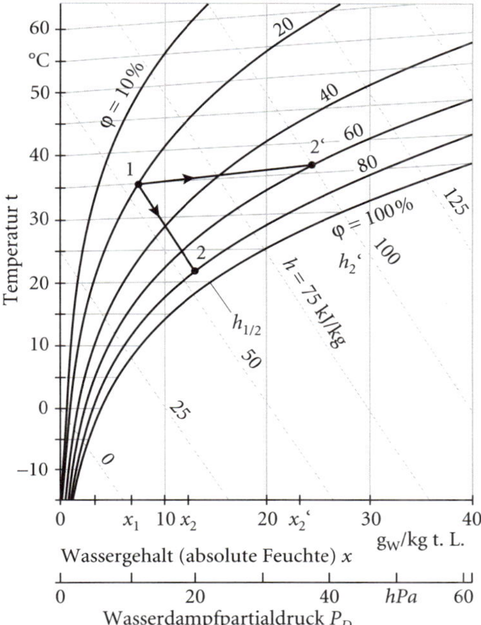

Abb. 156: Zustandsänderung beim Befeuchten von Luft:
1 – 2 Wasserbefeuchtung, 1 – 2' Dampfbefeuchtung

In der Regel handelt es sich um Sattdampf mit der Enthalpie *h*", die die Zustandsänderung $\frac{dh}{dx} = h''$ bewirkt.

Wegen der Größe *h*" verläuft die Zustandsänderung von 1 – 2' mit geringer Steigung gegenüber der Isothermen t_1.

Beispiel 47

Gesucht ist die spezifische Enthalpiezunahme von Luft pro kg bei

a) 4g Wasser von 20 °C

b) 4g Sattdampf von 1,5 bar

Zu a) $h_1 - h_2 = c_w \cdot t_w \cdot \Delta x^- = 4{,}19 \cdot 20 \cdot 0{,}004 = 0{,}34\,\text{kJ/kg}_{\text{Luft}}$

Zu b) $h'' = 2693{,}4\,\text{kJ/kg}_{\text{Wasserdampf}}$ (aus der Sattdampftafel)

$$h_1 - h_2' = h''(x_1 - x_2') = 2693{,}4 \cdot 0{,}004 = 10{,}77\,\text{kJ/kg}_{\text{Luft}}$$

Temperaturerhöhung bei $t_1 = 10\,°C$, $x_1 = 0{,}002\,kg/kg_{Luft}$
Gemäß Abschnitt 1.6 *Feuchte Luft* Seite 191/Gleichung 66:

$$h_{(1+x)} = c_{p_L} \cdot t_1 + (r_o + c_{p_D} \cdot t_1) \cdot x_1^-$$

$$h_{(2'+x)} = c_{p_L} \cdot t_{2'} + (r_o + c_{p_D} \cdot t_{2'}) \cdot x_{2'}^-$$

$$h'' \cdot (x_{2'} - x_1) = h_{(1+x)} - h_{(2'+x)} = \Delta h$$

$$\Delta h = 1{,}01(t_{2'} - 10) + 2500 \cdot 0{,}004 + 1{,}86(t_{2'} \cdot 0{,}006 - 10 \cdot 0{,}002) = 2693{,}4 \cdot 0{,}004 = 10{,}77 kg/kg_{Luft}$$

$$t_{2'} = 10{,}68\,°C$$

Entfeuchtung

Zur Entfeuchtung der Raumluft gibt es zwei wesentliche Verfahren:

a) *Kühlen der Luft* mit Oberflächenkühler t_o durch Kaltwasser oder sonstige Kühlmittel (Kältemittel etc.) die *unter* dem Taupunkt der Luft (siehe Abb. 37) liegen, wobei sich Wasser aus der Luft abscheidet. Dies ist das konventionelle Verfahren. Entfeuchtung mittels Kühlwäscher (Abb. 117) wird heute nur noch wenig angewendet.

b) *Sorptives Verfahren* (Abschnitt 3.4.2 – Abb. 124/125)

Die Luft erwärmt sich adiabatisch beim Durchgang durch den Adsorber, infolge Aufnahme der Kondensationswärme (Bindungsenergie)

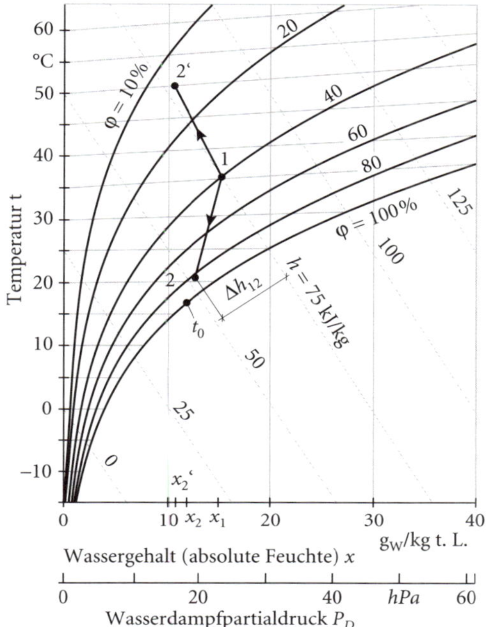

Abb. 157: Zustandsänderung beim Entfeuchten der Luft
1 – 2 Oberflächenkühlung, 1 – 2' Adsorption

Die mittlere Erwärmung der Luft bei der Sorption:

pro g werden 2,5 kJ frei = 2,5 kJ/g:

das heißt 2,5 kJ/g = $c_{p_L} \cdot \Delta t$

$$\Delta t = \frac{2{,}5\,\text{kJ} \cdot \text{K} \cdot \text{kg}}{1{,}0\text{g} \cdot \text{kJ}} = 2{,}5\,\text{K/kg}_{\text{Luft}}\ \text{Lufterwärmung}$$

Die Trockenleistung des Adsorbers:

$$\dot{W} = \dot{m}_L \cdot (x_1 - x_2') \quad \text{in kg/s}$$

Nachteil der soptiven Entfeuchtung ist die in der Regel erforderliche Nachkühlleistung der Raumluft auf Raumtemperatur bzw. auf die Zulufttemperatur.

Absorberaustritt x_{aus} der Luft ca. 1…3 g/kg$_{Luft}$ ist zurzeit möglich.

Beispiel 48

Aus einem Umluftstromsollen $\dot{W} = 1{,}5\,\text{kg/h}$ Entfeuchtung realisiert werden.

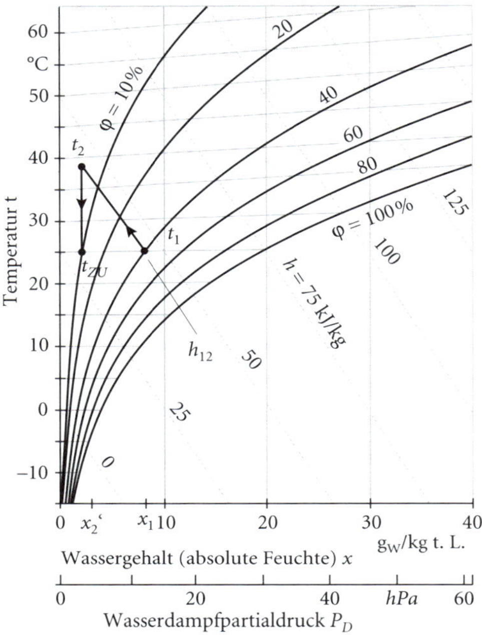

Eintrittszustand:

25 °C/40 % r. F., $x_{aus} = 2{,}5\text{g/kg}_{Luft}$

Gesucht:

a) die erforderliche Luftmenge

b) die Adsorberaustrittstemperatur t_2

c) die Nachkühlleistung auf $t_{zu} = 25\,°\text{C}$

Zu a) aus dem *h,x*-Diagramm:

$$x_1 = 8\text{g/kg},\ x_2 = x_{aus} = 2{,}5\text{g/kg}_{Luft}$$

$$\dot{W} = \dot{m}_L \cdot (x_1 - x_2)$$

$$\dot{m}_L = \frac{1500}{3600 \cdot (8 - 2{,}5)} = 0{,}076\,\text{kg/s} = 273\,\text{kg/h}$$

Zu b) $h_1 = c_{p_L} \cdot t_1 + x_1(r_o + c_{p_D} \cdot t_1)$

$$h_2 = c_{p_L} \cdot t_2 + x_2(r_o + c_{p_D} \cdot t_2)$$

$$h_1 = h_2$$

$$c_{p_L} \cdot t_1 + x_1(r_o + c_{p_D} \cdot t_1) = c_{p_L} \cdot t_2 + x_2(r_o + c_{p_D} \cdot t_2)$$

$$1{,}0 \cdot 25 + 0{,}008(2500 + 1{,}86 \cdot 25) = 1{,}0 \cdot t_2 + 0{,}0025(2500 + 1{,}86 \cdot t_2)$$

$$t_2 = 38{,}9\,°\mathrm{C}$$

Zu c) $\dot{Q}_o = \dot{m}_L \cdot c_{p_L} \cdot (t_2 - t_1) = 0{,}076 \cdot 1{,}0 \cdot (38{,}9 - 25) = 1{,}06\,\mathrm{kJ/s}$

6.6.3 Klimaanlagen

In den Klimaanlagen treten alle vorgenannten Luftzustandsänderungen (Abschnitt 6.6.2) als thermodynamische Funktion auf.

Beispiel 49

Nachstehend eine *Nur-Luft-Anlage* als Klimaanlage in der Gebäudetechnik als Beispiel für die diversen Anwendungen.

Zugrunde gelegte Daten:

- Großraumbüro 40 m × 25 m × 3 m lichte Raumhöhe mit 100 Personen (≙ 10 m²/Pers ist üblich)
- 100 PCs á 100W
- die Raumstirnseiten (25 m) haben keine Kühllast, da die angrenzenden Räume gekühlt sind
- die Raumlängsseiten (2 × 40 m) haben Fenster:
  Nordseite 80 m²-Fenster mit Außenjalousien
  Südseite 80 m²-Fenster mit Außenjalousien
- Flachdach, Fußboden unterkellert mit einer Kellertemperatur 15 °C
- Beleuchtung (ganztägig) des Rauminnenkernes ≙ 600 m², 750 lx (≙ 20 W/m²)
- statische Heizung als Grundheizung bei Betriebsstillstand
- Außenluftrate 60 m²/hPers

Parameter:

- Raumluftzustand i. W. 22 °C/40 % r. F.
  i. S. 26 °C/55 % r. F.

- Außenluftzustand i. W. – 12 °C/90 % r. F.
  i. S. 32 °C/40 % r. F.
- minimale Einblastemperatur 16 °C
- trockene Wärmeabgabe der Personen 75 W/hPers
  feuchte Wärmeabgabe der Personen 40W/hPers (dies entspricht 60 g/hPers Wasserdampfabgabe $\dot{q} = x \cdot r_o = \frac{0{,}060}{3600}$kg/s · 2500 kJ/kg = 41,7W/hPers)
- Werte für die überschlägig zu ermittelnden äußeren Kühllasten: $k = 0{,}5$ W/m^{2}K für die Außenwand, Decke, Boden

  $\Delta\vartheta_{\text{äq}} = 8$ K für die Südseite der Außenwand und Decke

  $\Delta\vartheta_x = 4$ K für die Nordseite

  Fenster-Nordseite $\dot{q}_s = 40$ W/m^2 diffuse Strahlung

  Fenster-Südseite $\dot{q}_s = 400$ W/m^2

  b-Faktor der Außenjalousien 0,25

  k-Wert der Fenster 2.0 W/m^2
- Rekuperative WRG $\Phi = 0{,}5$
- zur Verfügung stehende Medien: Kühlwasser 6°/12 °C
  Warmwasser 70°/50 °C

Gesucht: $\dot{Q}_K$, $\dot{Q}_H$, $\dot{V}_{\text{zu}}$, Luftzustände im h,x-Diagramm
Schema der Luftaufbereitung, Kühlleistung.

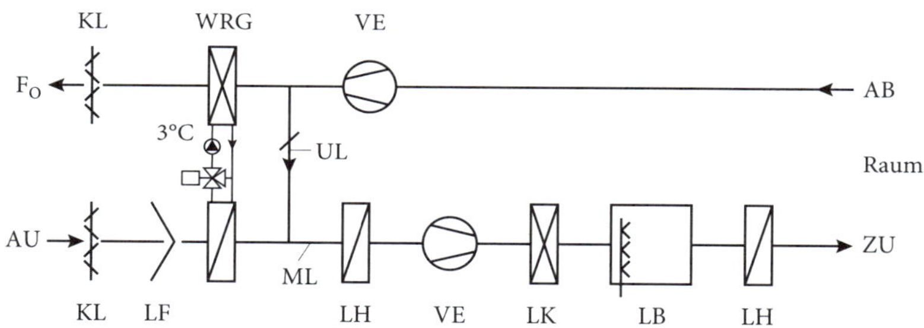

Schema der Luftaufbereitung

1. Kühllast

a) *innere Kühllast*

$$\dot{Q}_p = 75 \cdot 100 = 7{,}5\,\text{kW (trockene Personen-Kühllast)}$$

$$\dot{Q}_{pc} = 100 \cdot 100 = 10\,\text{kW (Wärmequelle)}$$

$\dot{Q}_B = 600 \cdot 20 = 12\,\text{kW}$ (Beleuchtung)

$\dot{Q}_{\text{Ki}} = 29{,}5\,\text{kW}$

b) *äußere Kühllast*

$\dot{Q}_{Tr-S} = k \cdot A_{\text{w}} \cdot \Delta\vartheta_{\text{äq}} = 0{,}5 \cdot 40 \cdot 8 = 160\text{W}$ Südseite

$\dot{Q}_{Tr-N} = k \cdot A_{\text{w}} \cdot \Delta\vartheta_{\text{äq}} = 0{,}5 \cdot 40 \cdot 4 = 80\text{W}$ Nordseite

$\dot{Q}_{Tr-D} = k \cdot A_{\text{w}} \cdot \Delta\vartheta_{\text{äq}} = 0{,}5 \cdot 1000 \cdot 8 = 4000\text{W}$ Decke

$\dot{Q}_{Tr-Fb} = k \cdot A_{\text{w}} \cdot (15 - 26) = 0{,}5 \cdot 1000 \cdot 11 = -5500$ FB

$\dot{Q}_{F-S} = \dot{q}_s \cdot A_F \cdot b = 400 \cdot 80 \cdot 0{,}25 = 8000\text{W}$ Fenster

$\dot{Q}_{F-Tr} = k \cdot A_F \cdot (32 - 26) = 2{,}0 \cdot 80 \cdot 6 = 960\text{W}$ Fenster

$\dot{Q}_{F-N} = \dot{q}_{s-d} \cdot A_F = 40 \cdot 80 = 3200\text{W}$ diffuse Strahlung

$\dot{Q}_{F-Tr} = k \cdot A_F \cdot (31 - 26) = 20 \cdot 80 \cdot 6 = 960\text{W}$

$\dot{Q}_{\text{Kä}} = 11{,}86\,\text{kW}$

$\dot{Q}_K = \dot{Q}_{\text{Ki}} + \dot{Q}_{\text{Kä}} = 29{,}5 + 11{,}86 = 41{,}36\,\text{kW}$ ($\dot{q} = 41{,}36\,\text{W/m}^2$)

2. **Feuchtelast**

$$\dot{W} = \text{Personen} \cdot \frac{\text{Wasserdampfmenge}}{\text{Personen}} = 100 \cdot 60 = 6\,\text{kg/h} = \dot{m}_L \cdot \Delta x^-$$

$$\dot{Q}_{\text{Pf}} = 100 \cdot x \cdot r_o = 100\frac{60}{3600} \cdot 2500 \cdot 10^{-3} = 4{,}17\,\text{kW} = \dot{m}_L \cdot \Delta h_x;$$

$$h_x = \frac{\dot{Q}_{\text{Pf}}}{3{,}44 \cdot 1{,}2} = 1\,\text{kJ/kg}$$

$$\Delta x^- = \frac{\dot{W}}{\dot{m}_L} = \frac{6 \cdot 10^3}{3{,}44 \cdot 1{,}2 \cdot 3600} = 0{,}4\,\text{g/kg}_{\text{Luft}}$$

3. **Luftvolumenstrom**

$$\dot{Q}_K = \dot{m}_L \cdot c_{p_L} \cdot (t_R - t_{\text{zu}}) = \dot{V}_{\text{zu}} \cdot \varrho_L \cdot c_{p_L} \cdot \Delta t$$

$$\dot{V}_{\text{zu}} = \frac{41{,}36}{1{,}2 \cdot 1{,}0 \cdot (26 - 16)} = 3{,}44\ \text{m}^3\text{/s} = 12384\,\text{m}^3\text{/h}$$

Luftwechsel $= \frac{\dot{V}_{zu}}{V_R} = \frac{12384}{3000} = 4{,}13\,h^{-1}$

Außenluftstrom $\dot{V}_{AU} = 60 \cdot 100 = 6000\,m^3/h$

Außenluftanteil 50 %

Umluftstrom UL = 12384 – 6000 = 6384 m^3/h

Ventilatorantriebleistung bei $\Delta p_t = 1500$ Pa (ZU + AB)

$$P_v = \frac{\Delta p_t \cdot \dot{V}_{zu}}{\eta_v} = \frac{1500 \cdot 3{,}44}{0{,}75} = 6{,}88\,kW\ (\triangleq \text{ca. } 1{,}2\,K)$$

4. **Heizlast**

- Transmissionswärmebedarf

$$\dot{Q}_{Tr} = k \cdot (A_w + A_{DE}) \cdot (t_R - t_{AU}) + k \cdot A_{Fb} \cdot (t_R - t_{Ke}) + k_e \cdot A_F \cdot (t_R - t_{AU})$$

$$= 0{,}5 \cdot 1080 \cdot 34 + 0{,}5 \cdot 1000 \cdot 7 + 2{,}0 \cdot 80 \cdot 34 = 27{,}3\,kW$$

- interne Wärmequelle $= \dot{Q}_{Ki} = 29{,}5\,kW$

  sodass $\Delta\dot{Q}_{Tr} = 27{,}3 - 29{,}5 = -2{,}2\,kW$ übrig bleiben, das heißt im Winter wird mit einer Untertemperatur von:

  $$\Delta t = \frac{2{,}2}{3{,}44 \cdot 1{,}2 \cdot 1{,}0} = 0{,}5\,K \curvearrowright t_{zu} = 21{,}5\,°C$$

  eingeblasen bei – 12 °C t_{AU}

5. **Heiz- und Kühlleistung gemäß *h,x*-Diagramm**

- Kühlleistung $\dot{Q}_o$

  $$\dot{Q}_o = 3{,}44 \cdot 1{,}2 \cdot 18 = 74{,}3\,kW$$

- Heizleistung $\dot{Q}_H$

  $$\dot{Q}_{LH-V} = \dot{V}_{zu} \cdot \varrho_L \cdot c_{p_L} \cdot (t_v - t_{ML}) \text{ (Vorlufterhitzer)}$$

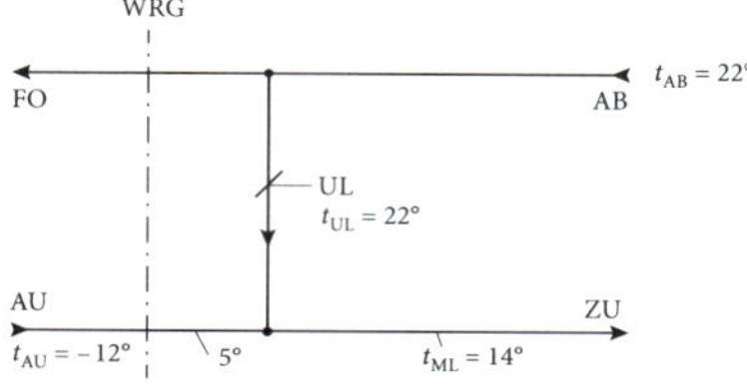

$$\Phi = 0{,}5 = \frac{\Delta t_{AU}}{t_{AB} - t_{AU}} = \frac{\Delta t_{AU}}{34}; \quad \Delta t_{AU} = 17\,K$$

$$t_{\mathrm{ML}} = \frac{\dot{V}_{\mathrm{AU}} \cdot \varrho_L \cdot c_{p_L} \cdot 5\,°\mathrm{C} + \dot{V}_{\mathrm{UL}} \cdot \varrho_L \cdot c_{p_L} \cdot 22\,°\mathrm{C}}{\dot{V}_{\mathrm{zu}} \cdot \varrho_L \cdot c_{p_L}}$$

$$t_{\mathrm{ML}} = \frac{6000 \cdot 5 + 6384 \cdot 22}{12384} = 13{,}76\,°\mathrm{C}$$

$$\dot{Q}_{LH_V} = 3{,}44 \cdot 1{,}2 \cdot 1{,}0 \cdot (20 - 13{,}76) = 25{,}76\,\mathrm{kW}$$

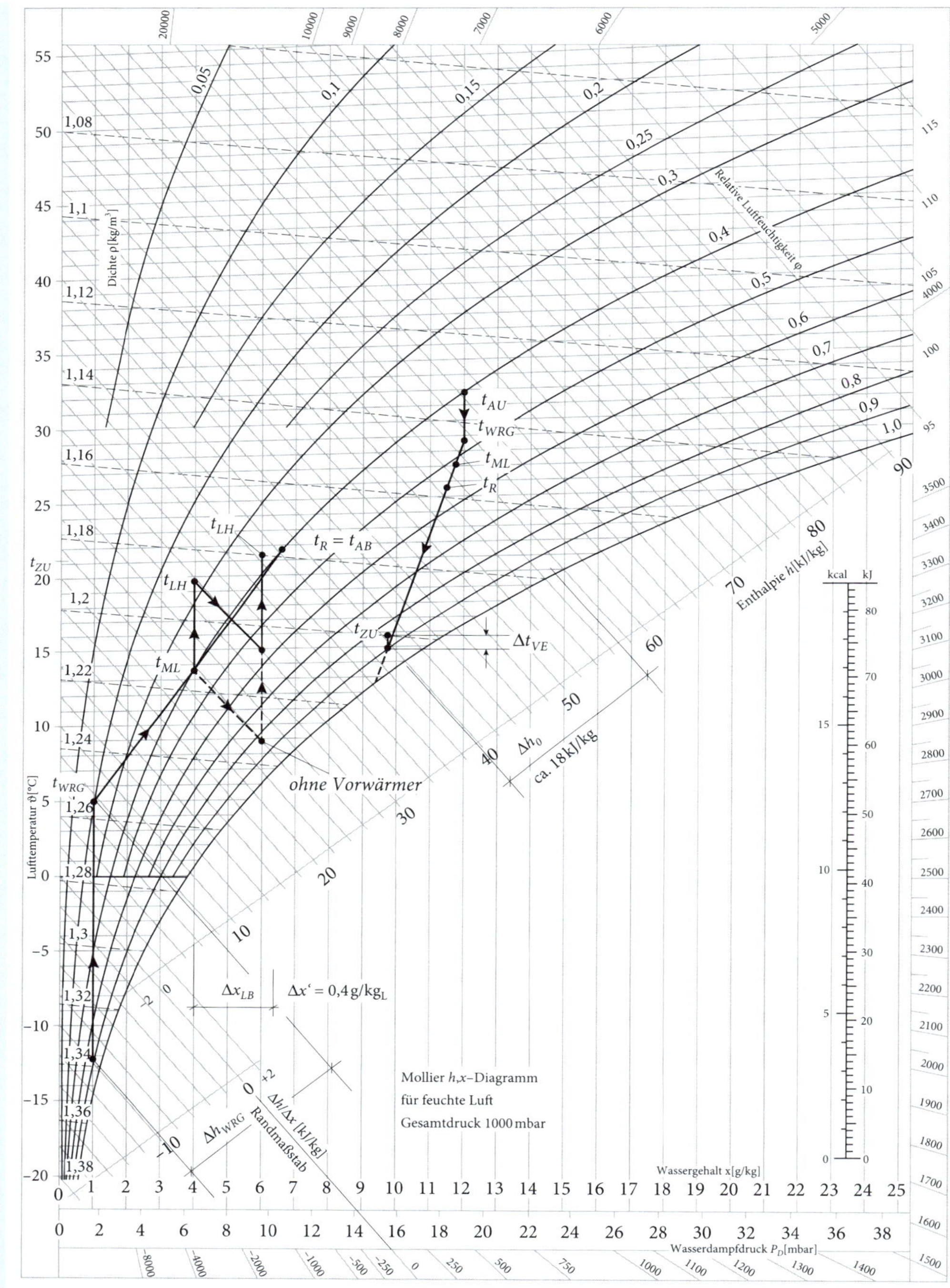

Zustandsänderung Sommer-/Winterbetrieb

$$\dot{Q}_{LH-N} = \dot{V}_{zu} \cdot \varrho_L \cdot c_{p_K} \cdot (t_{zu} - t_{LB}) \text{ (Nachlufterhitzer)}$$

$$= 3{,}44 \cdot 1{,}2 \cdot 1{,}0 \cdot (21{,}5 - 15) = 26{,}83\,\text{kW}$$

$$\dot{Q}_H = \dot{Q}_{LH-V} + \dot{Q}_{LH-N} = 25{,}76 + 26{,}83 = 52{,}59\,\text{kW}$$

ist bei 100 % Betriebszeit, – 12 °C Außenlufttemperatur erforderlich,

$\dot{Q}_{Tr}$ bei Stillstandszeiten ohne Berücksichtigung einer abgesenkten Raumtemperatur.

6. **Befeuchtungslast** (Wäscher)

$$X_{LB} = \dot{m}_L \cdot \Delta x_{LB} = 3{,}44 \cdot 1{,}2 \cdot 2 = 8{,}26\,\text{g/s} = 29{,}72\,\text{kg/h}$$

Bei Entfall des Luftvorwärmers (gestrichelte Linie im *h,x*-Diagramm) wäre die Heizleistung für den Luftnachwärmer

$$\dot{Q}_{LH-N} = \dot{Q}_H$$

$$\dot{Q}_{LH-N} = 3{,}44 \cdot 1{,}2 \cdot (21{,}5 - 9) = \dot{Q}_H$$

Beispiel 50

Alternativ wird anstelle der v. g. *Nur-Luft-Anlage* eine *Luft-Wasser-Anlage* mit Kühldecke projektiert, gemäß o. g. Schema der Luftaufbereitung, wobei die Umluftklappe nur im Anfahrzustand genutzt wird.

Der Zuluftvolumenstrom ist gleich dem Außenluftstrom für die Außenluftrate der Personen. Im Sommer wird ein Teil der Kühllast über die Zuluft gedeckt, während die restliche Kühllast über die Kühldecke abgefahren wird.

Im Winter dient w. v. die innere Kühllast für den Wärmebedarf.

Alle Parameter w. v. jedoch i. S. ist die Raumfeuchte $\varphi_R = 50\,\%$.

- Kühllast w. v. $\dot{Q}_K = 41{,}36\,\text{kW}$
- Feuchtelast w. v. $\dot{W} = 6\,\text{kg/h}$
- Luftvolumenstrom $\dot{V}_{zu} = 6000\,\text{m}^3/\text{h} = 1{,}67\,\text{m}^3/\text{s}$
- Außenluftanteil 100 %, $\beta = 2h^{-1}$
- Ventilatorantrieb $P_v = \dfrac{1500 \cdot 1{,}67}{0{,}75} = 3{,}34\,\text{kW}$
- Trocknungslast $\Delta x = \dfrac{6 \cdot 10^3}{1{,}67 \cdot 1{,}2 \cdot 3600} = 0{,}83\,\text{g/kg}_{\text{Luft}}$
- Heiz- und Kühlleistungen gemäß *h,x*-Diagramm:

$$\dot{Q}_o = \dot{V}_{zu} \cdot \varrho_L \cdot \Delta h_o = 1{,}67 \cdot 1{,}2 \cdot 20 = 40{,}08\,\text{kW}$$

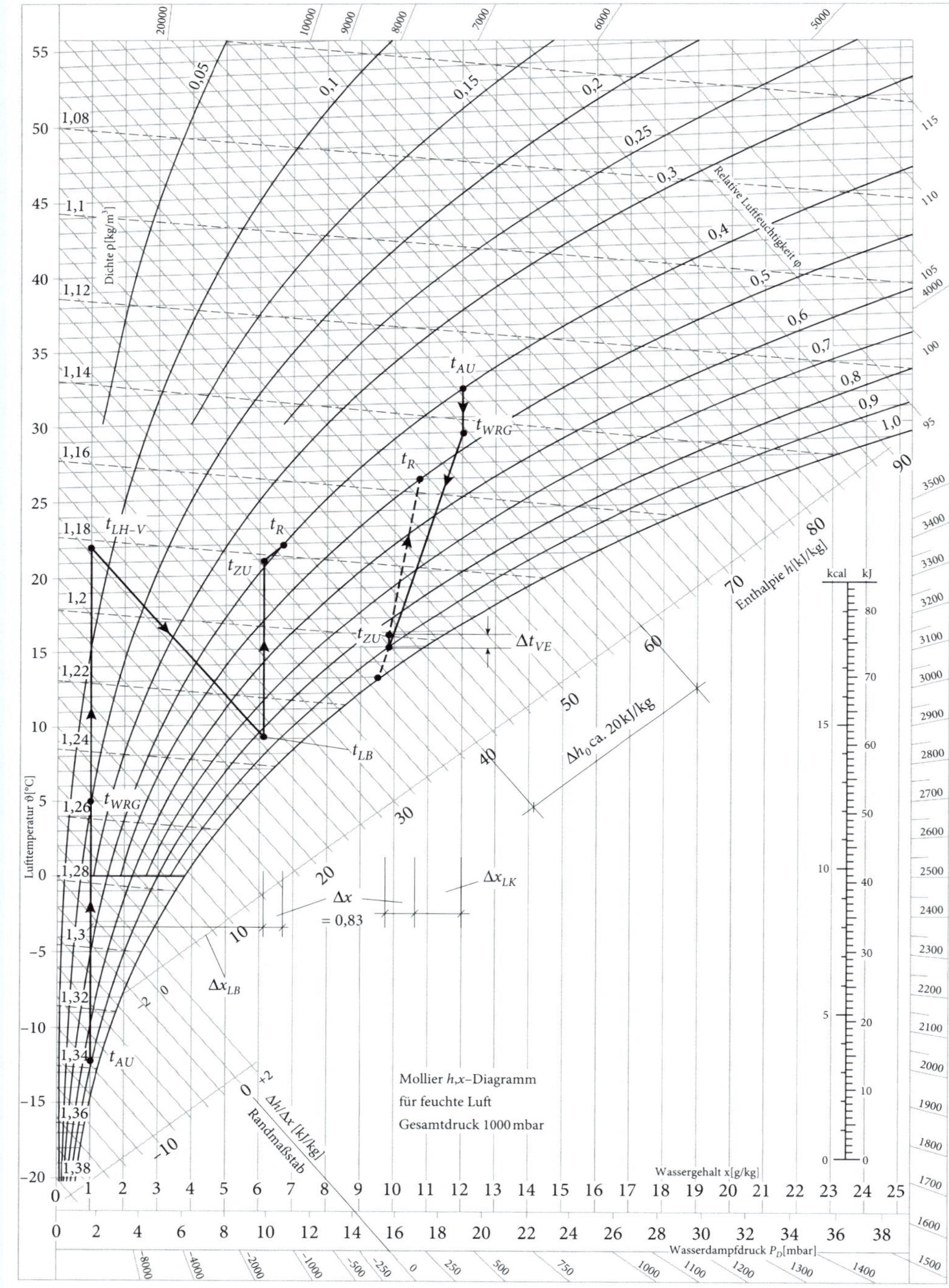

Zustandsänderungen Sommer-Winterbetrieb *Alternativ*

$$\dot{Q}_{LH_V} = \dot{V}_{zu} \cdot \varrho_L \cdot c_{p_L} \cdot (t_v - t_{WRG}) = 1{,}67 \cdot 1{,}2 \cdot 1{,}0 \cdot (22 - 5) = 34\,\text{kW}$$

$$\dot{Q}_{LH_N} = \dot{V}_{zu} \cdot \varrho_L \cdot c_{p_L} \cdot (t_{zu} - t_{LB}) = 1{,}67 \cdot 1{,}2 \cdot 1{,}0 \cdot (21 - 9{,}5) = 23\,\text{kW}$$

$$\dot{Q}_H = \dot{Q}_{LH_V} + \dot{Q}_{LH_N} = 34 + 23 = 57\,\text{kW}$$

- Befeuchtungslast

$$X = \dot{m}_L \cdot (x_{AU} - x_{zu}) = 1{,}67 \cdot 1{,}2 \cdot (1 - 6) = 10{,}02\,\text{g/s} = 36\,\text{kg/h}$$

Erforderliche zusätzliche Kühlleistung der Kühldecke:

- Kühllastabführung durch den Luftstrom

$$\dot{Q}_{K-L} = \dot{m}_L \cdot c_{p_L} \cdot (t_R - t_{zu}) = 1{,}67 \cdot 1{,}2 \cdot 1{,}0 \cdot (26 - 16) = 20\,\text{kW}$$

- Kühldeckenleistung

$$\dot{Q}_{KD} = \dot{Q}_K - \dot{Q}_{K-L} = 41{,}36 - 20 = 21{,}36\,\text{kW}$$

das heißt $\dot{q}_{KD} = 21{,}36\,\text{W/m}^2$

Schlussbemerkung

Die Aufgaben von Klimaanlagen im Komfort- und Industriebereich sind die

- Außenluftversorgung für die Personen
- Lufteinhaltung
- Schutzdruckhaltung
- zum Teil die Abfuhr von Feuchtelasten

Sie können mit dem Medium Luft erfolgen.

Dagegen können die thermischen Lasten und zum Teil die Feuchtelasten aus Räumen sowohl mit dem Medium Wasser oder Kältemittel abgeführt werden. Dass man nicht generell die thermischen Lasten mit Luft abführen kann, liegt an den schlechten thermodynamischen Eigenschaften dieses Mediums, wie bereits eingangs nachgewiesen. Welches der aufgezeigten Systeme zur Anwendung kommt, entscheidet der Projektant. Hier wurde die theoretische Basis für die Projektierung von Kälte- und Klimasystemen aufgezeigt.

Quellennachweis

[1] Werber, G. H.: Thermodynamik der Energiesysteme, 2010, VDE VERLAG

[2] Bauke/Herwig/Kreymann: Kraftmaschinen, Pumpen, Verdichter, 1977, Verlag Handwerk und Technik

[3] Dietzel, F.: Turbinen, Pumpen, Verdichter, 1980, Vogel Verlag

[4] Recknagel, Sprenger, Schramek: Taschenbuch Heizung + Klimatechnik 2009/2010, Oldenbourg Verlag

[5] Dubbel: Taschenbuch für den Maschinenbau, 20. Auflage, Springer Verlag

Literatur

Breidert, H.-J.:Projektierung von Kälteanlagen, 4., überarbeitete Auflage 2013, VDE VERLAG

Breidert, H.-J./Schittenhelm, D.: Formeln, Tabellen und Diagramme für die Kälteanlagentechnik, 5., Auflage 2010, VDE VERLAG

Cube/Steimle/Lotz/Kunis (Hrsg.): Lehrbuch der Kältetechnik, 4. Auflage 1997, C. F. Müller Verlag

Hörner/Schmidt: Handbuch der Klimatechnik Band 2, 5. Auflage 2011, VDE VERLAG

IKET (Hrsg.): Pohlmann Taschenbuch der Kältetechnik, 21. Auflage 2013, VDE VERLAG

Tabellenbuch Wärme, Kälte, Klima 2011, Europa Lehrmittel Verlag

Weber, G. H.: Strömungs- und Kolbenmaschinen im Kälte-/Klima-Anlagenbau, 2013, VDE VERLAG

Weber, G. H.: Thermodynamik der Energiesysteme, 2010, VDE VERLAG

Stichwortverzeichnis

S

T

U

V

W

Z